普通高等教育"十二五"规划教材

电 工 技 术

（非 电 类）

第 3 版

主 编 张晓辉
副主编 王 珺 钟嘉庆
参 编 王云静 董 杰 杨秋霞
主 审 荣雅君

机 械 工 业 出 版 社

本教材作者对高等院校电工电子系列课程内容和课程体系进行了研究和实践，针对普通高等院校非电类专业特点，编写了本教材。

　　本书主要内容包括：电路的基本概念与基本定律、电路的分析方法、电路的暂态分析、正弦交流电路、三相供电与用电、电动机械、电气控制与可编程序控制器、电路的计算机辅助分析，主要适用于本科机械设计、机械制造、机械电子工程、汽车与交通等机械工程学科的各个专业方向，也适用于材料、化工等其他非电类专业，同时也是上述学科及其他相关学科工程技术人员很好的实用参考书。

　　本书配有免费电子课件，欢迎选用本书作教材的老师登录www. cmpedu. com 注册、下载，或发邮件至 jinacmp@ 163. com 索取。

图书在版编目（CIP）数据

电工技术：非电类/张晓辉主编. —3 版. —北京：机械工业出版社，2015. 1（2019. 1 重印）

普通高等教育"十二五"规划教材
ISBN 978-7-111-48381-6

Ⅰ. ①电… Ⅱ. ①张… Ⅲ. ①电工技术-高等学校-教材 Ⅳ. ①TM

中国版本图书馆 CIP 数据核字（2014）第 248310 号

机械工业出版社（北京市百万庄大街 22 号　邮政编码 100037）
策划编辑：贡克勤　责任编辑：贡克勤　徐　凡　吉　玲
版式设计：赵颖喆　责任校对：刘怡丹
封面设计：张　静　责任印制：常天培
北京机工印刷厂印刷
2019 年 1 月第 3 版第 3 次印刷
184mm×260mm · 13. 75 印张 · 334 千字
标准书号：ISBN 978-7-111-48381-6
定价：28. 00 元

凡购本书，如有缺页、倒页、脱页，由本社发行部调换

电话服务　　　　　　　　　　网络服务
社服务中心：（010）88361066　　教材网：http://www.cmpedu.com
销售一部：（010）68326294　　机工官网：http://www.cmpbook.com
销售二部：（010）88379649　　机工官博：http://weibo.com/cmp1952
读者购书热线：（010）88379203　　**封面无防伪标均为盗版**

前　言

在现代化机械设计与制造中，机器的品质与性能几乎无一例外地与电工学相关。机械学与电工学贯通交叉的程度往往代表着机械工程师的设计水平。与以往不同，当今的机械工程师对电工学掌握的程度，已经不再是仅仅停留在能够使用某些专用电气设备，或泛泛地了解一些电工学的一般常识的水平上了。一个优秀的机械工程师必须具备这样的条件：不仅能够向电气工程师提出具体的可实现的电气设计技术指标，而且也能够自行设计出基本满足工程需要的电气图。为了获得这样的综合素质，就需要有一本能够完成这种任务的电工学教科书，本书的编写意图就是以此为宗旨的。

本书自 2009 年编写第 2 版以来，已经历了 5 个年头。5 年期间，科学技术不断发展，教育教学改革不断深入，教学手段日益更新，为了适应新的教改形式，在参考了新的"电工学教学基本要求"并征求了多方意见的基础上，对第 2 版进行了修订。本着重基础、重应用、降低深度的原则，尽量避免深奥的理论论述，力求使用浅显易懂的科普语言形象地解说重要的基本电路原理，使学习者在定性地了解电工原理的基础上，能够深入地加以定量的研究。本书共分 8 章，主要内容包括电路的基本概念与分析方法、电路的暂态分析、交流电路与三相电路的分析、电动机械、可编程序控制器及电路的计算机辅助分析。每章后均附有相应的习题，并附有部分习题参考答案，以使读者加深对教材内容的理解。目录中加 * 的内容可根据实际进行删减。

本书由燕山大学张晓辉任主编，王珺、钟嘉庆任副主编。参加本书编写的有：钟嘉庆（第 1、4 章），王云静（第 2 章），王珺（第 3、6 章），董杰（第 5 章），杨秋霞（第 7 章），张晓辉（第 8 章）。本书由燕山大学荣雅君教授主审并提出了修改意见。在本书的编写过程中，得到了燕山大学电力工程系全体同事的帮助，也得到兄弟院校同行的大力支持，在此表示衷心的感谢。由于编者水平有限，缺点和错误在所难免，敬请读者批评指正。

编　者

目　　录

第1章 电路的基本概念与基本定律

本章提要 电路是电工技术和电子技术的基础。本章以直流电路为分析对象，主要介绍电路和电路模型的概念、电路元件、电压和电流的参考方向、电位的概念与计算、电源的工作状态等，重点讨论欧姆定律、基尔霍夫定律等电路计算的基本定理，这些内容都是分析与计算电路的基础，所得结论不仅适用于直流电路，也同样适用于交流电路。

1.1 电路与电路模型

1.1.1 电路

电路是电流的通路，它是由若干个电气设备或元器件按一定的方式组合起来的。电路也称为电网络，简称网络。

电路的结构形式是多种多样的，根据它的功用主要分为两类：一类是用以实现电能的生产、传输、转换和分配，其中最典型的例子是电力供电设备与各用电设备组成的电力系统，如图 1-1a 所示。发电机是电源，是供应电能的设备，在发电厂内可把热能、水的势能或核能转换为电能。电灯、电动机、电炉等都是负载，是取用电能的设备，它们分别把电能转换为光能、机械能、热能等。变压器和输电线是中间环节，是连接电源和负载的部分，它起传输和分配电能的作用。

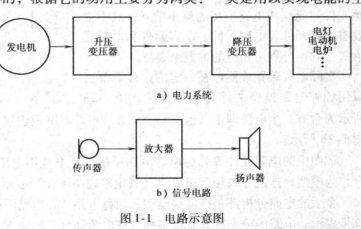

图 1-1 电路示意图

另一类用于电信号的产生、传递和处理，常见的例子如扩音机，其信号电路如图 1-1b 所示。先由传声器将语言或音乐信息转换为相应的电压和电流等电信号，而后通过电路传递到扬声器，将电信号还原为语言或音乐。由于传声器输出的电信号比较微弱，不足以驱动扬声器发音，因此中间还要用放大器来放大。信号的这种转换和放大称为信号的处理。

通常，将由非电能或非电信号转换为电能或电信号的供电设备和器件称为电源（或信号源）。将用电设备和器件称为负载。一个完整的电路总是由电源、负载以及连接导线、开关等电气设备或器件组成。

不论电能的传输和转换，或者信号的传递和处理，在实际电路中，电压和电流是在电源的作用下产生的，因此，电源又称为激励。由激励在电路中产生的电压和电流称为响应。有时，根据激励和响应之间的因果关系，将激励称为输入，响应称为输出。所谓电路分析，就是在已知电路的结构和元件参数的条件下，讨论电路的激励与响应之间的关系。

1.1.2 电路模型

电气设备和器件种类繁多，实际电路都是由一些按需要起不同作用的实际电气设备或器件，如发电机、变压器、电动机、晶体管以及各种电阻器和电容器等所组成。即便是很简单的电气设备，在工作时所发生的物理现象也是很复杂的。例如，一个实际的绕线式电阻器，电流通过时，除了对电流呈现阻力外，还会产生微弱的磁场，因而兼有电感的性质，但电感微小，可忽略不计。直接使用实际器件组成的接线图来进行电路分析和研究往往是困难的，甚至是不可能的。

各种电气设备和器件在工作时所产生的物理现象虽然很复杂，但这些复杂的物理现象是由一些基本的物理现象综合而成的。于是在电路理论中提出了用各种电路模型对实际电路进行分析和数学描述，以进行电路分析的方法。

将实际电路抽象为电路模型，就是将实际元件理想化（或称模型化），即在一定条件下突出其主要的电磁性质，忽略其次要因素，将他近似地看做理想电路元件。由一些理想电路元件所组成的电路模型是对实际电路电磁性质的科学抽象和概括。理想电路元件（简称为电路元件）是组成电路模型的最小单元，其中主要有电阻元件、电感元件、电容元件和电源元件等，它们分别由相应的参数来表征。

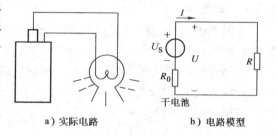

a) 实际电路　　　　　　　b) 电路模型

图 1-2　实际电路与电路模型

实际电气装置或器件在一定的条件下都可以用各种电路模型的综合近似描述。图 1-2a 所示为含有一个电源即干电池、一个负载即电灯和两根连接导线的简单电路，其电路模型如图 1-2b 所示。

该图中的电阻元件 R 作为电灯电路模型，干电池用电压源 U_S 和电阻元件 R_0 的串联组合作为模型，连接导线用理想导线（其电阻忽略不计）表示。

今后的电路分析都是指电路模型，简称电路。在电路图中，各种电路元件用规定的图形符号表示。电路的分类方式有很多种，按电源来分，电源本身的电流通路为内电路，电源以外的电流通路为外电路；按电流方向变化来分，当电流的方向不随时间变化时，为直流电路，当电流的方向随时间变化时，称为交流电路。

1.1.3 电路的基本物理量

1. 电流

电流为单位时间内通过导体横截面的电荷量。国家标准规定，不随时间变化的物理量用大写字母表示，随时间变化的物理量用小写字母表示。因此，在直流电路中电流用 I 表示，它与电荷量 Q、时间 t 的关系为

$$I = \frac{Q}{t} \tag{1-1}$$

随时间变化的电流用小写的 i 表示，它等于电荷量 q 对时间 t 的变化率，即

$$i = \frac{\mathrm{d}q}{\mathrm{d}t} \tag{1-2}$$

在国际单位制中，电流的单位是 A（安），$1A = 1C/s$（库/秒）。根据实际的需要，电流的大小可以用 A（安）、mA（毫安）和 μA（微安）度量，它们之间的关系为 $1mA = 10^{-3}A, 1\mu A = 10^{-6}A$。

2. 电压

电压是描述电场力对电荷做功大小的物理量，即为单位电荷 q 在正向移动中所释放的电能 W。直流电压用大写的 U 表示

$$U = \frac{W}{q} \tag{1-3}$$

随时间变化的电压用小写的 u 表示，即

$$u = \frac{dW}{dq} \tag{1-4}$$

在国际单位制中，电压的单位是 V（伏），$1V = 1J/C$（焦/库）。根据实际的需要，电压的大小还可以用 kV（千伏）、mV（毫伏）和 μV（微伏）等度量，它们之间的关系为 $1kV = 10^{3}V$，$1mV = 10^{-3}V$，$1\mu V = 10^{-6}V$。

3. 电动势

电动势是描述外力对电荷做功大小的物理量，电源中的外力对单位电荷量所作的功称为电动势。直流电动势用大写的 E 表示，交流电动势用小写的 e 表示。电动势的单位与电压单位相同。

思 考 题

电路一般由哪几部分组成？它们分别在电路中起什么作用？

1.2 电路元件

理想电路元件（以下简称电路元件）具有单一的物理特性和严格的数学定义。电路元件分为无源元件和有源元件两类。

1.2.1 无源元件

电路分析中常见的无源元件包括电阻元件、电感元件和电容元件，其中电阻元件表征实际器件消耗电能的物理特性，称为耗能元件；电感元件、电容元件表征实际器件储存磁场能量、电场能量的物理特性，称为储能元件。

1. 电阻元件

电气设备中，常用电阻元件（简称电阻）来表征将电能转换成热能、光能等其他形式能量的特性，例如电炉、电灯等都可以用电阻来代替，其图形符号如图 1-3a 所示。电阻元件分为线性电阻元件和非线性电阻元件。本书仅介绍线性电阻元件，其伏安特性如图 1-3b 所示，是通过坐标原点的一条斜线，斜线与电流轴正方向夹角的正切就是电阻 R，即电阻值等于该电阻两端的电压值与流过该电阻的电流值的比值。

$$R = \frac{U_R}{I_R} \tag{1-5}$$

在国际单位制中，电阻的单位是 Ω（欧姆）。当电路两端的电压为 1V，通过的电流为

1A 时，则该段电路的电阻为 1Ω。根据实际的需要，电阻的单位可以分别用 kΩ（千欧）或 MΩ（兆欧）来度量，它们之间的关系是 $1k\Omega = 10^3\Omega$，$1M\Omega = 10^6\Omega$。电阻的倒数称为电导，用符号 G 表示，即

$$G = \frac{1}{R} \qquad (1-6)$$

电导的单位是 S（西门子）。

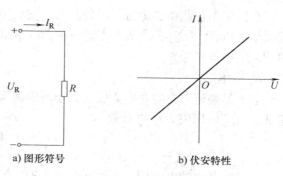

a) 图形符号　　　　b) 伏安特性

图 1-3　线性电阻元件

2. 电感元件

当电路中有线圈存在时，电流通过线圈就会产生比较集中的磁场，电感是用来表征产生磁场、储存磁场能特性的电路元件。当通过电流为 i_L 时，将产生磁通 Φ，它通过每匝线圈。如果线圈有 N 匝，则电感（或自感）的定义为

$$L = \frac{N\Phi}{i_L} \qquad (1-7)$$

电感的单位是 H（亨［利］）或 mH（毫亨）。

对于含有电感元件的电路，当通过电感线圈的磁通 Φ 或者电流 i_L 发生改变时，根据法拉第电磁感应定律，电感上会出现电动势来抵抗电流的改变，如图 1-4 所示。感应电动势 e_L 的值为

$$e_L = -N\frac{\mathrm{d}\Phi}{\mathrm{d}t} \qquad (1-8)$$

式中，N 为电感线圈的匝数。

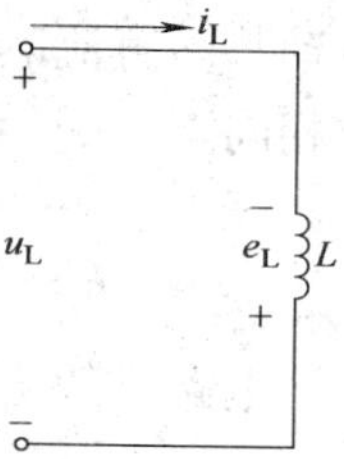

图 1-4 中电感两端的电压

图 1-4　电感元件

$$u_L = -e_L = N\frac{\mathrm{d}\Phi}{\mathrm{d}t} = L\frac{\mathrm{d}i_L}{\mathrm{d}t} \qquad (1-9)$$

如果电感线圈中通过恒定电流，则电感两端电压 $u_L = 0$，所以此时电感元件可视为短路。

3. 电容元件

电容器是由两块金属薄板及其中间隔有的绝缘介质组成。当电容器的两个极板间加上电压时，两个极板上就聚集起上下等量的异性电荷，如图 1-5 所示，介质内出现较强的电场，储存电场能量。绝大多数电容器都是线性的，其定义为

$$C = \frac{q}{u_C} \qquad (1-10)$$

电容的单位是 F（法［拉］）。由于法拉这个单位太大，工程上多采用 μF（微法）或 pF（皮法），$1\mu F = 10^{-6}F$，$1pF = 10^{-12}F$。

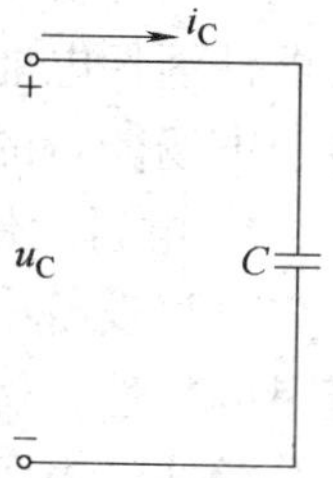

图 1-5　电容元件

当电容元件上的电荷 q 或电压 u_C 发生变化时，则在电路中引起电流

$$i_C = \frac{\mathrm{d}q}{\mathrm{d}t} = C\frac{\mathrm{d}u_C}{\mathrm{d}t} \qquad (1-11)$$

如果在电容元件两端加恒定电压，电流 i_C 为零，所以此时电容元件可视为开路。

1.2.2 有源元件

电路理论中，有源元件分为两类：一类以电压源形式表示；一类以电流源形式表示。

1. 电压源

理想电压源是指电源两端的电压 U_S 恒定不变，其发出的电流由外电路决定，这种理想电压源又称为恒压源，其符号如图1-6a 所示。而实际电压源在工作中具有发热效应，因此在电路模型中用恒压源 U_S 和内阻 R_0 串联形式表示，称为电压源，如图1-6b 所示。

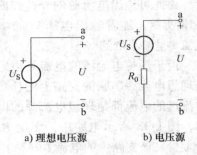

a) 理想电压源　　b) 电压源

图 1-6　理想电压源与电压源图形符号

当理想电压源与负载连接时，如图1-7a 所示，其中的电流 I 则是任意的，由负载电阻 R_L 及电压 U 本身确定，它的外特性曲线是与横轴平行的一条直线，如图1-8 所示。当电压源与负载连接时，如图1-7b 所示，R_L 是负载电阻，I 是负载电流，此时

$$U = U_S - R_0 I \tag{1-12}$$

由此可做出电压源的外特性曲线，如图1-8 所示。随着输出电流 I 增加，输出电压 U 呈减小的趋势。

由于理想电压源的电压为恒定的，因此与理想电压源并联的支路上的任意元件，其两端的电压都是理想电压源的电压值。例如，图1-9 所示电路中，无论 R 的电阻值为多少，二端口的电压 U 恒等于 U_S。

2. 电流源

理想电流源是指电源支路的电流 I_S 恒定不变，其两端电压由外电路决定，这种

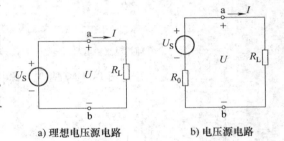

a) 理想电压源电路　　b) 电压源电路

图 1-7　理想电压源与电压源电路

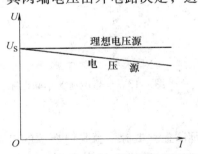

图 1-8　电压源和理想电压源的外特性曲线

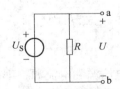

图 1-9　理想电压源并联电路

理想电流源又称为恒流源，其符号如图 1-10a 所示。而实际电流源在工作中同样具有发热效应，在电路模型中用恒流源 I_S 和内阻 R_0 并联形式表示，称为电流源，如图1-10b 所示。

当理想电流源与负载连接时，如图1-11a 所示，其中负载两端的电压 U 是任意的，由负载电阻 R_L 及恒流源 I_S 本身确定，它的外特性曲线将是与横轴垂直的一条直线，如图1-12 所示。当电流源与负载连接时，如图1-11b 所示，R_L 是负载电阻，U 是负载两端的电压，

此时

$$I = I_S - \frac{U}{R_0} \qquad (1\text{-}13)$$

由此可做出电流源的外特性曲线，如图
1-12 所示。随着输出电压 U 的增加，输出
电流 I 呈减小的趋势。

由于理想电流源的电流为恒定的，因此
与理想电流源串联的支路上的任意元件，其
中流过的电流都是理想电流源的电流值。例
如，图 1-13 所示电路中，无论 R 的电阻值
为多少，该支路中的电流 I 恒等于 I_S。

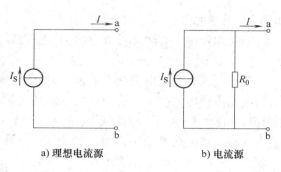

图 1-10 电流源与理想电流源图形符号

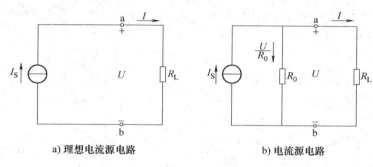

图 1-11 理想电流源电路与电流源电路

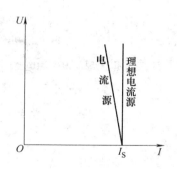

图 1-12 电流源的外特性

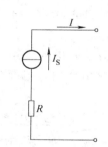

图 1-13 理想电流源串联电路

1.2.3 受控电源

上面讨论的电压源和电流源，都是独立电源。所谓独立电源，就是电压源的电压或电流
源的电流不受外电路的控制而独立存在。此外，在电子电路中还将会遇到另一种类型的电
源：电压源的电压或电流源的电流，是受电路中其他部分的电流或电压控制的，这种电源称
为受控电源。当控制的电压或电流消失或等于零时，受控电源的电压或电流也将为零。

根据受控电源是电压源还是电流源，以及受电压控制还是受电流控制，受控电源可分为
电压控制电压源 VCVS、电流控制电压源 CCVS、电压控制电流源 VCCS 和电流控制电流源
CCCS 共 4 种类型。4 种理想受控电源的模型如图 1-14 所示。

所谓理想受控电源，就是它的控制端（输入端）和受控端（输出端）都是理想的。在

控制端，对电压控制的受控电源，其输入端电阻为无穷大；对电流控制的受控电源，其输入端电阻为零。这样，控制端消耗的功率为零。在受控端，对受控电压源，其输出端电阻为零，输出电压恒定；对受控电流源，其输出端电阻为无穷大，输出电流恒定。

如果受控电源的电压或电流和控制它们的电压或电流之间有正比的关系，则这种控制作用是线性的，图1-14中的系数 μ、r、g 及 β 都是常数。这里 μ 和 β 是没有量纲的纯数，r 具有电阻的量纲，g 具有电导的量纲。在电路图中，受控电源用菱形表示，以便与独立电源的图形符号相区别。

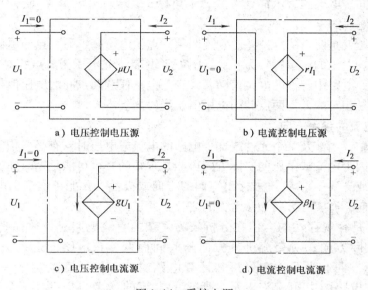

a）电压控制电压源   b）电流控制电压源

c）电压控制电流源   d）电流控制电流源

图 1-14　受控电源

思　考　题

1. 电感元件中通过恒定电流时是否可视作短路？是否此时电感 L 为零？电容元件两端施加恒定电压时，是否可看作开路？是否此时电容 C 为无穷大？

2. 某负载为一可变电阻器，由电压一定的蓄电池供电，当负载电阻增加时，该负载是增大了还是减小了？

3. 电流源外接电阻越大，其端电压越高，是否正确？

1.3　电压与电流的参考方向

1.3.1　电位

电路的工作状态可以通过电路中各节点的电位反映。分析电路时也经常要用到节点电位的概念。电气设备的调试和检修的一个主要方法就是测量各点的电位值，看其是否符合设计要求。

计算电位时，必须选定电路中某一点（只能选定一点）作为参考点，它的电位称为参考电位，通常设参考电位为零，则参考点又称为零电位点，习惯上就叫做"地"，用符号"⊥"表示。例如，图1-15 中，选定 b 点为参考点。

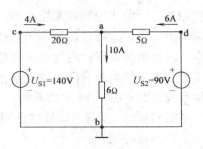

图 1-15　电位的概念

电路中某一点的电位等于该点与参考点之间的电压。参考点选定以后，电路中其他各点的电位都同它比较，比它高的为正，比它低的为负，正数值愈大则电位愈高，负数值愈大则电位愈低。所选定的参考点不同，电路中各点电位的数值也不同。电位的表示符号为 V_a，下角标 a 表示此电位为 a 点相对地的电位。

两点间的电压就是两点的电位差。它说明某一点的电位高，另一点的电位低，以及两点的电位相差多少。电压的表示符号为 U_{ab}，下角标 ab 表示此电压为 a 点相对 b 点的电位差。参考点选得不同，电路中各点的电位值随着改变，但是任意两点间的电压值是不变的。所以各点电位的高低是相对的，而两点间的电压值是绝对的。

1.3.2　电压和电流的参考方向

在电路分析中，当涉及某个元件或部分电路的电流或电压时，有必要指定电流或电压的参考方向。这是因为电流或电压的实际方向可能是未知的，也可能是随时间变动的。所以在电路图上用箭标或"+"、"−"来标出它们的方向或极性，才能正确列出电路方程。对于电压和电流的方向，有实际方向和参考方向之分，要加以区别。

电流的方向是客观存在的。但在分析较为复杂的直流电路时，往往难于事先判断某支路中电流的实际方向；对交流讲其方向随时间而变，在电路图上也无法用一个箭标来表示它的实际方向。为此，在分析与计算电路时，常可任意选定某一方向作为电流的参考方向，在电路图中用箭头表示。所选的电流的参考方向并不一定与电流的实际方向一致。当电流的实际方向与其参考方向一致时，则电流为正值（见图 1-16a）；反之当电流的实际方向与其参考方向相反时，则电流为负值（见图 1-16b）。图中，虚线箭头表示电流的实际方向，实线箭头表示电流的参考方向。显然，在参考方向选定之后电流之值才有正负之分。

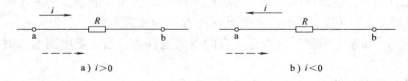

图 1-16　电流的参考方向

同理，对电路中两点之间的电压和电源的电动势也可以指定参考方向或参考极性。电压的参考方向规定为由高电位（"+"极性）端指向低电位（"−"极性）端，即为电位降低的方向。电源电动势的方向规定为在电源内部由低电位（"−"极性）端指向高电位（"+"极性）端，即为电位升高的方向。

在电路图上所标的电流、电压和电动势的方向，一般都是参考方向，而不是实际方向。当实际方向与参考方向相同时，其值为正，否则为负。它们是正值还是负值，视选择的参考方向而定。

电压的参考方向除用极性"＋"、"－"表示外，也可用双下标表示。例如 a、b 两点之间的电压 U_{ab}，它的参考极性是由 a 指向 b，也就是说 a 点的参考极性为"＋"，b 点的参考极性为"－"。如果参考方向选为由 b 指向 a，则为 U_{ba}，$U_{ab} = -U_{ba}$。

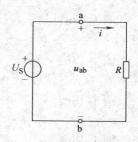

图 1-17　电压的参考方向

顺便指出，在标定电路中无源元件（如电阻、电感、电容等元件）的电压和电流参考方向时，两者常采用一致的参考方向，称为关联方向。如图 1-17 中电阻元件上电位降落的参考方向与元件电流的参考方向一致。

思　考　题

有一元件接于某电路的 a、b 两点之间，已知 $U_{ab} = -5V$，请问 a、b 两点哪点电位高？

1.4　欧姆定律

线性电阻元件是这样的理想元件：在电压和电流取关联参考方向下，在任何时刻电阻值等于该电阻两端的电压与流过该电阻的电流的比值，即有

$$R = \frac{U}{I} \tag{1-14}$$

这就是欧姆定律，它是分析电路的基本定律之一。

由式（1-14）可见，当所加电压 U 一定时，电阻 R 愈大，则电流 I 愈小。显然，电阻具有对电流起阻碍作用的物理性质。

显然，欧姆定律还可表示为

$$I = GU \tag{1-15}$$

根据电路图上所选电压和电流参考方向的不同，在欧姆定律的表达式中可带有正号或负号。当电压与电流的参考方向一致，即为关联参考方向时，则得

$$U = RI \tag{1-16}$$

当两者的参考方向选得相反，即为非关联参考方向时，则得

$$U = -RI \tag{1-17}$$

例 1-1　应用欧姆定律，对图 1-18 所示的各电路列出式子，并求电阻 R。

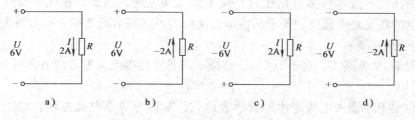

图 1-18　例 1-1 的电路

解　这里应注意，一个式子中有两套正负号。表达式中的正负号是根据电压和电流的参考方向得出的，而电压和电流本身还有正值和负值之分。

图 1-18a：
$$R = \frac{U}{I} = \frac{6}{2}\Omega = 3\Omega$$

图 1-18b：
$$R = -\frac{U}{I} = -\frac{6}{-2}\Omega = 3\Omega$$

图 1-18c：
$$R = -\frac{U}{I} = -\frac{-6}{2}\Omega = 3\Omega$$

图 1-18d：
$$R = \frac{U}{I} = \frac{-6}{-2}\Omega = 3\Omega$$

1.5　基尔霍夫定律

　　分析电路的基本定律，除了欧姆定律之外，还有基尔霍夫定律，它也是电路理论中最基本的定律之一。基尔霍夫定律有两条：基尔霍夫电流定律（简称 KCL）和基尔霍夫电压定律（简称 KVL）。基尔霍夫电流定律应用于节点，电压定律应用于回路。

　　为了说明基尔霍夫定律，现以图 1-19 电路为例介绍支路、节点和回路等概念。

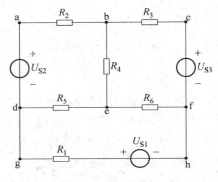

图 1-19　电路举例

　　电路中没有分支的一段电路称为支路。图 1-19 电路中有 6 条支路。例如 be 是其中的一条支路，bad 也是一条支路。每一条支路流过一个电流，称为支路电流。

　　在电路中三条或三条以上的支路相连接的点称为节点。在图 1-19 所示的电路中共有 4 个节点 b、d、e和 f。

　　由一条或多条支路所组成的闭合路径称为回路。图 1-19 中共有 7 个回路。例如 abeda、abcfeda 都为回路。

　　没有被支路穿过的回路称为网孔。显然，网孔是回路的一种特例，上述 7 个回路中只有三个是网孔，abeda、bcfed、defhgd。

1.5.1　基尔霍夫电流定律（KCL）

　　基尔霍夫电流定律用来确定连接在同一节点上的各支路电流之间的关系。由于电流的连续性，电路中任何一点（包括节点在内）均不能堆积电荷，因此，在任一瞬时，流入电路中任一个节点的各支路电流之和等于从该节点流出的各支路电流之和。基尔霍夫电流定律是电流连续性原理的反映。

　　例如，图 1-20 电路中，对于节点 a，在图示的各支路电流参考方向下，可写出

$$I_1 + I_2 = I_3 \tag{1-18}$$

　　式(1-18)是基尔霍夫电流定律的数学表达式，常称为节点电流方程。如把流入节点的支路电流取正号，流出节点的支路电流取负号，则上式可改写为

$$I_1 + I_2 - I_3 = 0 \text{ 或 } \Sigma I = 0 \tag{1-19}$$

可见，在任意瞬时，与任一节点关联的支路电流的代数和等于零。由此可见，基尔霍夫电流定律与各支路中元件无关。

例 1-2 在图 1-21 中，$I_1 = 5A$，$I_2 = -3A$，$I_3 = 1A$，试求支路电流 I_4 的大小。

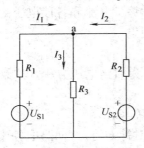

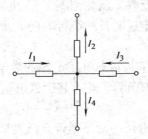

图 1-20　基尔霍夫电流定律　　　　　　　　图 1-21　例 1-2 图

解　根据图中所标示的各支路电流的参考方向，由基尔霍夫电流定律可列出

$$I_1 - I_2 + I_3 - I_4 = 0$$
$$5A - (-3)A + 1A - I_4 = 0$$

解得
$$I_4 = 9A$$

此计算结果说明，有些支路的电流可能是负值，这是由于所选定的电流的参考方向与实际方向相反所致。由本例可见，I 前的正负号是由基尔霍夫电流定律根据电流的参考方向确定的，括号内数字前的正负号则是表示电流本身数值的正负。

基尔霍夫电流定律通常应用于节点，也可以将其推广应用于包围部分电路的任一假设的闭合面。例如，图 1-22 所示的闭合面包围的是一个三角形电路，它有三个节点。应用电流定律可列出

$$I_a = I_{ab} - I_{ca}$$
$$I_b = I_{bc} - I_{ab}$$
$$I_c = I_{ca} - I_{bc}$$

上列三式相加，便得 $I_a + I_b + I_c = 0$

或
$$\Sigma I = 0$$

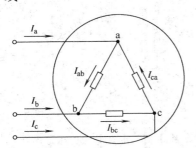

图 1-22　基尔霍夫电流定律的
推广应用

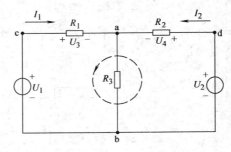

图 1-23　基尔霍夫电压定律

可见，在任一瞬时，通过任一闭合面的电流的代数和也恒等于零。

1.5.2　基尔霍夫电压定律（KVL）

基尔霍夫电压定律用来确定回路中各段电压之间的关系。基尔霍夫电压定律指出，如果从回路中任意一点出发，以顺时针方向或逆时针方向沿回路循行一周，则在这个方向上的电

位降之和应该等于电位升之和。电路中任一点的电位是不会发生变化的。基尔霍夫电压定律是电位的单值性的反映。例如，图 1-23 电路中，电源电动势、电流和各段电压的参考方向均已标出，任意选定逆时针的绕行方向（虚线所示），可列出

$$U_1 + U_4 = U_2 + U_3 \qquad (1\text{-}20)$$

式（1-20）是基尔霍夫电压定律的数学表达式，常称为回路电压方程。如果规定电位降取正号，电位升取负号，则可将上式改写为

$$U_1 - U_2 - U_3 + U_4 = 0 \quad 或 \quad \Sigma U = 0 \qquad (1\text{-}21)$$

式（1-21）说明，沿任一回路循行方向（顺时针方向或逆时针方向），回路中各段电压的代数和恒等于零。基尔霍夫电压定律是描述回路上各元件或各段电路电压降关系的定律，与回路中元件无关。

例 1-3 图 1-24 所示电路中，已知 $U_1 = U_3 = 1\mathrm{V}$，$U_2 = 4\mathrm{V}$，$U_4 = U_5 = 2\mathrm{V}$，求电压 U_7。

解 对回路 Ⅰ 与 Ⅱ 分别列出 KVL 方程：

$$-U_1 + U_2 + U_6 - U_3 = 0$$
$$-U_6 + U_4 + U_5 - U_7 = 0$$

将两个方程相加，消去 U_6 得

$$U_7 = -U_1 + U_2 - U_3 + U_4 + U_5 = 6\mathrm{V}$$

若沿图中回路Ⅲ列出 KVL 方程为

$$-U_1 + U_2 - U_3 + U_4 + U_5 - U_7 = 0$$

可直接求得

$$U_7 = 6\mathrm{V}$$

根据电路中节点电位的单值性，基尔霍夫电压定律不仅应用于闭合回路，也可以将其推广应用于各段电压闭合、但电路形式并不闭合的电路，如图 1-25a、b 所示。今以图 1-25b 所示的电路为例，根据基尔霍夫电压定律列出电压方程。

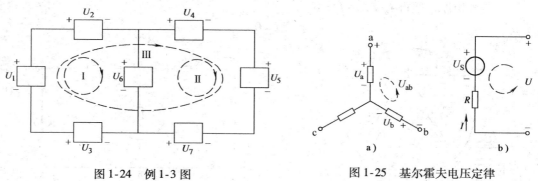

图 1-24　例 1-3 图　　　　　图 1-25　基尔霍夫电压定律
的推广应用

对图 1-25b 所示的电路可列出

$$U_S - U - RI = 0$$

或

$$U = U_S - RI$$

此为有源电路的欧姆定律表达式。

列方程时，不论是应用基尔霍夫定律或欧姆定律，首先都要在电路图上标出电流、电压或电动势的参考方向，因为所列方程中各项前的正负号是由它们的参考方向决定的，如果参考方向选得相反，则会相差一个负号。

基尔霍夫定律所确定的电流方程和电压方程与各支路所包含元件无关，因此基尔霍夫两个定律具有普遍性，它们适用于由各种不同元件所构成的电路。

思 考 题

图 1-22 所示闭合面，由基尔霍夫电流定律可得：$I_a + I_b + I_c = 0$。请问电流都流入闭合面内，其从哪里流出去呢？

1.6 电源的工作状态及电源的等效变换

1.6.1 电源工作状态

1. 电源有载工作

将图 1-26 中的开关 S 合上，接通电源与负载，这就是电源有载工作。

应用基尔霍夫电压定律可列出电路中的电流

$$I = \frac{U_S}{R_0 + R} \tag{1-22}$$

和负载电阻两端的电压 $\qquad U = RI$

并由上两式可得出式（1-12），即

$$U = U_S - R_0 I$$

由上式可见，电源端电压 U 小于恒压源电压 U_S，两者之差为电流通过电源内阻所产生的电压降 $R_0 I$。电流越大，则电源端电压下降得越多。电源内阻一般很小。当 $R_0 \ll R$ 时，则 $U \approx U_S$，上式表明当电流（负载）变动时，电源的端电压变动不大，这说明它带负载能力强。

2. 电源开路

在图 1-27 所示的电路中，当开关断开时，电源则处于开路（空载）状态。电源开路时，外电路的电阻对电源来说等于无穷大，因此电路中电流为零。这时电源的端电压（称为开路电压或空载电压 U_{OC}）等于恒电源电压，电源不输出电能。

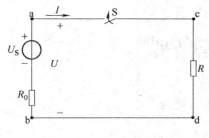

图 1-26 电源有载工作

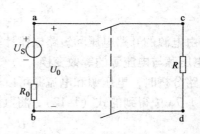

图 1-27 电源开路

如上所述，电源开路时的特征可用下列各式表示：

$$
\left.\begin{array}{l}
I = 0 \\
U_{OC} = U_S \\
P = 0
\end{array}\right\} \tag{1-23}
$$

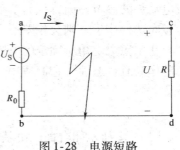

图1-28　电源短路

3. 电源短路

在图 1-28 所示的电路中，当电源的两端由于某种原因而连在一起时，电源则被短路。电源短路时，外电路的电阻可视为零，电流有捷径可通，不再流过负载。因为在电流的回路中仅有很小的电源内阻 R_0，所以这时的电流很大，此电流称为短路电流 I_S。短路电流可能使电源遭受机械与热的损伤或毁坏。短路时电源所产生的电能全被内阻所消耗。

电源短路时由于外电路的电阻为零，所以电源的端电压也为零。这时电源的电压全部由内阻承受。

如上所述，电源短路时的特征可用下列各式表示：

$$
\left.\begin{array}{l}
U = 0 \\
I = I_S = \dfrac{U_S}{R_0} \\
P_{U_S} = \Delta P = R_0 I^2, \quad P = 0
\end{array}\right\} \tag{1-24}
$$

短路也可发生在负载端或线路的任何处。

短路通常是一种严重事故，应该尽力预防。产生短路的原因往往是由于绝缘损坏或接线不慎，因此经常检查电气设备和线路的绝缘情况是一项很重要的安全措施。此外，为了防止短路事故所引起的后果，通常在电路中接入熔断器或自动断路器，以便发生短路时，能迅速将故障电路自动切除。但是，有时由于某种需要，可以将电路中的某一段短路（常称为短接）或进行某种短路实验。

例 1-4　若电源的开路电压 $U_0 = 12V$，其短路电流 $I_S = 30A$，试问该电源的电压和内阻各为多少？

解　电源的电压

$$
U_S = U_0 = 12V
$$

电源的内阻

$$
R_0 = \frac{U_S}{I_S} = \frac{U_0}{I_S} = \frac{12}{30}\Omega = 0.4\,\Omega
$$

这是由电源的开路电压和短路电流计算它的电动势和内阻的一种方法。

1.6.2　电压源与电流源的等效变换

在电路分析时，电压源和电流源可以进行等效变换。

由图 1-7a 中得到的式（1-12），将其两端除以 R_0，则得

$$
\frac{U}{R_0} = \frac{U_S}{R_0} - I = I_S - I
$$

上式可写为

$$
I_S = \frac{U}{R_0} + I \tag{1-25}
$$

式中，I_S 为电源的短路电流，$I_S = \dfrac{U_S}{R_0}$；I 为负载电流；$\dfrac{U}{R_0}$ 为内电阻 R_0 支路的电流。

由图 1-11a 所得到的式（1-13）与式（1-25）是相同的，由此说明，电压源与电流源是可以相互转换的。

电压源与电流源之间等效是指对外电路是等效的，但电源内部特性是不同的。例如，在电源开路时，电压源内部不消耗能量，电流源内阻流过的电流等于 I_S，内部能量消耗最大。所以二者内部特性是不能等效的。

理想电压源与理想电流源本身之间没有等效的关系。因为对理想电压源（$R_0 = 0$）讲，其短路电流 I_S 为无穷大，对理想电流源（$R_0 = \infty$）讲，其开路电压 U_{OC} 为无穷大，都不能得到有限的数值，故两者之间不存在等效变换的条件。

例 1-5 用电压源与电流源等效变换的方法计算图 1-29a 所示电路中 1Ω 电阻上的电流 I。

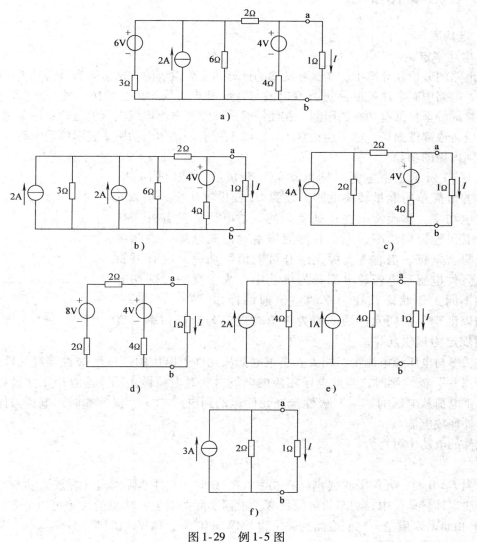

图 1-29 例 1-5 图

解 如图 1-29 所示，电路图 a 最后化简为电路图 f。

由图 1-29f 可求得

$$I = \frac{2}{2+1} \times 3A = 2A$$

在进行等效变换时，应注意电流源的方向和电压源的极性。

思 考 题

1. 电压源与电流源是否能进行等效变换，为什么？

2. 有一电源，两端短路时测出短路电流为 100A，空载时端电压为 24V，试画出其两种电源模型图，并求出其参数。

1.7 电功率和能量

1.7.1 电功率

1. 电功率定义

在电路的分析和计算中，能量和功率的计算是十分重要的。这是因为电荷是携带能量的微粒子，电路中有电流就必然进行着电能与其他形式能量的相互转换；另一方面，电气设备、电路部件本身都有功率的限制，在使用时要注意其电流值或电压值是否超过额定值，过载会使设备或部件损坏，或不能正常工作。在工程上，常用电功率来表示能量的转换率，即单位时间内做的功。

图 1-30 所示是由电源（即电动势）与负载（即电阻）串联组成的最简单的能量转换电路。电源 U_S 提供电功率，负载 R 则消耗电功率。然而情况往往是复杂的。蓄电池、发电机等有源元件有可能提供功率，但也有可能像蓄电池充电那样消耗功率；电阻、电感、电容等无源元件有可能消耗功率，也有可能像储能元件电感和电容放电那样提供功率。为了反映元件在电路中的不同工作状态，在功率的量值前面标以 "＋"、"－" 符号加以区别。任何元件功率值为正值时规定为消耗功率，负值时则规定为提供功率。

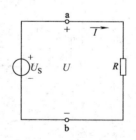

图 1-30 电路中能量转换

电功率与电压和电流密切相关。当正电荷从元件上电压的 "＋" 极性端经元件运动到电压的 "－" 极性端时，与此电压相应的电场力要对电荷做正功，这时，元件吸收电能；反之，正电荷从电压的 "－" 极性端经元件运动到电压 "＋" 极性端时，电场力做负功，元件向外释放电能。

元件的电功率可写为

$$P = ui \tag{1-26}$$

式中，当 $P > 0$ 时，元件吸收（消耗）功率；$P < 0$ 时，元件实际发出（释放）功率。

在法定计量单位中，功率的单位是 W。根据实际的需要，功率的大小可以分别用 MW、kW、W 和 mW 来度量，它们之间的关系为 $1MW = 10^6 W$，$1kW = 10^3 W$，$1mW = 10^{-3} W$。

2. 电源与负载的判别

分析电路，还要判别哪个电路元件是电源（或起电源的作用），哪个是负载（或起负载的作用）。

根据电压和电流的实际方向可确定某一元件是电源还是负载：

电源：U 和 I 的实际方向相反，电流从"+"端流出，发出功率；

负载：U 和 I 的实际方向相同，电流从"+"端流入，取用功率。

也可由 U 和 I 的参考方向来确定电源或负载。如果某一电路元件上两者的参考方向选得一致时：

电源：$P = UI$（负值）

负载：$P = UI$（正值）

3. 功率与功率平衡

式（1-12）各项乘以电流 I，则得功率平衡式

$$UI = U_S I - R_0 I^2$$
$$P = P_{U_S} - \Delta P \tag{1-27}$$

式中，P_{U_S} 为电源产生的功率，$P_{U_S} = U_S I$；ΔP 为电源内阻上损耗的功率，$\Delta P = R_0 I^2$；P 为电源输出的功率，$P = UI$。

例1-6 在图 1-31 所示的电路中，$U = 220\text{V}$，$I = 5\text{A}$，内阻 $R_{01} = R_{02} = 0.6\Omega$。1）试求电源的电压 U_{S1}、U_{S2}；2）试说明功率的平衡。

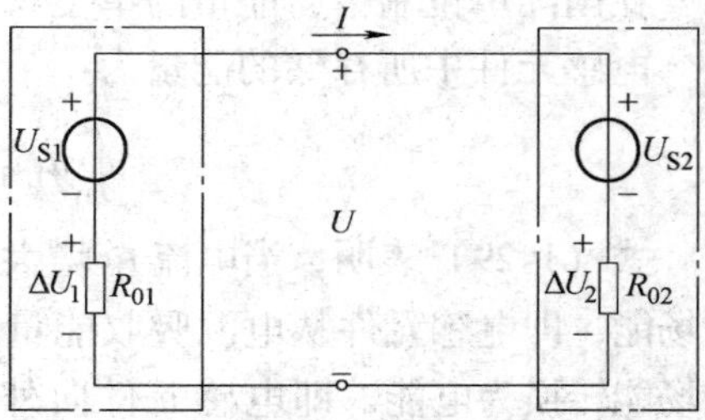

解

1）根据基尔霍夫电压定律，对电路左半部分列方程得

$$U = U_{S1} + \Delta U_1 = U_{S1} - R_{01} I$$
$$U_{S1} = U + R_{01} I = (220 + 0.6 \times 5)\text{V} = 223\text{V}$$

图 1-31　例 1-6 图

$U_{S1} I > 0$，且根据电路中电压和电流的参考方向可知，U_{S1} 为电源。

根据基尔霍夫电压定律，对电路右半部分列方程得

$$U = U_{S2} + \Delta U_2 = U_{S2} + R_{02} I$$
$$U_{S2} = U - R_{02} I = (220 - 0.6 \times 5)\text{V} = 217\text{V}$$

$U_{S2} I > 0$，且根据电路中电压和电流的参考方向可知，U_{S2} 为负载。

2）由 1）中两式可得

$$U_{S1} = U_{S2} + R_{01} I + R_{02} I$$

等号两边同乘以 I，则得

$$U_{S1} I = U_{S2} I + R_{01} I^2 + R_{02} I^2$$
$$223 \times 5\text{W} = (217 \times 5 + 0.6 \times 5^2 + 0.6 \times 5^2)\text{W}$$
$$1115\text{W} = 1085\text{W} + 15\text{W} + 15\text{W}$$

其中，$U_{S1} I = 1115\text{W}$，是电源产生的功率，即在单位时间内由机械能或其他形式的能转换成的电能的值；

$U_{S2} I = 1085\text{W}$，是负载取用的功率，即在单位时间内由电能转换成的机械能（负载是电动机）或化学能（负载是充电时的蓄电池）的值；

$R_{01}I^2 = 15\text{W}$，是电源内阻上损耗的功率；

$R_{02}I^2 = 15\text{W}$，是负载内阻上损耗的功率。

由上例可见，在一个电路中，电源产生的功率和负载取用的功率以及内阻上所损耗的功率是平衡的。

1.7.2 能量

从 t_0 到 t 的时间内，元件吸收的电能可根据电压的定义（a、b 两点间的电压在量值上等于电场力将单位正电荷由 a 点移动到 b 点时所作的功）求得为

$$W = \int_{q(t_0)}^{q(t)} u \, dq$$

由于 $i = \dfrac{dq}{dt}$，所以

$$W = \int_{t_0}^{t} u(\xi) i(\xi) \, d\xi \tag{1-28}$$

式中的 u 和 i 都是时间的函数，并且是代数量，因此，电能 W 也是时间的函数，且是代数量。功率是能量对时间的导数，能量是功率对时间的积分。

在国际单位制中，能量的单位为 J。

电感元件中所存储的能量为：

$$\int_0^t u_L i_L \, dt = \int_0^{i_L} L i_L \, di_L = \frac{1}{2} L i_L^2 \tag{1-29}$$

式（1-29）表明，当电流 i_L 增大时，电感中所储存的能量增大，在此过程中电能转换为磁场能，即电感元件从电源吸收能量。反之，当电流 i_L 减小时，电感中所储存的能量减小，磁场能转换为电能，即电感元件向外电路释放能量。可见，电感元件不消耗能量，是储能元件。

电容元件中所存储的能量为

$$\int_0^t u_C i_C \, dt = \int_0^{u_C} C u_C \, du_C = \frac{1}{2} C u_C^2 \tag{1-30}$$

式（1-30）表明，当电容元件上的电压 u_C 增高时，电容上储存的电场能量增大，在此过程中电容元件从电源吸收能量（或称为充电）。反之，当电压 u_C 降低时，电容上储存的电场能量减小，电容元件向外电路释放能量（或称为放电）。可见，电容元件也不消耗能量，是储能元件。

1.7.3 额定值与实际值

通常负载（例如电灯、电动机等）都是并联运行的。因为电源的端电压是基本不变的，所以负载两端的电压也是基本不变的。因此当负载增加（例如并联的负载数目增加）时，负载所取用的总电流和总功率都增加，即电源输出的功率和电流都相应增加。就是说，电源输出的功率和电流决定于负载的大小。

既然电源输出的功率和电流决定于负载的大小，是可大可小的，那么，有没有一个最合适的数值呢？对负载讲，它的电压、电流和功率又是怎样确定的呢？要回答这个问题，需要引出额定值这个术语。

各种电气设备的电压、电流及功率等都有一个额定值。例如一盏电灯的电压是 220V，功率是 60W，这就是它的额定值。额定值是制造厂为了使产品能在给定的工作条件下正常

运行而规定的正常容许值。大多数电气设备（例如电机、变压器等）的寿命与绝缘材料的耐热性能及绝缘强度有关。当电流超过额定值过多时，由于发热过甚，绝缘材料将遭受损坏；当所加电压超过额定值过多时，绝缘材料也可能被击穿。反之，如果电压和电流远低于其额定值，不仅得不到正常合理的工作情况，而且也不能充分利用设备的能力。此外，对电灯及各种电阻器来说，当电压过高或电流过大时，其灯丝或电阻丝也将被烧毁。

因此，制造厂在制定产品的额定值时，要全面考虑使用的经济性、可靠性以及寿命等因素，特别要保证设备的工作温度不超过规定的容许值。电气设备或元件的额定值常标在铭牌上或写在其他说明中，在使用时应充分考虑额定数据。例如一把电烙铁，标有220V、45W，这是额定值，使用时不能接到380V的电源上。额定电压、额定电流和额定功率分别用 U_N、I_N 和 P_N 表示。

使用时，电压、电流和功率的实际值不一定等于它们的额定值，这也是一个重要的概念。

究其原因，一个是受到外界的影响。例如电源额定电压为220V，但电源电压经常波动，稍低于或稍高于220V。这样，额定值为220V、40W的电灯上所加的电压不是220V，实际功率也就不是40W了。

另一原因如上所述，在一定电压下电源输出的功率和电流决定于负载的大小，就是负载需要多少功率和电流，电源就给多少，所以电源通常不一定处于额定工作状态，但是一般不应超过额定值。对于电动机也是这样，它的实际功率和电流也决定于它轴上所带的机械负载的大小，通常也不一定处于额定工作状态。

例1-7 有一220V、60W的电灯，接在220V的电源上，试求通过电灯的电流和电灯在220V电压下工作时的电阻。如果每晚用3h（小时），问一个月消耗电能多少？

解

$$I_N = \frac{P_N}{U_N} = \frac{60}{220}A = 0.273A$$

$$R = \frac{U_N}{I_N} = \frac{220}{0.273}\Omega = 806\Omega$$

也可用 $R = P_N/I_N^2$ 或 $R = U_N^2/P_N$ 计算。

一个月用电

$$W = P_N t = 60W \times (3 \times 30)h = 5.4kW \cdot h$$

例1-8 有一额定值为5W、500Ω的线绕电阻，其额定电流为多少？在使用时电压不得超过多大的数值？

解 根据瓦数和欧（姆）数可以求出额定电流，即

$$I_N = \sqrt{\frac{P_N}{R}} = \sqrt{\frac{5}{500}}A = 0.1A$$

在使用时电压不得超过

$$U_N = RI_N = (500 \times 0.1)V = 50V$$

因此，在选用时不能只提出欧（姆）数，还要考虑电流有多大，而后提出瓦数。

思 考 题

1. 如果一个电感元件两端的电压为零，其储能是否也一定等于零？如果一个电容元件中的电流为零，其储能是否也一定等于零？

2. 做实验需要一只 1W、500kΩ 的电阻元件，但实验室只有 0.5W 的 250kΩ 和 0.5W 的 1MΩ 的电阻若干只，请问应如何解决？

习　题

1-1　电路如图 1-32 所示，试计算 a 点和 b 点之间的电压。

1-2　图 1-33 所示是一个常用的电阻分压器电路。已知直流电源电压 $U=15V$，滑动触头 C 的位置使$R_1=600\Omega$，$R_2=400\Omega$，试求输出电压 U_2。若用内阻为 1200Ω 的电压表去测量此电压，试求电压表的读数。

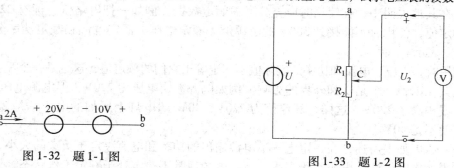

图 1-32　题 1-1 图　　　　　　　　　　图 1-33　题 1-2 图

1-3　在图 1-34 所示两个电路中：（1）R_1 是不是电源内阻？（2）R_2 中的电流 I_2 及其两端的电压 U_2 各等于多少？（3）改变 R_1 的阻值，对 I_2 和 U_2 有无影响？

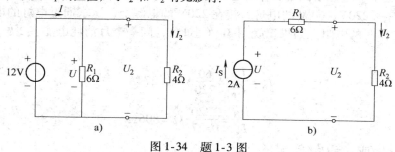

图 1-34　题 1-3 图

1-4　图 1-35 所示电路中，试分析图 a）中电流源的电压和图 b）中电压源的电流。

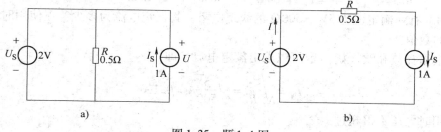

图 1-35　题 1-4 图

1-5　一个实际电源的电路和外特性曲线分别如图 1-36a、b 所示。试求采用电压源模型来表示该电源时，U_S 和 R_L 为多少？画出相应的电路模型。

1-6　电路如图 1-37 所示，已知 $U_S=10V$，$I_S=2A$，$R=5\Omega$。求 a、b、c 三点的电位。

1-7　电路如图 1-38 所示，已知 $U_{ab}=9V$，$U_{ac}=6V$。（1）若取 a 点为参考点，则 b 点和 c 点的电位是多少？（2）若取 b 点为参考点，则 a 点和 c 点的电位是多少？（3）若取 c 点为参考点，则 a 点和 b 点的电位是多少？

1-8 电路如图 1-39 所示，试求开关 S 闭合和断开两种情况下 a、b、c 三点的电位。

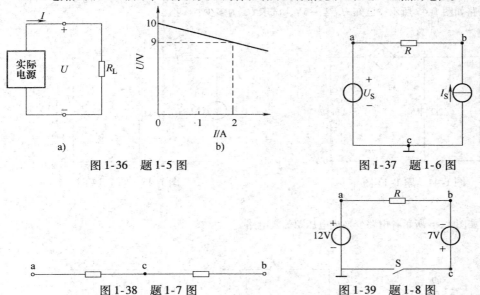

图 1-36 题 1-5 图   图 1-37 题 1-6 图

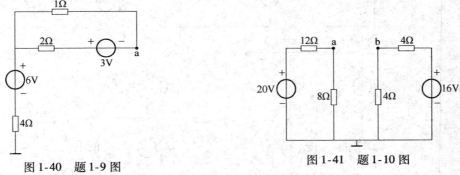

图 1-38 题 1-7 图   图 1-39 题 1-8 图

1-9 求图 1-40 所示电路中 a 点电位。

1-10 试求如图 1-41 所示电路中 a 点和 b 点的电位。如将 a、b 两点直接连接或接一电阻，对电路工作有何影响？

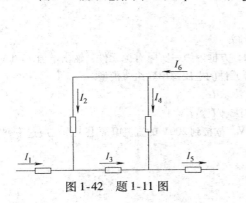

图 1-40 题 1-9 图

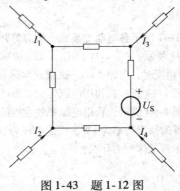

图 1-41 题 1-10 图

1-11 图 1-42 所示电路中，已知 $I_1 = 0.01\mu A$，$I_2 = 0.3\mu A$，$I_5 = 9.61\mu A$，求电流 I_3、I_4 和 I_6。

1-12 图 1-43 所示电路中，已知 $I_1 = 0.3A$，$I_2 = 0.5A$，$I_3 = 1A$，求电流 I_4。

图 1-42 题 1-11 图   图 1-43 题 1-12 图

1-13 电路如图 1-44 所示，$U_{ab} = 2V$，试求 R。

1-14 电路如图 1-45 所示，已知 $U_{ab} = -5V$，试求 U_S 为多少？

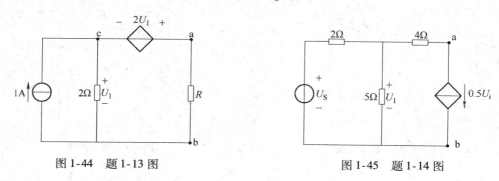

图 1-44 题 1-13 图   图 1-45 题 1-14 图

1-15 将如图 1-46 所示各电路变换成电压源等效电路。

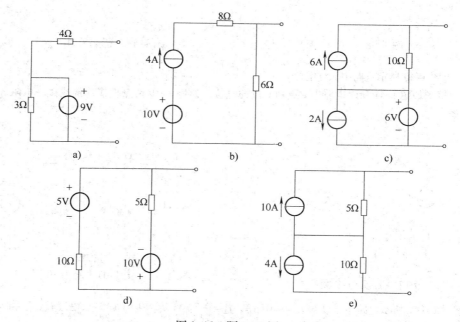

图 1-46 题 1-15 图

1-16 将如图 1-47 所示各电路变换成电流源等效电路。

1-17 如图 1-48 所示，$U_{S1} = 8V$，$U_{S2} = 2V$，$R = 2\Omega$，方框内为一实际有源元件，输出电流 $I = 1A$。当 U_{S2} 方向与图示方向相反时，电流 $I = 0$，试求此实际有源元件的电压源串联组合模型。

1-18 电路如图 1-49 所示，利用电源等效变换的方法求 U。

1-19 电路如图 1-50 所示，利用电源等效变换的方法求 U。

1-20 某用电器的额定功率为 1W，额定电压为 100V，欲接到 200V 的直流电源上工作，应选下列哪个电阻与之串联才能正常工作？为什么？

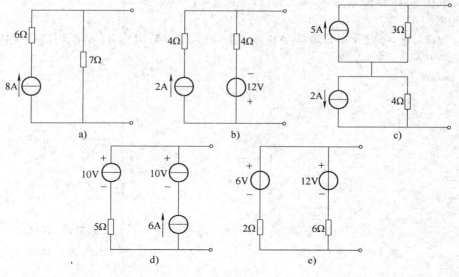

图 1-47　题 1-16 图

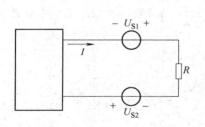

图 1-48　题 1-17 图

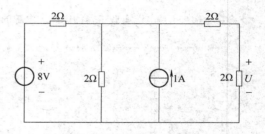

图 1-49　题 1-18 图

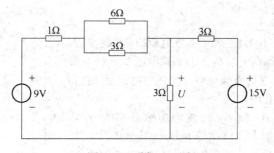

图 1-50　题 1-19 图

（1）$R = 10\text{k}\Omega$，$P_N = 0.5\text{W}$；

（2）$R = 5\text{k}\Omega$，$P_N = 2\text{W}$；

（3）$R = 20\text{k}\Omega$，$P_N = 0.25\text{W}$；

（4）$R = 10\text{k}\Omega$，$P_N = 1.2\text{W}$。

1-21　有 50 个彩色的白炽灯接在 24V 的交流电源上，每个白炽灯为 60W，求每个白炽灯的电流及总电流，另外消耗的总功率是多少？

1-22　一只 110V、8W 的指示灯，现在要接在 380V 的电源上，问要串多大阻值的电阻？该电阻应选用多大瓦数的？

1-23 在图1-51的两个电路中，要在的12V直流电源上使6V、50mA的白炽灯正常发光，应该采用哪一个连接电阻？

1-24 电路如图1-52所示，已知 $U_{S1} = 15V$，$U_{S2} = 5V$，$I_S = 1A$，$R = 5\Omega$，求各元件的功率值，并说明各元件是吸收功率还是发出功率。

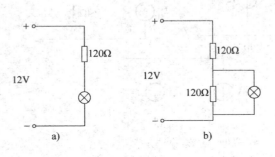

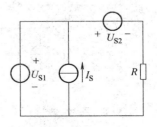

图1-51　题1-23图　　　　　　　　　　图1-52　题1-24图

1-25 求图1-53所示电路中电流源两端的电压 U_1、U_2 及其功率，并说明是起电源作用还是起负载作用。

1-26 图1-54是电源有载工作的电路。电源的电压 $U_S = 220V$，内阻 $R_0 = 0.2\Omega$；负载电阻 $R_l = 10\Omega$，

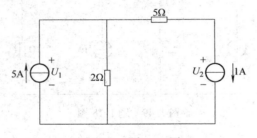

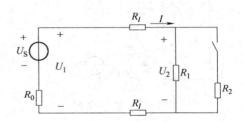

图1-53　题1-25图　　　　　　　　　　图1-54　题1-26图

$R_2 = 6.67\Omega$；线路电阻 $R_l = 0.1\Omega$。试求负载电阻 R_2 并联前后：(1) 电路中电流 I；(2) 电源端电压 U_1 和负载端电压 U_2；(3) 负载功率 P。当负载增大时，总的负载电阻、线路中电流、负载功率、电源端的电压是如何变化的？

1-27 在图1-55中，H_1 和 H_2 的额定功率分别为60W、100W，额定电压为220V。请问：(1) 电源电压 U_S 应为多少？(2) 开关S闭合前、后，电源供出的电流及各灯通过的电流为多少？S闭合时，I_1 是否被分去一些？(3) 60W和100W的灯哪个电阻大？(4) 不慎将100W的灯两端短接，当S闭合时，后果如何？100W的灯丝是否会烧断？(5) 设电源的额定功率为125W，当只接一个220V、60W的电灯时该灯会不会被烧坏？

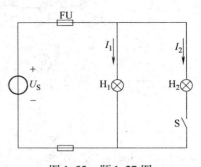

图1-55　题1-27图

第 2 章 电路的分析方法

本章提要 应用欧姆定律和基尔霍夫定律求解复杂电路比较困难，因此，要根据电路的结构特点，寻找分析与计算复杂电路的简便方法。

本章以直流电阻电路为例讨论几种常用的电路分析方法，主要有

1）支路电流法和网孔电流法。

2）节点电压法。

3）叠加原理。

4）戴维南定理与诺顿定理。

本章学习和掌握重点为支路电流法、节点电压法、叠加原理、戴维南定理的基本原理与解题步骤，并能用这些方法求解电路。

根据实际需要，电路的结构型式有很多。最简单的电路只有一个回路，即所谓单回路电路。有的电路虽然有很多个回路，但是可以用串、并联的方法化简为单回路电路，这种电路称为简单电路。然而有的多回路电路(含有一个或多个电源)不能用串、并联的方法化简为单回路电路，或者即使能化简也是相当繁琐的，这种多回路电路称为复杂电路。以下介绍复杂电路的分析方法。

2.1 支路电流法

第 1 章中已讲述电阻及电源的等效变换，对于不太复杂的电阻、独立电源的混联电路，可以采用等效化简分析法来进行分析。但如果电路比较复杂，采用等效化简法就很繁琐，有时甚至不能求解，因此需要采用更为简便、有效的分析方法。

支路电流法是求解复杂电路最基本的方法，它是以支路电流为求解对象，直接应用基尔霍夫定律，分别对节点和回路列出所需的方程组，然后解出各支路电流。

现以图 2-1 所示电路为例，来说明支路电流法的应用。在本电路中，支路数 $b=3$，节点数 $n=2$，共需列出三个独立方程才能求解各支路电流。

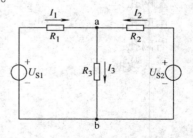

图 2-1 支路电流法

首先，应用基尔霍夫电流定律对节点列电流方程，对节点 a 列出

$$I_1 + I_2 - I_3 = 0 \qquad\qquad (2-1)$$

对节点 b 列出

$$I_3 - I_1 - I_2 = 0 \qquad\qquad (2-2)$$

式(2-2)即为式(2-1)，它是非独立的方程。因此，对具有两个节点的电路，应用 KCL 只能列出一个独立方程。一般来说，如果电路有 n 个节点，那么它只能列出 $n-1$ 个独立的

节点方程，解题时可在 n 个节点中任选 $n-1$ 个节点列出方程。

其次，应用基尔霍夫电压定律列出回路电压方程，所需方程数目为 $b-(n-1)=2$。

图 2-1 中共有三个回路，选择哪两个回路才能列出独立的回路方程呢？为了使所列出的每一方程都是独立的，应该使每次所选的回路至少包含一条前面未曾使用过的新支路，通常选用网孔列出的回路方程一定是独立的。一般来说，电路所列出的独立回路方程数加上独立的节点方程数一定正好等于支路数。

对左面的网孔可列出

$$R_1I_1 + R_3I_3 = U_{S1} \tag{2-3}$$

对右面的网孔可列出

$$R_2I_2 + R_3I_3 = U_{S2} \tag{2-4}$$

联立三个方程(2-1)、式(2-3)及(2-4)，即可解出三个支路电流。

综上所述，应用基尔霍夫电流定律和电压定律一共可列出 $(n-1)+[b-(n-1)]=b$ 个独立方程，所以能解出 b 个支路电流。

应用支路电流法进行网络分析时，可以按以下步骤进行：

1) 确定支路数 b，选定各支路电流的参考方向。

2) 确定节点数 n，列出 $(n-1)$ 个独立的节点电流方程。

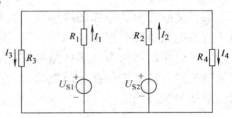

3) 确定余下所需的方程数 $b-(n-1)$，选择网孔列出独立的回路电压方程。

4) 解联立方程组，求出各支路电流的数值。

例 2-1 电路如图 2-2 所示，已知 $U_{S1}=12\text{V}$，$U_{S2}=12\text{V}$，$R_1=1\Omega$，$R_2=2\Omega$，$R_3=2\Omega$，$R_4=4\Omega$，求各支路电流。

图 2-2 例 2-1 电路图

解 选择各支路电流的参考方向如图 2-2 所示，列出节点和回路方程如下：

上节点：
$$I_1 + I_2 - I_3 - I_4 = 0$$

左网孔：
$$R_1I_1 + R_3I_3 - U_{S1} = 0$$

中网孔：
$$R_1I_1 - R_2I_2 - U_{S1} + U_{S2} = 0$$

右网孔：
$$R_2I_2 + R_4I_4 - U_{S2} = 0$$

代入数据

$$I_1 + I_2 - I_3 - I_4 = 0$$
$$I_1 \times 1\Omega + I_3 \times 2\Omega - 12\text{V} = 0$$
$$I_1 \times 1\Omega - I_2 \times 2\Omega - 12\text{V} + 12\text{V} = 0$$
$$I_2 \times 2\Omega + I_4 \times 4\Omega - 12\text{V} = 0$$

联立解得

$$I_1 = 4\text{A}, I_2 = 2\text{A}, I_3 = 4\text{A}, I_4 = 2\text{A}$$

例 2-2 电路如图 2-3 所示，已知 $U_S=42\text{V}$，$I_S=7\text{A}$，$R_1=12\Omega$，$R_2=6\Omega$，$R_3=3\Omega$，求各支路电流。

解 选择各支路电流的参考方向如图 2-3 所示，列出节点和回路方程如下：

上节点： $\qquad$ $I_1 + I_2 - I_3 + I_S = 0$

左网孔： $\qquad$ $R_1 I_1 - R_2 I_2 - U_S = 0$

R_2、R_3 组成的回路： $R_2 I_2 + R_3 I_3 = 0$

代入数据

$$I_1 + I_2 - I_3 + 7\text{A} = 0$$

$$I_1 \times 12\Omega - I_2 \times 6\Omega - 42\text{V} = 0$$

$$I_2 \times 6\Omega + I_3 \times 3\Omega = 0$$

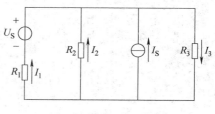

图 2-3 例 2-2 电路图

联立解得

$$I_1 = 2\text{A}, \quad I_2 = -3\text{A}, \quad I_3 = 6\text{A}$$

思 考 题

1. 图 2-1 所示电路共有三个回路，是否可用 KVL 列出三个回路电压方程求解三个支路电流？

2. 对于图 2-1 所示电路，下列各式是否正确？

$$I_1 = \frac{U_{S1} - U_{S2}}{R_1 + R_2}; \quad I_1 = \frac{U_{S1} - U_{ab}}{R_1 + R_3}; \quad I_2 = \frac{U_{S2}}{R_2}; \quad I_2 = \frac{U_{S2} - U_{ab}}{R_2}$$

3. 列独立的回路方程式时，是否一定要选用网孔？

*2.2 网孔电流法

由 2.1 分析可见，支路电流法需要列写的方程数与待求电路的支路数相同，当支路数较多时，所需方程数也多，求解较困难。如图 2-4 所示电路，有 6 条支路，则需列出 6 个以支路电流为未知量的 KCL 和 KVL 方程。但由图可见，由于支路电流之间受基尔霍夫电流定律的约束，6 条支路电流并不是一组独立的网络变量。同理，因为支路电压间受基尔霍夫电压定律的约束，6 条支路电压也不是一组独立的网络变量。因此完全可以选用未知量更少一些的网络独立变量进行网络分析，使计算大大简化。

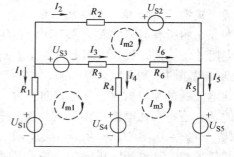

图 2-4 网孔电流法

网孔电流分析法是以网孔电流作为电路中的独立电流变量（即未知量），根据基尔霍夫电压定律列写用网孔电流表示的电路方程，求解线性方程后再计算各支路电流或电压的网络分析法。网孔电流是一种沿着各网孔边界顺时针或逆时针流动的假想电流。所有支路电流都可以由网孔电流求得。

如图 2-4 所示，若网孔电流 I_{m1}、I_{m2}、I_{m3} 已经求出，则图 2-4 中各支路的电流 $I_1 \sim I_6$ 可由下列各式分别求得

$$
\left.\begin{aligned}
I_1 &= -I_{m1} \\
I_2 &= I_{m2} \\
I_3 &= I_{m1} - I_{m2} \\
I_4 &= I_{m1} - I_{m3} \\
I_5 &= I_{m3} \\
I_6 &= I_{m3} - I_{m2}
\end{aligned}\right\} \tag{2-5}
$$

显然，若以网孔电流作为求解变量，则联立方程的数目将明显减少。设各网孔的绕行方向即为各网孔电流的参考方向，则由 KVL 可得网孔电流方程组

$$
\left.\begin{aligned}
-R_1 I_1 + R_3 I_3 + R_4 I_4 &= U_{S1} - U_{S3} - U_{S4} \\
R_2 I_2 - R_3 I_3 - R_6 I_6 &= -U_{S2} + U_{S3} \\
-R_4 I_4 + R_5 I_5 + R_6 I_6 &= U_{S4} - U_{S5}
\end{aligned}\right\} \tag{2-6}
$$

将式(2-5)代入式（2-6），经整理得

$$
\left.\begin{aligned}
(R_1 + R_3 + R_4) I_{m1} - R_3 I_{m2} - R_4 I_{m3} &= U_{S1} - U_{S3} - U_{S4} \\
-R_3 I_{m1} + (R_2 + R_3 + R_6) I_{m2} - R_6 I_{m3} &= -U_{S2} + U_{S3} \\
-R_4 I_{m1} - R_6 I_{m2} + (R_4 + R_5 + R_6) I_{m3} &= U_{S4} - U_{S5}
\end{aligned}\right\}
$$

该方程组中含有 I_{m1}、I_{m2}、I_{m3} 三个求解量，因而可以唯一地解出这三个网孔电流，进而由式(2-5)求出各支路电流。

将上式写成一般形式

$$
\left.\begin{aligned}
R_{11} I_{m1} + R_{12} I_{m2} + R_{13} I_{m3} &= U_{S11} \\
R_{21} I_{m1} + R_{22} I_{m2} + R_{23} I_{m3} &= U_{S22} \\
R_{31} I_{m1} + R_{32} I_{m2} + R_{33} I_{m3} &= U_{S33}
\end{aligned}\right\} \tag{2-7}
$$

式中，$R_{11} = R_1 + R_3 + R_4$，$R_{22} = R_2 + R_3 + R_6$，$R_{33} = R_4 + R_5 + R_6$ 分别是网孔 1、网孔 2、网孔 3 的所有电阻之和，称为该网孔的自电阻，因绕行方向与网孔电流方向一致，所以该项电压总是正值，故自电阻亦总是正。$R_{12} = R_{21} = -R_3$，$R_{13} = R_{31} = -R_4$，$R_{23} = R_{32} = -R_6$，分别是相邻两个网孔间公共电阻，称为互电阻，互电阻可以取正也可以取负，若相邻两个网孔的电流通过互电阻时，参考方向一致，则互电阻取正；若不一致，则互电阻取负。需要说明的是，若各网孔电流方向选择一致，即全为逆时针或全为顺时针方向时，互电阻必为负。$U_{S11} = U_{S1} - U_{S3} - U_{S4}$，$U_{S22} = -U_{S2} + U_{S3}$，$U_{S33} = U_{S4} - U_{S5}$ 分别为网孔 1、2、3 中的电源电压的代数和，凡电源电压的正方向与网孔电流方向相反时，该电源电压前取正号，相同时取负号。

以上讨论可以推广到具有 n 个网孔的电路。

综上所述，应用网孔电流法进行网络分析时，可以按以下步骤进行：

1）首先标定各支路电流的参考方向。

2）标定每一个网孔的编号，根据网络的网孔数 m，确定网孔电压方程的阶数。

3）根据电路图的结构和元件参数确定网孔电阻矩阵中的各自电阻、互电阻和网孔电源电压列矢量中的各网孔电源电压。

4）解网孔电压方程组，求得各网孔电流，然后计算各支路电流。

例 2-3 电路如图 2-5 所示，试用网孔电流法求支路电流 I_1 及电压 U_1。

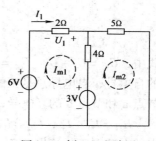

图 2-5　例 2-3 电路图

解　设网孔电流 I_{m1}、I_{m2}参考方向如图 2-5 所示。由网孔电流法列网孔方程如下：

$$(2\Omega+4\Omega)I_{m1}-4\Omega I_{m2}=(6-3)\text{V}$$
$$-4\Omega I_{m1}+(4\Omega+5\Omega)I_{m2}=3\text{V}$$

解得

$$I_{m1}=\frac{39}{38}\text{A}=1.03\text{A}$$

支路电流

$$I_1=I_{m1}=1.03\text{A}$$

电压

$$U_1=-I_1\times2\Omega=-2\times1.03\text{V}=-2.06\text{V}$$

思　考　题

如果电路中含有理想电流源，其电流已知而电压是未知的，如何采用网孔电流法分析电路?

2.3　节点电压法

网孔电流法是选用电路中电流为变量建立电路方程的分析方法，这节讨论选用电路中电压为变量的分析方法。节点电压法是以独立节点电压为电路中的独立电压变量，根据基尔霍夫电流定律列出用节点电压表示的电路方程并求解的电路分析法。这里的节点电压是各节点与参考节点之间的电压，即各节点的电位，如图 2-6 所示，设 c 为参考节点，电路有两个独立节点，应用基尔霍夫电流定律可以写出它们的节点电流方程为

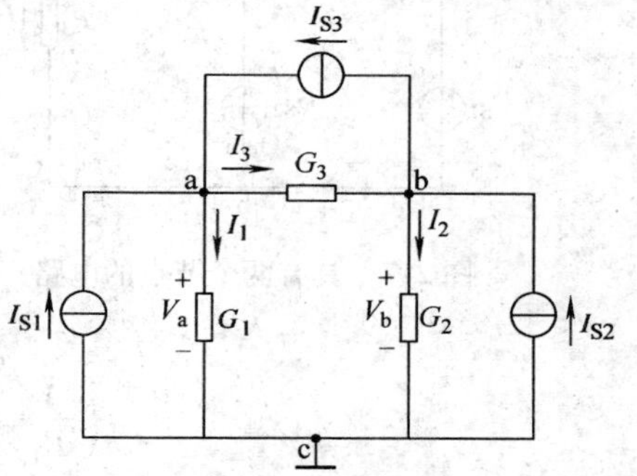

图 2-6　节点电压法

$$\left.\begin{aligned}&\text{对节点 a：}\quad I_1+I_3=I_{S1}+I_{S3}\\&\text{对节点 b：}\quad I_2-I_3=I_{S2}-I_{S3}\end{aligned}\right\}\qquad(2\text{-}8)$$

且有

$$\left.\begin{aligned}I_1&=G_1V_a\\I_2&=G_2V_b\\I_3&=G_3U_{ab}=G_3(V_a-V_b)\end{aligned}\right\}\qquad(2\text{-}9)$$

将式（2-9）代入式（2-8），得

$$\left.\begin{aligned}(G_1+G_3)V_a-G_3V_b&=I_{S1}+I_{S3}\\-G_3V_a+(G_2+G_3)V_b&=I_{S2}-I_{S3}\end{aligned}\right\}\qquad(2\text{-}10)$$

式(2-10)为图 2-5 所示电路以节点电位 V_a、V_b 为求解量的 KCL 方程，称为节点电压方程。对于式(2-10)可写成一般形式：

$$G_{11}V_a + G_{12}V_b = I_{S11} \atop G_{21}V_a + G_{22}V_b = I_{S22}\Big\} \tag{2-11}$$

式中，$G_{11} = G_1 + G_3$，$G_{22} = G_2 + G_3$ 分别是连接节点 a 和节点 b 的所有电导之和，称为该节点的自电导，自电导总是正的。$G_{12} = G_{21} = -G_3$ 是连接节点 a、b 之间的所有电导之和，称为节点 a 和节点 b 的互电导，互电导总是负的。

$I_{S11} = I_{S1} + I_{S3}$，$I_{S22} = I_{S2} - I_{S3}$ 分别表示电流源流入节点 a 和节点 b 的电流代数和，流入节点的电流取正，流出取负。

由式（2-11）解出各节点电位后，就能由式（2-9）求出原电路中各支路电流。

用节点电压法进行网络分析时，可以按以下步骤进行：

1）选定各支路电压或支路电流的参考方向。

2）选定参考点，随后标定其余各独立节点的编号，根据网络的独立节点数，确定节点电流方程的阶数。

3）根据电路图的结构和元件参数确定节点电导矩阵中的各自电导、互电导和各节点电流。

4）解节点电流方程组，求得各节点电压，并由节点电压计算各支路电压或支路电流。

下面用节点电压法分析只有两个节点的电路，以图 2-7 所示电路为例，电路中只有 a、b 两个节点，首先将电路根据电源的等效变换化为图 2-8 所示电路，再根据节点电压法列方程

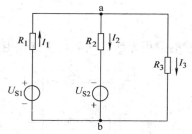

图 2-7　具有两个节点的电路

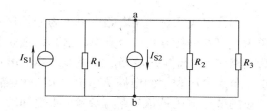

图 2-8　图 2-7 电路的等效电路

$$\left(\frac{1}{R_1} + \frac{1}{R_2} + \frac{1}{R_3}\right)U_{ab} = I_{S1} - I_{S2}$$

则有

$$U_{ab} = \frac{I_{S1} - I_{S2}}{\dfrac{1}{R_1} + \dfrac{1}{R_2} + \dfrac{1}{R_3}} = \frac{\dfrac{U_{S1}}{R_1} - \dfrac{U_{S2}}{R_2}}{\dfrac{1}{R_1} + \dfrac{1}{R_2} + \dfrac{1}{R_3}} \tag{2-12}$$

式（2-12）可写为一般形式

$$U_{ab} = \frac{\sum \dfrac{U_S}{R}}{\sum \dfrac{1}{R}} \tag{2-13}$$

式（2-13）为直接求解两节点电压的一般表达式。式中，分母的各项总为正；分子的各

项可以为正，也可以为负，当电源电压和节点电压的参考方向相同时取正号，相反时取负号，而与各支路电流的参考方向无关。

由式(2-13)求出节点电压后，就能求出图2-7电路中各支路电流。

例2-4 电路如图2-9所示，试用节点电压法求电流 I。

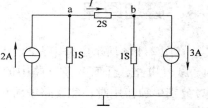

图2-9 例2-4 电路图

解 设 V_a、V_b 分别为节点 a、b 的节点电位，列节点方程(数值方程)如下（为简便起见，方程中略去单位，以下同）：

$$(1+2)V_a - 2V_b = 2$$
$$-2V_a + (2+1)V_b = -3$$

解得
$$V_a = 0\text{V}, V_b = -1\text{V}$$

$$I = 2\text{S} \times (V_a - V_b) = [2 \times (0 - (-1))]\text{A} = 2\text{A}$$

例2-5 电路如图2-10a所示，试用节点电压法求1Ω电阻所消耗的功率 P。

解 此电路中含有理想电压源与电阻的串联支路，此时可将图2-10a等效为图2-10b，并设 c 为参考节点。列写节点方程如下：

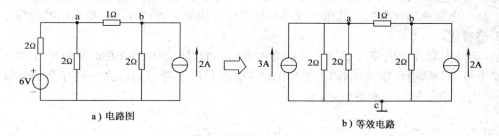

a) 电路图   b) 等效电路

图2-10 例2-5 电路图

$$\left(\frac{1}{2} + \frac{1}{2} + 1\right)V_a - V_b = 3$$

$$-V_a + \left(1 + \frac{1}{2}\right)V_b = 2$$

解得
$$V_a = 3.25\text{V}, V_b = 3.5\text{V}$$

1Ω 电阻两端电压为

$$U_{ab} = V_a - V_b = (3.25 - 3.5)\text{V} = -0.25\text{V}$$

则1Ω 电阻所消耗的功率为

$$P = \frac{U_{ab}^2}{1\Omega} = (-0.25)^2\text{W} = 0.0625\text{W}$$

思 考 题

1. 为什么自电导总是正的，互电导总是负的？

2. 如果电路中含有理想电压源，其电压已知而电流是未知的，如何采用节点电压法分析电路？

2.4 叠加原理

在图 2-11a 所示电路中有两个电源，各支路中的电流是由这两个电源共同作用产生的。对于线性电路，任何一条支路中的电流，都可以看成是由电路中各个电源（电压源或电流源）分别单独作用时在此支路中所产生的电流的代数和（如图 2-11b、c 所示），这就是叠加原理。

所谓电路中只有一个电源单独作用，就是假设将其余电源均除去（将各个理想电压源短接，即其电压为零；将各个理想电流源开路，即其电流为零），但是它们的内阻（如果给出的话）仍应计及。图 2-11b 即为电压源 U_{S1} 单独作用的电路，图 2-11c 即为电压源 U_{S2} 单独作用的电路。用叠加原理计算复杂电路，就是将一个多电源的复杂电路化为几个单电源电路来进行计算。

使用叠加原理时，应注意以下几点：

1）叠加原理只适用于线性电路，不适用于非线性电路。

2）叠加原理可以用于计算电压和电流，但不能直接应用叠加原理计算功率。

3）应用叠加原理时，电路的连接以及电路中所有电阻和受控电源都不能改动。当考虑电路中某一电源单独作用时，其余不作用的理想电压源处用短路替代；不作用的理想电流源处用开路替代。

4）叠加时要注意电流（或电压）的参考方向。如果电源单独作用时某电流（电压）分量的参考方向与所有电源共同作用时该电流（电压）的参考方向一致，则在叠加时该电流（电压）分量取正号，否则取负号。

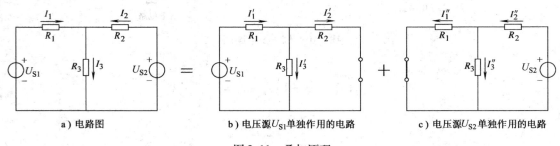

a）电路图　　　　　　　　b）电压源U_{S1}单独作用的电路　　　　　c）电压源U_{S2}单独作用的电路

图 2-11　叠加原理

例 2-6　用叠加原理计算图 2-11a 所示电路中的各个电流。已知 $U_{S1} = 140\text{V}$，$U_{S2} = 90\text{V}$，$R_1 = 20\Omega$，$R_2 = 5\Omega$，$R_3 = 6\Omega$。

解　图 2-11a 所示电路的电流可以看成是由图 2-11b 和图 2-11c 所示两个电路的电流叠加起来的。I_1'、I_2'、I_3' 为电压源 U_{S1} 单独作用时各支路中的电流；I_1''、I_2''、I_3'' 为电压源 U_{S2} 单独作用时各支路中的电流。

在图 2-11b 中

$$I_1' = \frac{U_{S1}}{R_1 + \dfrac{R_2 R_3}{R_2 + R_3}} = \frac{140}{20 + \dfrac{5 \times 6}{5 + 6}} \text{A} = 6.16\text{A}$$

$$I_2' = \frac{R_3}{R_2 + R_3}I_1' = \left(\frac{6}{5+6} \times 6.16\right)A = 3.36A$$

$$I_3' = \frac{R_2}{R_2 + R_3}I_1' = \left(\frac{5}{5+6} \times 6.16\right)A = 2.80A$$

在图 2-11c 中

$$I_2'' = \frac{U_{S2}}{R_2 + \dfrac{R_1 R_3}{R_1 + R_3}} = \frac{90}{5 + \dfrac{20 \times 6}{20 + 6}}A = 9.36A$$

$$I_1'' = \frac{R_3}{R_1 + R_3}I_2'' = \left(\frac{6}{20+6} \times 9.36\right)A = 2.16A$$

$$I_3'' = \frac{R_1}{R_1 + R_3}I_2'' = \left(\frac{20}{20+6} \times 9.36\right)A = 7.20A$$

所以

$$I_1 = I_1' - I_1'' = (6.16 - 2.16)A = 4.0A$$

$$I_2 = I_2'' - I_2' = (9.36 - 3.36)A = 6.0A$$

$$I_3 = I_3' + I_3'' = (2.80 + 7.20)A = 10.0A$$

例 2-7 用叠加原理计算图 2-12 所示电路中的电流 I_3。已知 $I_S = 12A$，$U_S = 120V$，$R_1 = 20\Omega$，$R_2 = 20\Omega$，$R_3 = 5\Omega$。

解 图 2-12 所示电路的电流 I_3 可以看成是由图 2-13a 和图 2-13b 两个电路的电流 I_3' 和 I_3'' 叠加起来的。

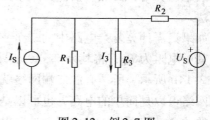

图 2-12　例 2-7 图

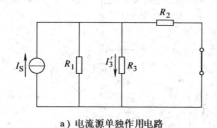

a) 电流源单独作用电路

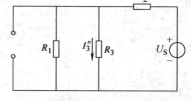

b) 电压源单独作用电路

图 2-13　图 2-12 的叠加原理分解

当理想电流源 I_S 单独作用时，可求出 I_3'，即

$$I_3' = \frac{\dfrac{R_1 R_2}{R_1 + R_2}}{\dfrac{R_1 R_2}{R_1 + R_2} + R_3}I_{S1} = \left(\frac{\dfrac{20 \times 20}{20 + 20}}{\dfrac{20 \times 20}{20 + 20} + 5} \times 12\right)A = 8A$$

当理想电压源 U_S 单独作用时，可求出 I_3''，即

$$I''_3 = \cfrac{U_S}{R_2 + \cfrac{R_1 R_3}{R_1 + R_3}} \; \cfrac{R_1}{R_1 + R_3} = \left(\cfrac{120}{20 + \cfrac{20 \times 5}{20 + 5}} \times \cfrac{20}{20 + 5} \right) A = 4A$$

所以

$$I_3 = I'_3 + I''_3 = (8 + 4)A = 12A$$

思 考 题

1. 叠加原理可否用于将多电源电路（例如有 4 个电源）看成是几组电源（例如两组电源）分别作用的叠加？

2. 利用叠加原理可否说明在单电源电路中，各处的电压和电流随电源电压或电流成正比例地变化？

3. 为何不能直接应用叠加原理计算多电源电路中的功率？

2.5 戴维南定理与诺顿定理

在有些情况下，我们只需要计算一个复杂电路中某一支路的电流，如果用前面几节所述的方法来计算时，必然会引出一些不需要的电流来。为了使计算简便些，常常应用等效电源的方法。

如果只需计算复杂电路中的一个支路时，可以将这个支路划出，如图 2-14a 中的 ab 支路，其中电阻为 R_L，将其余部分（即图 2-14a 中的点画线框部分）看作一个有源二端网络，如图 2-14b 所示。所谓有源二端网络就是具有两个出线端的部分电路，其中含有电源。有源二端网络可以是简单的电路，也可以是复杂的电路，但是不论它的简繁程度如何，它对所要计算的这个支路而言，仅相当于一个电源，因为它对这个支路供给电能。因此，这个有源二端网络一定可以化简为一个等效电源。经这种等效变换后 ab 支路中的电流 I 及其两端的电压 U 没有变动。

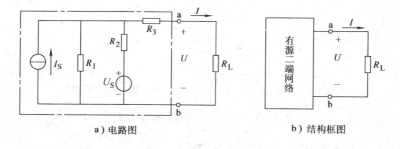

a) 电路图   b) 结构框图

图 2-14 有源二端网络

根据第 1 章所述，一个电源可以用两种电路模型表示：一种是理想电压源 U_S 和内阻 R_0 串联的电路（电压源）；一种是理想电流源 I_S 和内阻 R_0 并联的电路（电流源）。因此，有两种等效电源，由此而得出下述两个定理。

2.5.1 戴维南定理

任何一个有源二端线性网络都可以用一个理想电压源 U_S 和内阻 R_0 串联的电源来等效代替（见图 2-15）。等效电源中的电压源电压 U_S 就是有源二端网络的开路电压 U_{OC}，即将负载断开后 a、b 两端之间的电压。等效电源的内阻 R_0 等于有源二端网络中所有电源均除去（将各个理想电压源短路，即其电压为零；将各个理想电流源开路，即其电流为零）后所得到的无源网络 a、b 两端之间的等效电阻。这就是戴维南定理。

图 2-15 所示的等效电路是一个最简单的电路。其中，电流可由下式计算：

$$I = \frac{U_S}{R_0 + R_L} \tag{2-14}$$

等效电源的电压和内阻可通过实验或计算得出。

例 2-8　电路如图 2-16a 所示，试用戴维南定理求：1）电流 I；2）3Ω 电阻所消耗的功率 $P_{3\Omega}$。

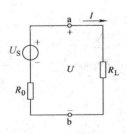

图 2-15　戴维南定理

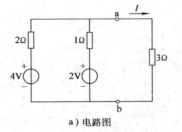
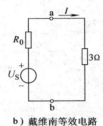

a）电路图　　　　b）戴维南等效电路

图 2-16　例 2-8 图

解　在图 2-16a 所示电路中，将电流 I 所在支路与原电路在节点 a、b 处断开，而从 a、b 节点向左看的网络即为一有源二端网络，可等效为图 2-16b 所示的戴维南 等效电路。欲求电流 I，只要求出等效电源的电压 U_S（即开路电压 U_{OC}）和戴维南等效电阻 R_0 即可。

1）求等效电源的电压 U_S，即开路电压 U_{OC}。其等效电路如图 2-17 所示，可解得电流

$$I_1 = \frac{4-2}{2+1}A = 0.67A$$

由 KVL 得

$$U_{OC} = 1\Omega \times I_1 + 2V = (1 \times 0.67 + 2)V = 2.67V$$

$$U_S = U_{OC} = 2.67V$$

2）求戴维南等效电阻 R_0。其等效电路如图 2-18 所示，则

$$R_0 = \frac{2 \times 1}{2+1}\Omega = 0.67\Omega$$

3）在图 2-16b 中，由欧姆定律得电流为

$$I = \frac{U_S}{R_0 + 3\Omega} = \frac{2.67}{0.67 + 3}A = 0.73A$$

3Ω 电阻所消耗的功率 $P_{3\Omega}$ 为

$$P_{3\Omega} = 3\Omega \times I^2 = 3 \times (0.73)^2 W = 1.6W$$

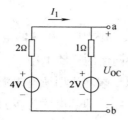

图 2-17 等效电源电路

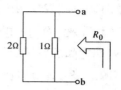

图 2-18 等效电阻电路

例 2-9 电路如图 2-19a 所示，已知 $U_{S1} = 8V$，$U_{S2} = 5V$，$I_S = 3A$，$R_1 = 2\Omega$，$R_2 = 5\Omega$，$R_3 = 2\Omega$，$R_4 = 8\Omega$，试用戴维南定理求通过 R_4 的电流 I_4。

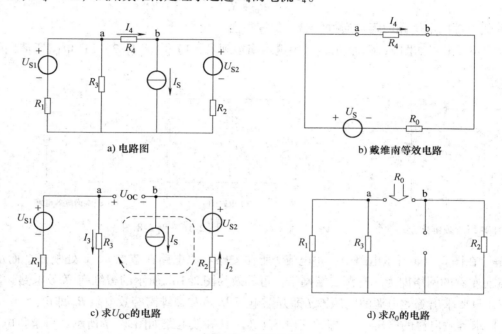

a) 电路图

b) 戴维南等效电路

c) 求 U_{OC} 的电路

d) 求 R_0 的电路

图 2-19 例 2-9 图

解 从节点 a、b 处断开，将待求支路提出，可将图 2-19a 的电路等效为图 2-19b 所示的戴维南等效电路。

1）求等效电源的电压 U_S，即二端网络的开路电压 U_{OC}，在图 2-19c 中，由于

$$I_2 = I_S = 3A$$

$$I_3 = \frac{U_{S1}}{R_1 + R_3} = \frac{8}{2 + 2}A = 2A$$

选图中虚线所示回路，由 KVL 得

$$U_{OC} + U_{S2} - R_2 I_2 - R_3 I_3 = 0$$

$$U_{OC} = -U_{S2} + R_2 I_2 + R_3 I_3 = (-5 + 5 \times 3 + 2 \times 2)V = 14V$$

$$U_S = U_{OC} = 14V$$

2）求等效电源内阻 R_0，在图 2-19d 中

$$R_0 = \frac{R_1 R_3}{R_1 + R_3} + R_2 = \left(\frac{2 \times 2}{2 + 2} + 5\right)\Omega = 6\Omega$$

3）在图 2-19b 中，可求得

$$I_4 = \frac{U_S}{R_0 + R_4} = \frac{14}{6+8} \text{A} = 1\text{A}$$

例 2-10 电路如图 2-20a 所示，试用戴维南定理求 $R = 2.5\text{k}\Omega$ 电阻中的电流 I。

解 图 2-20a 的电路可等同于图 2-20b 的电路。

1）求等效电源的电压 U_S，即开路电压 U_{OC}。

$$V_a = \frac{\dfrac{15}{3\times10^3} - \dfrac{12}{6\times10^3}}{\dfrac{1}{3\times10^3} + \dfrac{1}{6\times10^3}}\text{V} = 6\text{V}$$

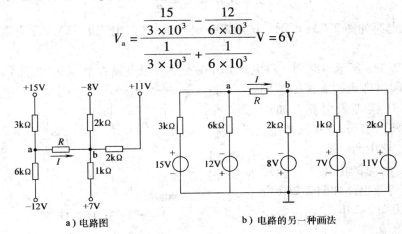

a）电路图　　　　b）电路的另一种画法

图 2-20　例 2-10 图

$$V_b = \frac{-\dfrac{8}{2\times10^3} + \dfrac{7}{1\times10^3} + \dfrac{11}{2\times10^3}}{\dfrac{1}{2\times10^3} + \dfrac{1}{1\times10^3} + \dfrac{1}{2\times10^3}}\text{V} = 4.25\text{V}$$

$$U_S = U_{OC} = V_a - V_b = (6 - 4.25)\text{V} = 1.75\text{V}$$

2）将 a、b 间开路，求等效电源的内阻 R_0。

$$R_0 = (3//6 + 2//1//2)\text{k}\Omega = 2.5\text{k}\Omega$$

3）戴维南等效电路为图 2-21 所示，则电阻 R 中的电流为

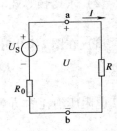

图 2-21　等效电路

$$I = \frac{U_S}{R + R_0} = \frac{1.75}{(2.5+2.5)\times10^3}\text{A} = 0.35\times10^{-3}\text{A} = 0.35\text{mA}$$

2.5.2　诺顿定理

如图 2-22 所示，任何一个有源二端线性网络都可以用一个电流为 I_S 的理想电流源和内阻 R_0 并联的电源来等效代替。等效电源的电流 I_S 就是有源二端网络的短路电流 I_{SC}，即将 a、b 两端短接后其中的电流，等效电源的内阻 R_0 等于有源二端网络中所有电源均除去（理想电压源短路，理想电流源开路）后所得到的无源网络 a、b 两端之间的等效电阻。这就是诺顿定理。

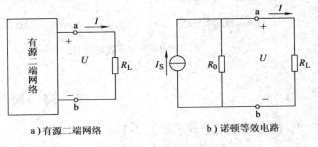

a）有源二端网络　　　　b）诺顿等效电路

图 2-22　诺顿定理

由图2-22的等效电路可用下式计算电流

$$I = \frac{R_0}{R_0 + R_\text{L}} I_\text{S} \tag{2-15}$$

因此，一个有源二端网络既可用戴维南定理化为图2-15所示的等效电压源，也可用诺顿定理化为图2-22所示的等效电流源。两者对外电路讲是等效的，关系是

$$U_\text{S} = R_0 I_\text{S} \text{ 或 } I_\text{S} = \frac{U_\text{S}}{R_0}$$

例2-11　电路如图2-23a所示，试用诺顿定理求：1）电流I；2）2Ω电阻所消耗的功率$P_{2\Omega}$。

解　在图2-23a所示电路中，将电流I所在支路与原电路在节点a、b处分离，而a、b节点向左看的网络即为一有源二端网络，可等效为诺顿等效电路，如图2-23b所示，再将2Ω电阻支路接上，则可求出2Ω支路中的电流。

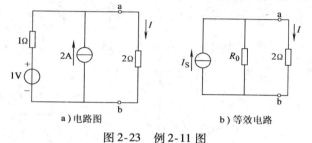

a）电路图　　　　b）等效电路

图2-23　例2-11图

1）求等效电源的电流I_S，即短路电流I_SC。其等效电路如图2-24a所示，且可等效为图2-24b。

可计算出电流

$$I_\text{S} = I_\text{SC} = (1 + 2)\text{A} = 3\text{A}$$

2）求诺顿等效电阻R_0。其等效电路如图2-25所示。

$$R_0 = 1\Omega$$

3）在图2-23b中可得电流为

$$I = \frac{R_0}{R_0 + 2\Omega} I_\text{S} = \left(\frac{1}{1 + 2} \times 3\right)\text{A} = 1\text{A}$$

2Ω电阻所消耗的功率$P_{2\Omega}$为

$$P_{2\Omega} = 2\Omega \times I^2 = (2 \times 1^2)\text{W} = 2\text{W}$$

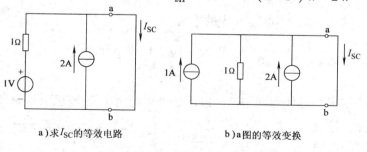

a）求I_SC的等效电路　　　　b）a图的等效变换

图2-24　等效电路图

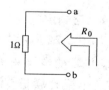

图2-25　等效电阻

思　考　题

1. 试用戴维南定理求解例2-11。

2. 欲求有源二端网络的戴维南等效电路，现有直流电压表、直流电流表各一块，电阻

一个，如何用实验的方法求得？

3. 试总结本章几种方法所适宜求解的电路类型。

习　　题

2-1　电路如图 2-26 所示，试利用等效化简法求：（1）电流 I_1、I_2、I_3 和 I_4；（2）3Ω 电阻消耗的功率 $P_{3\Omega}$；（3）4V 电压源发出的功率 P_{4V}。

2-2　用支路电流法求图 2-27 所示电路中 a 点的电位。

2-3　电路如图 2-28 所示，已知 $U_{S1}=30V$，$U_{S2}=24V$，$I_S=1A$，$R_1=6\Omega$，$R_2=R_3=12\Omega$，用支路电流法求各支路电流。

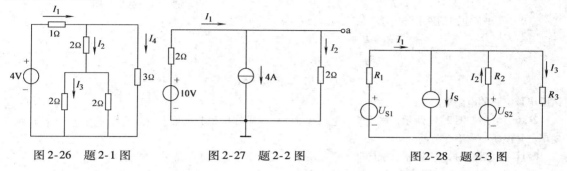

图 2-26　题 2-1 图　　　　　图 2-27　题 2-2 图　　　　　图 2-28　题 2-3 图

2-4　列出图 2-29a、b 所示各电路在用支路电流法求解时所需要的独立方程。

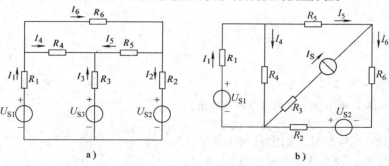

a)　　　　　　　　　　　b)

图 2-29　题 2-4 图

2-5　用支路电流法求图 2-30 所示电路中各支路电流。

2-6　电路如图 2-31a、b 所示，试用网孔电流法求：（1）网孔电流 I_a、I_b；（2）支路电流 I_1、I_2、I_3。

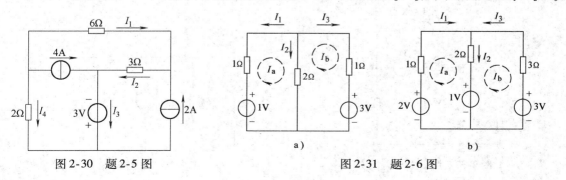

图 2-30　题 2-5 图　　　　　　a)　　　　　　　　b)

图 2-31　题 2-6 图

2-7 电路如图 2-32 所示，试用网孔电流法求：（1）网孔电流 I_a、I_b；（2）2Ω 电阻消耗的功率 $P_{2\Omega}$。

2-8 计算图 2-33 所示电路中的电流 I_3。

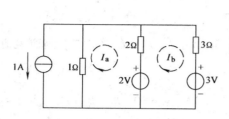

图 2-32 题 2-7 图

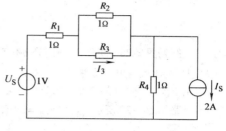

图 2-33 题 2-8 图

2-9 已知某电路的网孔方程为

$$\begin{bmatrix} R_1 + R_2 & -R_2 & 0 \\ -R_2 & R_2 + R_3 + R_4 & -R_4 \\ 0 & -R_4 & R_4 + R_5 \end{bmatrix} \begin{bmatrix} I_{m1} \\ I_{m2} \\ I_{m3} \end{bmatrix} = \begin{bmatrix} U_S \\ 0 \\ 0 \end{bmatrix}$$

试画出该电路的电路图。

2-10 电路如图 2-34 所示，试用节点电压法求：（1）节点电位 V_a、V_b；（2）电压 U_{ab}；（3）各元件的功率，并说明功率平衡关系。

2-11 电路如图 2-35 所示，试用节点电压法求：（1）节点电位 V_a、V_b；（2）电流 I。

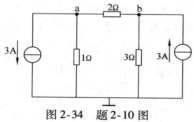
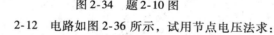

图 2-34 题 2-10 图

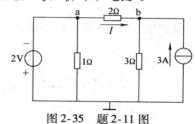

图 2-35 题 2-11 图

2-12 电路如图 2-36 所示，试用节点电压法求：（1）节点电位 V_a、V_b；（2）电压 U_{ab}；（3）电流 I。

2-13 电路如图 2-37 所示，试用节点电压法求：（1）节点电位 V_a、V_b；（2）1V 电压源的功率，并说明是发出还是取用的。

2-14 用叠加原理求图 2-38 所示电路中的 U。

2-15 在图 2-39 所示电路中，当 $U_S = 20V$ 时，$U_{ab} = 10V$，利用叠加原理求 $U_S = 0$ 时的 U_{ab}。

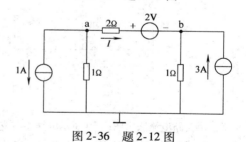

图 2-36 题 2-12 图

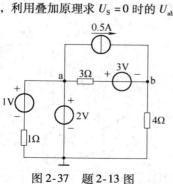

图 2-37 题 2-13 图

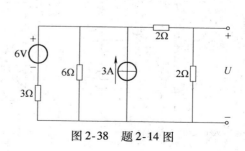

图 2-38 题 2-14 图

2-16 用叠加原理求图 2-40 所示电路中的电压 U，并求电流源的功率。

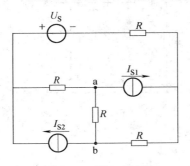

图 2-39 题 2-15 图

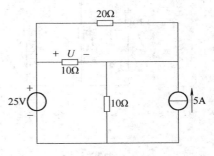

图 2-40 题 2-16 图

2-17 在图 2-41 所示电路中：（1）当开关 S 合在 a 点时，求电流 I_1、I_2 和 I_3；（2）将开关 S 合在 b 点时，利用（1）的结果，用叠加原理计算电流 I_1、I_2 和 I_3。

2-18 应用叠加原理计算图 2-42 所示电路中各支路的电流和各元件(电源和电阻)两端的电压，并说明功率平衡关系。

2-19 电路如图 2-43 所示，试求 U_{ab}。

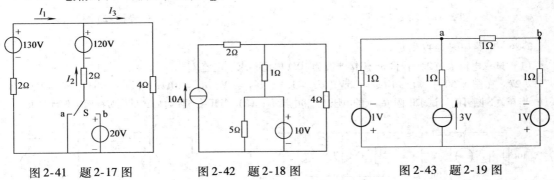

图 2-41 题 2-17 图　　　图 2-42 题 2-18 图　　　图 2-43 题 2-19 图

2-20 用戴维南定理求图 2-44 所示电路中的电流 I。

2-21 利用戴维南定理求图 2-45 所示电路中的电流 I。已知 $U_S = 10V$，$I_S = 2A$，$R_1 = R_2 = R_3 = 10\Omega$。

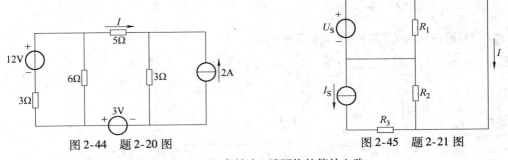

图 2-44 题 2-20 图　　　　　图 2-45 题 2-21 图

2-22 利用戴维南定理求图 2-46a、b 电路所示二端网络的等效电路。

2-23 电路如图 2-47 所示，利用戴维南定理求 40Ω 电阻中的电流 I。

2-24 应用戴维南定理计算图 2-26 所示电路中 1Ω 电阻中的电流。

2-25 在图 2-48 所示电路中，N 为有源二端网络，当开关 S 断开时，电流表读数为 $I = 1.8A$，当开关 S 闭合时，电流表读数为 1A。试求有源二端网络的等效电压源参数。

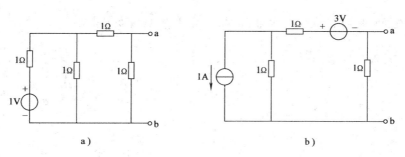

图 2-46　题 2-22 图

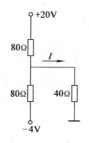

图 2-47　题 2-23 图

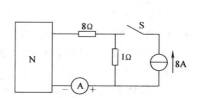

图 2-48　题 2-25 图

2-26　电路如图 2-49 所示。

（1）试求电流 I；（2）若将 ab 短接线改为 10Ω 电阻，求该电流 I。

2-27　在图 2-50 中，已知 $U_{S1} = 15V$，$U_{S2} = 13V$，$U_{S3} = 4V$，$R_5 = 10Ω$，$R_1 = R_2 = 1Ω$，$R_3 = R_4 = 1Ω$。

（1）当开关 S 断开时，试求电阻 R_5 上的电压 U_5 和电流 I_5；（2）当开关 S 闭合后，试用戴维南定理计算 I_5。

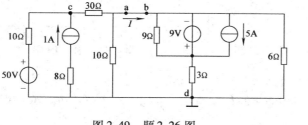

图 2-49　题 2-26 图

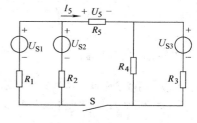

图 2-50　题 2-27 图

2-28　计算图 2-51 所示二端网络的诺顿等效电路。

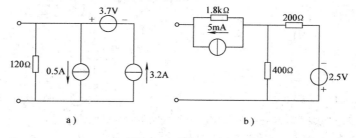

图 2-51　题 2-28 图

2-29　电路如图 2-52 所示，试利用诺顿定理求：（1）电压 U；（2）1A 电流源的功率 P_{1A}。

2-30　在图 2-53 中，（1）试求电流 I；（2）计算理想电压源和理想电流源的功率，并说明是取用的还是发出的功率。

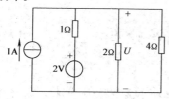

图 2-52　题 2-29 图

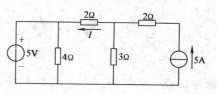

图 2-53　题 2-30 图

2-31　计算图 2-54 所示电路中电阻 R_5 上的电流 I_5。（1）用戴维南定理；（2）用诺顿定理。

2-32　试求图 2-55 所示电路中的电流 I。

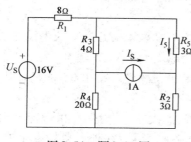

图 2-54　题 2-31 图

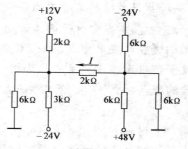

图 2-55　题 2-32 图

2-33　电路如图 2-56 所示，试用本章所学各种方法求电路中的电流 I_3。

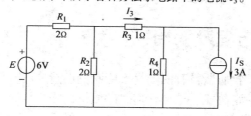

图 2-56　题 2-33 图

第3章 电路的暂态分析

本章提要 电路的暂态过程虽然为时短暂，但是对电路的影响却十分大，因此本章讨论电路在暂态过程中的电压及电流的变化规律。

本章主要讨论以下几个问题：

1）RC 和 RL 一阶线性电路的过渡过程中电压和电流随时间而变化的规律。

2）一阶线性电路的零输入响应及在阶跃激励下的零状态响应和全响应的分析方法。

3）微分电路和积分电路的工作原理。

本章的重点 要求重点掌握 RC 和 RL 一阶线性电路的零输入响应、零状态响应和全响应，以及如何应用"三要素法"分析一阶电路的暂态过程。

本章的难点 复杂的一阶电路任意电流、电压响应的初始值确定以及时间常数的计算。

前两章所讨论的是电路的稳定状态。稳定状态简称稳态，就是电路中的电流和电压在给定条件下已达到某一稳定值（对交流讲是指它的幅值达到稳定）。在外界条件发生变化时，电路要从一种稳定状态向另一种稳定状态逐渐过渡，这个过渡过程往往为时短暂，所以电路的过渡过程称为暂态过程，简称暂态。

3.1 动态电路的方程及初始条件

暂态过程的产生是由于物质所具有的能量不能跃变而造成的。因为自然界的任何物质在一定的稳定状态下都具有一定的或一定变化形式的能量，当条件改变时，能量随着改变，但是能量的积累或衰减是需要一定时间的。

在实际电路中，由于电路的接通、断开、短路、参数变化或电源的突变等所引起的电路的工作状态的改变称为换路。当电路的工作状态改变时，电压、电流以及伴随它们的电场、磁场必然要做相应的改变，必然就有电场能量、磁场能量和其他形式的能量之间的转换过程。电路中的能

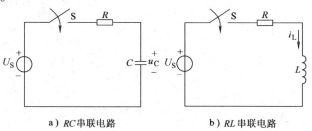

a）RC 串联电路   b）RL 串联电路

图 3-1 电路工作状态的改变

量发生变化，但这种变化是不能跃变的。因此，电路中产生从一个稳态向另一个稳态的过渡过程，称为暂态过程。

下面就以图 3-1 所示的两个电路为例进行说明。

对于图 3-1a 电路，开关接通前，电容端电压为零，电容中储存的电场能量为零，开关接通，电路达到新的稳定状态，电容端电压为 u_c，电容中储存的电场能量为 $Cu_c^2/2$，当换路时，电能不能跃变，这反映在电容元件上的电压 u_c 不能跃变。对于图 3-1b 电路，开关接通

前，电流为零，电感中储存的磁场能量为零，电路接通，达到新的稳定状态后，电流为 i_L，电感中储存的磁场能量为 $Li_L^2/2$，当换路时，磁能不能跃变，这反映在电感元件中的电流 i_L 不能跃变。无论电容电路还是电感电路，电路能量的变化都是由电源提供的。

在计算时，通常设 $t=0$ 为换路瞬间，将换路前的终了瞬间记作 $t=0_-$，将换路后的初始瞬间记作 $t=0_+$。0_- 和 0_+ 在数值上都等于0，但前者是指 t 从负值趋近于零，后者是指 t 从正值趋近于零。

在换路瞬间，电容元件上的电压 u_C 和电感元件中的电流 i_L 不能跃变，这个规律称为换路定则。用数学公式表示为

$$\left. \begin{array}{l} u_C(0_+) = u_C(0_-) \\ i_L(0_+) = i_L(0_-) \end{array} \right\} \tag{3-1}$$

换路定则仅适用于换路瞬间，可根据它来确定 $t=0_+$ 时各个电压和电流的初始值时，先由 $t=0_-$ 的电路求出 $i_L(0_-)$ 或 $u_C(0_-)$，而后由 $t=0_+$ 的电路在已求得的 $i_L(0_+)$ 或 $u_C(0_+)$ 的条件下求其他电压和电流的初始值。

应用换路定则和电路基本定律，可以计算电路换路后瞬间 $t=0_+$ 电路中电压和电流之值，即暂态过程的初始值。其具体步骤是

1）按照换路前的电路，计算换路前瞬间 $t=0_-$ 的各电容电压 $u_C(0_-)$ 和电感电流 $i_L(0_-)$。

2）应用换路定则，首先确定换路后瞬间 $t=0_+$ 的各电容电压初始值 $u_C(0_+)$ 和电感电流初始值 $i_L(0_+)$。

3）按照换路后的电路，应用电路基本定律，采用直流电路分析方法计算其余各初始值。

例3-1　确定图 3-2 所示电路中各电流的初始值。换路前电路已处于稳态。

解　在 $t=0_-$ 时，电路处于稳态，电感元件可视为短路，由图 3-2 得出

$$i_L(0_-) = \frac{6}{2+4}\text{A} = 1\text{A}$$

在 $t=0_+$ 时，$i_L(0_+) = 1\text{A}$，由图 3-2 得出

$$u_L(0_+) = 4 \times (-1)\text{V} = -4\text{V}, i(0_+) = \frac{6}{2}\text{A} = 3\text{A}$$

$$i_S(0_+) = (3-1)\text{A} = 2\text{A}$$

例3-2　图 3-3 所示电路，求 $t=0$ 时刻开关闭合后电容电压、电感电压及各支路电流的初始值。已知 $R=4\Omega$，$R_1 = R_2 = 8\Omega$，$U_S = 12\text{V}$。

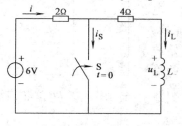

图 3-2　例 3-1 图

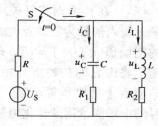

图 3-3　例 3-2 图

解 由于在开关闭合前电路已稳定，所以

$$u_C(0_-) = 0$$
$$i_L(0_-) = 0$$

根据换路定则得

$$u_C(0_+) = u_C(0_-) = 0$$
$$i_L(0_+) = i_L(0_-) = 0$$

再根据基尔霍夫定律，有

$$i(0_+) = i_C(0_+) + i_L(0_+) = i_C(0_+)$$

所以

$$i(0_+) = i_C(0_+) = \frac{U_S}{R + R_1} = 1\text{A}$$

$$u_L(0_+) = U_S - i(0_+)R - i_L(0_+)R_2 = (12 - 1 \times 4)\text{V} = 8\text{V}$$

思 考 题

1. 试分析说明在含有储能元件的电路中，电容和电感元件在什么情况下可以看成开路，什么情况下又可以看成短路。

2. 如果一个电感元件两端的电压为零，其储存的磁场能量是否为零？如果一个电容元件中的电流为零，其储存的电场能量是否为零？

3.2 *RC* 电路的暂态过程

对各种不同的激励，电路的响应也将是各种不同的时间函数。本章就是在时间领域内对线性电路的响应进行分析，故也称为电路的时域分析。分析电路的暂态过程，就是根据激励（电源电压或电流），通过求解电路的微分方程以得出电路的响应（电压和电流）。本节讨论一阶 *RC* 电路的暂态过程。

3.2.1 *RC* 电路的零输入响应

电路的零输入响应是指电路在无电源激励，输入信号为零的情况下，由初始时刻的储能产生的响应，称为零输入响应。*RC* 电路的零输入响应，是由电容元件的初始状态 $u_C(0_+)$ 所产生的电路的响应。分析 *RC* 电路的零输入响应，实际上就是分析它的放电过程。

图 3-4 是一 *RC* 串联电路。在换路前，开关 S 是合在位置 1 上的，电源对电容元件充电后，电路达到稳态，电容电压 $u_C(0_-) = U_S$。在 $t = 0$ 时将开关从位置 1 合到位置 2，电路脱离电源，输入信号为零。此时，电容元件已储有能量，其上电压的初始值 $u_C(0_+) = U_S$。电容通过电阻 R 开始放电，电容电压将由它的初始值开始逐渐减小，到达新的稳定状态时，电容上的电压等于零。在暂态过程中，初始时刻电容储存的电场能量逐渐转化为热能被电阻消耗。

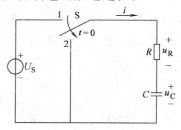

图 3-4 *RC* 放电电路

电路换路后，根据基尔霍夫电压定律可得

$$u_R + u_C = 0$$

而
$$u_R = iR \text{ 且 } i = C\frac{du_C}{dt}$$

则可得出 $t \geqslant 0$ 时 RC 放电电路的电路方程

$$RC\frac{du_C}{dt} + u_C = 0 \tag{3-2}$$

式（3-2）是一阶线性常系数齐次微分方程。它的通解形式为

$$u_C(t) = Ae^{pt}$$

式中，p 为特征根；A 为待定的积分常数。

上式的特征方程为

$$RCp + 1 = 0$$

解得其特征根为

$$p = -\frac{1}{RC}$$

于是，式（3-2）的通解为

$$u_C(t) = Ae^{-\frac{1}{RC}t} \tag{3-3}$$

积分常数 A 由电路的初始值确定。根据换路定则，有

$$u_C(0_+) = u_C(0_-) = U_S$$

代入式（3-3）得
$$U_S = A$$

因此解得在给定初始条件下，电容电压的零输入响应为

$$u_C(t) = U_S e^{-\frac{1}{RC}t} = U_S e^{-t/\tau} \tag{3-4}$$

其随时间的变化曲线如图 3-5a 所示。另外，$t \geqslant 0$ 时电容器的放电电流 $i(t)$ 和电阻元件上的电压 $u_R(t)$ 也可求出

$$i(t) = C\frac{du_C}{dt} = -\frac{U_S}{R}e^{-t/\tau} \tag{3-5}$$

$$u_R(t) = Ri(t) = -U_S e^{-t/\tau} \tag{3-6}$$

其随时间的变化曲线如图 3-5b 所示。换路时，电容电压 $u_C(t)$ 没有跃变，从它的初始值 U_S 开始，随着时间的增长按指数规律逐渐下降，最后趋于零。因为电容电压在换路瞬间不能跃变，所以电流 $i(t)$ 在换路瞬间有一个负跃变，即从零跃变到 $-U_S/R$，以后也随电容电压的下降，按相同的指数规律逐渐衰减至零。

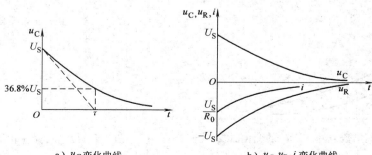

a）u_C 变化曲线　　　　　　b）u_C、u_R、i 变化曲线

图 3-5　u_C、u_R、i 的变化曲线

式（3-4）中

$$\tau = RC$$

因为它具有时间的量纲，单位为 s，所以称为 RC 电路的时间常数。电压 u_C 衰减的快慢决定于电路的时间常数。

当 $t = \tau$ 时

$$u_C = U_S e^{-1} = \frac{U_S}{2.718} = 36.8\% U_S$$

可见时间常数 τ 等于电压 u_C 衰减到初始值 U_S 的 36.8% 所需的时间。可以用数学证明，指数曲线上任意点的次切距的长度都等于 τ。以初始点为例（见图 3-5a）所示

$$\frac{du_C}{dt}\bigg|_{t=0} = -\frac{U_S}{\tau}$$

即过初始点的切线与横轴相交于 τ。

从理论上讲，电路只有经过 $t = \infty$ 的时间才能达到稳定。但是，由于指数曲线开始变化较快，而后逐渐缓慢，如表 3-1 所列，所以实际上经过 $t = 5\tau$ 的时间，就足可以认为达到稳定状态了。这时

$$u_C = U_S e^{-5} = 0.007 U_S = 0.7\% U_S$$

表 3-1　$e^{-t/\tau}$ 随时间而衰减

t	0	τ	2τ	3τ	4τ	5τ	6τ	$\cdots$	∞
$e^{-t/\tau}$	1.00	0.368	0.135	0.05	0.018	0.0067	0.0025	$\cdots$	0

时间常数 τ 愈大，u_C 衰减（电容器放电）愈慢。因为在一定初始电压 U_S 下，电容 C 愈大，则储存的电荷愈多；而电阻 R 愈大，则放电电流愈小，这都促使放电变慢。因此，改变 R 或 C 的数值，也就是改变电路的时间常数，就可以改变电容器放电的快慢。在不同时间常数 τ 值下，u_C 的变化曲线如图 3-6 所示，其中时间常数 $\tau_1 < \tau_2$。

通过计量 RC 电路的放电时间常数，可以求出电路中电容的大小，这种方法被称为放电法。如图 3-7 所示，设 C_x 为被测电容，R_N 为已知标准电阻。首先将开关 S 闭合，此时电源对电容 C_x 充电，待电路达到稳态后，流过标准电阻 R_N 的电流达到最大值 $I_m = U_S/R_N$，记下此时的电流表读数。然后将开关 S（$t = 0$ 时）打开，被测电容 C_x 对标准电阻 R_N 放电，当放电电流下降到最大电流 I_m 的 0.368 倍时，记录下该放电时间，即为 RC 电路的时间常数 τ，根据 $\tau = R_N C_x$，就可计算出被测电容 C_x 的大小。

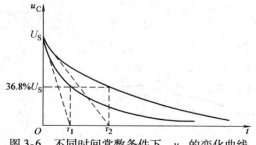

图 3-6　不同时间常数条件下，u_C 的变化曲线

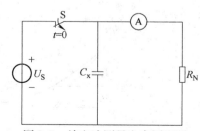

图 3-7　放电法测量电容原理图

例 3-3　在图 3-8 所示电路中，开关长期合在位置 1 上，如在 $t = 0$ 时将它合到位置 2 后，试求电容器上电压 u_C 及放电电流 i。已知 $R_1 = 1k\Omega$，$R_2 = 2k\Omega$，$R_3 = 3k\Omega$，$C = 1\mu F$，电

流源 $I_S = 3mA$。

解 在 $t = 0_-$ 时，

$$u_C(0_-) = R_2 I_S = 2 \times 10^3 \times 3 \times 10^{-3} V = 6V$$

若 i 和 u_C 的参考方向如图中所标示，则 $t \geq 0$ 时

$$R_3 i - u_C = 0$$

$$i = -C \frac{du_C}{dt}$$

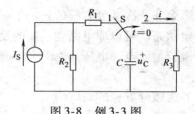

图 3-8　例 3-3 图

由此得

$$R_3 C \frac{du_C}{dt} + u_C = 0$$

则

$$u_C = A e^{-\frac{1}{R_3 C} t} = 6 e^{-\frac{1}{3 \times 10^{-3}} t} V = 6 e^{-3.3 \times 10^2 t} V$$

电流为

$$i = -C \frac{du_C}{dt} = 2 \times 10^{-3} e^{-\frac{1}{3 \times 10^{-3}} t} A = 2 e^{-3.3 \times 10^2 t} mA$$

式中

$$\tau = R_3 C = 3 \times 10^3 \times 1 \times 10^{-6} s = 3 \times 10^{-3} s$$

3.2.2　RC 电路的零状态响应

如果在换路前一瞬间，电路中所有储能元件上的电流和电压均等于零，则称该电路具有零状态。零状态电路对输入激励的响应，称为零状态响应。RC 电路的零状态响应，是指换路前电容元件未储有能量，$u_C(0_-) = 0$，由电源激励所产生的电路的响应。分析 RC 电路的零状态响应，实际上就是分析它的充电过程。

图 3-9 是一 RC 串联电路。开关闭合前，电容未曾充电，$u_C(0_-) = 0$，即零状态。在 $t = 0$ 时开关 S 闭合，电路与一恒定电压为 U_S 的电压源接通，即输入一个从零到 U_S 的阶跃电压，电路对电容元件开始充电。在开关刚闭合瞬间，电容电压不能跃变，u_C 为零。这时电阻两端电压 u_R 由零跃变到 U_S，电流 i 也由零跃变到 U_S/R。电容开始充电后，极板上的电荷逐渐积聚，电容电压 u_C 也相应地逐渐增

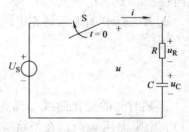

图 3-9　RC 充电电路

大；与此同时，电阻电压 u_R 逐渐减小，电流 i 也随之减小。最后，电容电压 u_C 增大到 U_S，电阻电压 u_R 和电流 i 减小到零，充电结束后电路进入到新的稳定状态，电容从电源吸取并储存电场能量。

电路换路后，根据基尔霍夫电压定律可得

$$U_S = u_R + u_C$$

而

$$u_R = Ri \; 且 \; i = C \frac{du_C}{dt}$$

则可得出 $t \geq 0$ 时，RC 充电电路的电路方程

$$RC \frac{du_C}{dt} + u_C = U_S \tag{3-7}$$

式（3-7）是一阶线性常系数非齐次微分方程。它的通解由其特解 $u_C'(t)$ 和相应齐次微分方程的通解 $u_C''(t)$ 两部分组成，即

$$u_C(t) = u_C'(t) + u_C''(t)$$

适合非齐次微分方程的任一个解都可以作为特解。在电路中，暂态过程最终总会进入新的稳定状态，可以取电路到达新的稳定状态的解作为特解。所以特解又称为电路的稳态分量或强制分量。电容电压 $u_C(t)$ 的特解为

$$u_C'(t) = U_S$$

齐次微分方程的通解为

$$u_C''(t) = Ae^{-\frac{t}{RC}}$$

这是电容电压 $u_C(t)$ 的另一个分量，它的大小将随时间的增长而按指数规律衰减，最后趋于零。可见，它是电路处于过渡状态期间才存在的一个分量，称为电路的暂态分量或自由分量。所以，一阶线性常系数非齐次微分方程的解为

$$u_C(t) = U_S + Ae^{-\frac{t}{RC}} \tag{3-8}$$

积分常数 A 由电路的初始值确定。根据换路定则，有

$$u_C(0_+) = u_C(0_-) = 0$$

代入式（3-8）得

$$A = -U_S$$

因此解得在给定初始条件下，电容电压的零状态响应为

$$u_C(t) = U_S\left(1 - e^{-\frac{t}{RC}}\right) \tag{3-9}$$

其随时间的变化曲线如图 3-10 所示。$u_C'(t)$ 不随时间而变，$u_C''(t)$ 按指数规律衰减而趋于零。因此，电压 $u_C(t)$ 按指数规律随时间增长而趋于稳态值。

另外，$t \geq 0$ 时电容器充电电路的电流和电阻元件 R 上的电压也可求出：

$$i = C\frac{du_C}{dt} = \frac{U_S}{R}e^{-t/\tau} \tag{3-10}$$

$$u_R = Ri = U_S e^{-t/\tau} \tag{3-11}$$

其随时间的变化曲线如图 3-11 所示。因为电容电压在换路瞬间不能跃变，所以电流 $i(t)$ 和电阻电压 $u_R(t)$ 在换路瞬间有一个正跃变，随后按相同的指数规律逐渐衰减至零。

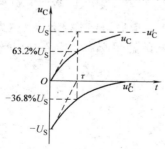

图 3-10 u_C 的变化曲线

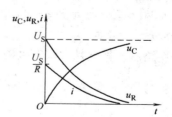

图 3-11 u_C、u_R、i 的变化曲线

综上所述，可将计算线性电路暂态过程的步骤归纳如下：

1）按换路后的电路列出微分方程式。

2）求微分方程式的特解，即稳态分量。

3）求齐次微分方程式的通解，即暂态分量。

4）按照换路定则确定暂态过程的初始值，从而定出积分常数。

例 3-4 在图 3-12a 所示电路中，$U_S = 9V$，$R_1 = 6k\Omega$，$R_2 = 3k\Omega$，$C = 1000pF$，$u_C(0_-) = 0$。试求 $t \geqslant 0$ 时的电压 u_C。

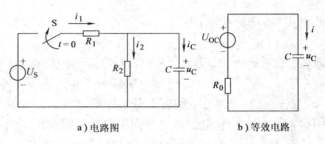

a）电路图   b）等效电路

图 3-12   例 3-4 图

解 应用戴维南定理将换路后的电路化为图 3-12b 所示等效电路。等效电源的电压和内阻分别为

$$U_{OC} = \frac{R_2 U_S}{R_1 + R_2} = \frac{3 \times 10^3 \times 9}{(6+3) \times 10^3}V = 3V$$

$$R_0 = \frac{R_1 R_2}{R_1 + R_2} = \frac{(6 \times 3) \times 10^6}{(6+3) \times 10^3}k\Omega = 2k\Omega$$

电路的时间常数为

$$\tau = R_0 C = 2 \times 10^3 \times 1000 \times 10^{-12}s = 2 \times 10^{-6}s$$

则可得

$$u_C = U_{OC}(1 - e^{-\frac{t}{\tau}}) = 3(1 - e^{-\frac{t}{2 \times 10^{-6}}})V = 3(1 - e^{-5 \times 10^5 t})V$$

3.2.3 *RC* 电路的全响应

RC 电路的全响应是指电源激励和电容元件的初始状态均不为零时电路的响应，也就是零输入响应与零状态响应两者的叠加。

图 3-13 所示电路，在换路前，电容已充电，其电压为 $u_C(0_-) = U_0$，极性如图 3-13 所示，设 $t = 0$ 时开关闭合，因此，在 $t = 0_+$ 时，*RC* 电路既有输入激励，初始状态又不为零。

列出换路后的电路方程

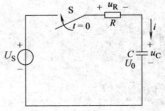

图 3-13   电路的全响应

$$RC\frac{du_C}{dt} + u_C = U_S$$

上式与式（3-7）完全相同，因此求解过程也相同，其通解仍然是

$$u_C(t) = U_S + Ae^{-\frac{t}{RC}}$$

但是，上式的积分常数 A 应按现在的非零初始状态 $u_C(0_-) = u_C(0_+) = U_0$ 确定。在 $t = 0_+$ 时，$u_C(0_+) = U_0$，则 $A = U_0 - U_S$。所以

$$u_C = U_S + (U_0 - U_S)e^{-\frac{t}{RC}} \tag{3-12}$$

式中，等式右边有两项：U_S 为稳态分量；$(U_0 - U_S)e^{-\frac{t}{RC}}$ 为暂态分量。于是全响应也可表示为

全响应 ＝ 稳态分量 ＋ 暂态分量

若将式（3-12）改写为

$$u_\mathrm{C} = U_0 \mathrm{e}^{-t/\tau} + U_\mathrm{S}(1 - \mathrm{e}^{-t/\tau}) \tag{3-13}$$

显然，右边第一项即为式（3-4），是零输入响应；第二项即为式（3-9），是零状态响应。于是

全响应 = 零输入响应 + 零状态响应

这是叠加原理在电路暂态分析中的体现。也就是说，RC 电路的全响应是电容元件的初始状态 $u_\mathrm{C}(0_+)$ 和电源激励分别单独作用时所得出的零输入响应和零状态响应的叠加。

例3-5 图 3-14 所示的电路原已稳定，试求 $t=0$ 时刻开关闭合后的 u_C、i。已知 $U_\mathrm{S} = 18\mathrm{V}$，$R_1 = 80\Omega$，$R_2 = R_3 = 50\Omega$，$C = 10\mu\mathrm{F}$。

解 开关闭合前电容电压为

$$u_\mathrm{C}(0_-) = \frac{U_\mathrm{S}}{R_1 + R_2 + R_3} R_3 = \frac{18}{180} \times 50\mathrm{V} = 5\mathrm{V}$$

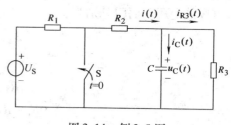

图 3-14 例 3-5 图

开关闭合后，电容放电时间常数为

$$\begin{aligned}
\tau = RC &= \frac{R_2 R_3}{R_2 + R_3} C = 25 \times 10 \times 10^{-6}\mathrm{s} \\
&= 0.25 \times 10^{-3}\mathrm{s}
\end{aligned}$$

电路方程为

$$RC \frac{\mathrm{d}u_\mathrm{C}}{\mathrm{d}t} + u_\mathrm{C} = 0$$

解方程得

$$u_\mathrm{C} = A\mathrm{e}^{-t/\tau}$$

由换路定则得

$$u_\mathrm{C}(0_+) = u_\mathrm{C}(0_-) = 5\mathrm{V}$$

则

$$A = 5$$

所以

$$u_\mathrm{C} = 5\mathrm{e}^{-4000t}\mathrm{V}$$

$$i = i_\mathrm{C} + i_{R3} = C\frac{\mathrm{d}u_\mathrm{C}}{\mathrm{d}t} + \frac{u_\mathrm{C}}{R_3} = (-0.2\mathrm{e}^{-4000t} + 0.1\mathrm{e}^{-4000t})\mathrm{A} = -0.1\mathrm{e}^{-4000t}\mathrm{A}$$

例3-6 在图 3-15 所示电路中，开关长期合在位置 1 上，如在 $t=0$ 时将它合到位置 2 后，试求电容器上的电压 u_C。已知 $R_1 = 1\mathrm{k}\Omega$，$R_2 = 2\mathrm{k}\Omega$，$C = 3\mu\mathrm{F}$，电压源 $U_{\mathrm{S1}} = 3\mathrm{V}$ 和 $U_{\mathrm{S2}} = 5\mathrm{V}$。

解 在 $t = 0_-$ 时，

$$u_\mathrm{C}(0_-) = \frac{R_2 U_{\mathrm{S1}}}{R_1 + R_2} = \frac{3 \times (2 \times 10^3)}{(1 + 2) \times 10^3}\mathrm{V} = 2\mathrm{V}$$

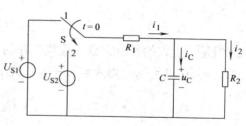

图 3-15 例 3-6 图

在 $t \geqslant 0$ 时，根据基尔霍夫电流定律列出

$$i_1 - i_2 - i_C = 0$$

$$\frac{U_{S2} - u_C}{R_1} - \frac{u_C}{R_2} - C\frac{du_C}{dt} = 0$$

整理后得

$$R_1 C \frac{du_C}{dt} + \left(1 + \frac{R_1}{R_2}\right)u_C = U_{S2}$$

$$(3 \times 10^{-3})\frac{du_C}{dt} + \frac{3}{2}u_C = 5$$

解得

$$u_C = u_C' + u_C'' = \left(\frac{10}{3} + Ae^{-\frac{t}{2 \times 10^{-3}}}\right)\text{V}$$

当 $t = 0_+$ 时

$$u_C(0_+) = 2\text{V}, \text{ 则 } A = -\frac{4}{3}$$

所以

$$u_C = \left(\frac{10}{3} - \frac{4}{3}e^{-\frac{t}{2 \times 10^{-3}}}\right)\text{V} = \left(\frac{10}{3} - \frac{4}{3}e^{-500t}\right)\text{V}$$

思 考 题

1. 什么叫零输入响应？零输入响应具有什么样的形式？

2. 什么叫零状态响应？零状态响应具有什么样的形式？

3. RC 电路的时间常数如何确定？时间常数的大小说明什么？

4. 在 RC 电路全响应中，由于零输入响应仅由元件初始储能产生，所以零输入响应就是暂态响应。而零状态响应是由外界激励引起的，所以零状态响应就是稳态响应。这种说法正确吗？

3.3　一阶线性电路暂态分析的三要素法

只含有一个储能元件或可等效为一个储能元件的线性电路，不论是简单的或复杂的，它的暂态电路方程都是一阶常系数线性微分方程。这种电路称为一阶线性电路。在脉冲数字技术中经常遇到的大都是一阶电路，本节介绍一阶电路在阶跃信号激励下，暂态全响应的一般形式以及计算方法。

如用 $f(t)$ 表示一阶电路的全响应，它们的初始值、稳态值和时间常数分别用 $f(0_+)$、$f(\infty)$ 和 τ 表示，则一阶电路方程的通解为

$$f(t) = f(\infty) + Ae^{-t/\tau}$$

上式的积分常数 A，由初始条件确定，即

$$f(0_+) = f(\infty) + Ae^{-0/\tau}$$

得

$$A = f(0_+) - f(\infty)$$

所以一阶电路全响应的一般形式为

$$f(t) = f(\infty) + [f(0_+) - f(\infty)]e^{-t/\tau} \tag{3-14}$$

以后在分析一阶电路暂态过程时，不必列写电路微分方程，然后求解。只要计算初始值、稳态值和时间常数，就可以根据式（3-14）直接得出全响应，这种方法称为三要素法。其中初始值、稳态值及时间常数称为一阶电路暂态分析的三要素。下面举例说明三要素法的应用。

例 3-7 图 3-16 所示的电路，换路前已稳定，在 $t=0$ 时开关闭合，求 u_C。已知 $I_S = 1A$，$R_1 = 20\Omega$，$R_2 = 30\Omega$，$C = 0.5F$。

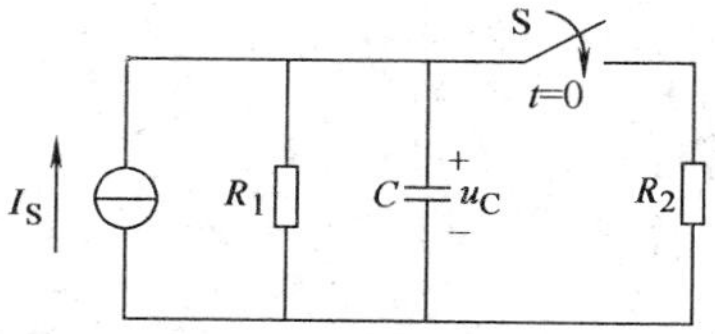

解 先确定三要素：

初始值：电路原已稳定，电容相当于开路，所以

图 3-16 例 3-7 图

$$u_C(0_+) = u_C(0_-) = I_S R_1 = 1 \times 20V = 20V$$

稳态值：换路后电路处于新稳态，电容又相当于开路，所以

$$u_C(\infty) = I_S \frac{R_1 R_2}{R_1 + R_2} = 1 \times \frac{20 \times 30}{20 + 30}V = 12V$$

时间常数：先令电流源开路，得

$$R_0 = \frac{R_1 R_2}{R_1 + R_2} = \frac{20 \times 30}{20 + 30}\Omega = 12\Omega$$

$$\tau = R_0 C = 12 \times 0.5s = 6s$$

代入式(3-14)，即得

$$u_C(t) = u_C(\infty) + [u_C(0_+) - u_C(\infty)]e^{-t/\tau}$$
$$= [12 + (20 - 12)e^{-t/6}]V = (12 + 8e^{-t/6})V$$

例 3-8 应用三要素法求例 3-6 中的 u_C。

解

初始值：

$$u_C(0_+) = \frac{R_2 U_{S1}}{R_1 + R_2} = \frac{3 \times (2 \times 10^3)}{(1 + 2) \times 10^3}V = 2V$$

稳态值：

$$u_C(\infty) = \frac{R_2 U_{S2}}{R_1 + R_2} = \frac{5 \times (2 \times 10^3)}{(1 + 2) \times 10^3}V = \frac{10}{3}V$$

时间常数：

$$\tau = \frac{R_1 R_2}{R_1 + R_2}C = \frac{1 \times 2}{1 + 2} \times 10^3 \times 3 \times 10^{-6}s = 2 \times 10^{-3}s$$

于是可得

$$u_C = \left(\frac{10}{3} + \left(2 - \frac{10}{3}\right)e^{-\frac{t}{2 \times 10^{-3}}}\right)V = \left(\frac{10}{3} - \frac{4}{3}e^{-500t}\right)V$$

思 考 题

1. 如何从电路组成上判断一阶电路？

2. 一阶线性电路暂态分析的三要素是什么？如何求取？

3. 试说明分析一阶线性电路暂态过程中电压和电流的三要素公式的应用条件。对于在 $t = t_0$ 时刻换路的 RC 电路，如何来计算暂态过程中的电压和电流？

3.4 微分电路与积分电路

本节所讲的微分电路与积分电路是指电容元件充放电的 RC 电路。此时，电路的激励为矩形脉冲激励，并且可以选取不同的电路的时间常数而构成输出电压波形和输入电压波形之间的特定（微分或积分）的关系。

图 3-4 所示为 RC 放电电路，在 $t = 0$ 时，将开关合到位置 1 上，使电路与电源接通；在 $t = t_1$ 时，将开关合到位置 2 上，切断电源。这样，在输入端得到的便是如图 3-17 所示的一个矩形脉冲电压 u_1。但是在实际上，不是利用开关接通或切断电源，而是直接输入一个矩形脉冲电压，脉冲幅度为 U，脉冲宽度为 t_p。如果输入电路是周期性的，则脉冲周期为 T。

下面分别讨论微分电路和积分电路。

3.4.1 微分电路

图 3-18 所示为 RC 电路，设电路处于零状态。输入 u_1 是矩形脉冲电压，在电阻 R 两端输出的电压为 u_2，$u_2 = u_R$。电压 u_2 的波形同电路的时间常数 τ 和脉冲宽度 t_p 的大小有关。当 t_p 一定时，改变 τ 和 t_p 的比值，电容元件充放电的快慢就不同，输出电压 u_2 的波形也就不同，如图 3-19 所示。

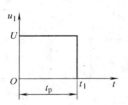

图 3-17　矩形脉冲电压

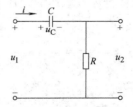

图 3-18　微分电路

在图 3-18 中，设输入矩形脉冲 u_1 的幅度为 $U = 6\text{V}$。

当 $\tau = 10t_p$ 和 $t = t_1 = t_p$ 时，

$$u_2 = Ue^{-t/\tau} = 6e^{-0.1}\text{V} = 6 \times 0.905\text{V} = 5.43\text{V}$$

由于 $\tau \gg t_p$，电容器充电很慢，在经过一个脉冲宽度 $t = t_p$ 时，电容器上只充到 $(6 - 5.43)\text{V} = 0.57\text{V}$，而剩下的 5.43V 加在电阻两端。这时，输出电压 u_2 和输入电压 u_1 的波形很相近（见图 3-19），电路就成为一般的阻容耦合电路。

随着 τ 和 t_p 的比值的减小，在电阻两端逐步形成正、负尖脉冲输出（图 3-19）。输出电压与输入电压近于成微分关系。这种输出尖脉冲反映了输入矩形脉冲的跃变部分，是对矩形脉冲微分的结果。因此这种电路称为微分电路。

当 $\tau \ll t_p$ 时，充放电很快，除了电容器刚开始充电或放电的一段极短的时间之外，

$$u_1 = u_C + u_2 \approx u_C \gg u_2$$

因而

$$u_2 = Ri = RC\frac{\mathrm{d}u_C}{\mathrm{d}t} \approx RC\frac{\mathrm{d}u_1}{\mathrm{d}t} \tag{3-15}$$

式（3-15）表明，输出电压 u_2 近似地与输入电压 u_1 对时间的微分成正比。

RC 微分电路必须具备的两个条件是：1）$\tau \ll t_p$（一般 $\tau < 0.2t_p$）；2）从电阻两端输出。

在脉冲电路中，常应用微分电路把矩形脉冲变换为尖脉冲，作为触发信号。

3.4.2　积分电路

微分和积分在数学上是矛盾的两个方面，同样，微分电路和积分电路也是矛盾的两个方面。虽然它们都是 RC 串联电路，但是当条件不同时，所得结果也就相反。图 3-20 所示为积分电路。与微分电路的两个条件相对应，积分电路必须具备的两个条件是：1）$\tau \gg t_p$；2）从电容器两端输出。

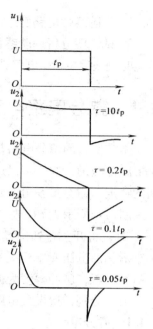

图 3-19　不同 τ 时 u_2 的波形

图 3-21 是积分电路的输入电压 u_1 和输出电压 u_2 的波形。由于 $\tau \gg t_p$，电容器缓慢充电，其上的电压在整个脉冲持续时间内缓慢增长，当还未增长到趋近稳定值时，脉冲已告终止（$t = t_1$）。以后电容器经电阻缓慢放电，电容器上电压也缓慢衰减，在输出端输出一个锯齿波电压。时间常数 τ 越大，充放电越是缓慢，所得锯齿波电压的线性也就越好。

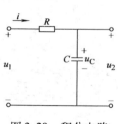

图 3-20　积分电路

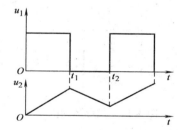

图 3-21　输入电压和输出电压的波形

从图 3-21 的波形上看，u_2 是对 u_1 积分的结果。从数学上看，当输入的是单个矩形脉冲（见图 3-17）时，由于 $\tau \gg t_p$，充放电很缓慢，就是 u_C 增长和衰减很缓慢，充电时 $u_2 = u_C \ll u_R$，因此

$$u_1 = u_R + u_2 \approx u_R = Ri$$

所以输出电压为

$$u_2 = u_C = \frac{1}{C}\int i\mathrm{d}t \approx \frac{1}{RC}\int u_1\mathrm{d}t \tag{3-16}$$

输出电压 u_2 与输入电压 u_1 近似成积分关系。因此这种电路称为积分电路。

在脉冲电路中，可应用积分电路把矩形脉冲变换为锯齿波电压，作扫描信号使用。

3.5 *RL* 串联电路的暂态过程

与 *RC* 串联相对应，*RL* 串联电路也是一阶电路，其过渡过程的分析方法及物理过程与 *RC* 串联电路相同，只不过电感元件中电流不能突变，而一阶电路的三要素法也完全适用于 *RL* 串联电路。

图 3-22 所示电路为 *RL* 串联电路。

在 $t=0$ 时换路，*RL* 电路接到电压源 U_S 上。根据基尔霍夫定律，可得换路后的电路方程

$$u_R + u_L = U_S$$

而 $u_R = i_L R$，以 $u_L = L\dfrac{di_L}{dt}$ 代入可得

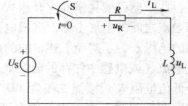

图 3-22 *RL* 电路的暂态过程

$$L\frac{di_L}{dt} + i_L R = U_S \tag{3-17}$$

该方程也是一个一阶常系数非齐次微分方程，其方程结构与 *RC* 串联电路相同，求解过程也相同。根据式（3-17）的特征方程可知，电路的时间常数为 $\tau = \dfrac{L}{R}$。可直接用三要素法求解。

换路前，若电感初始未储能，则 $t=0$ 时根据换路定则有

$$i_L(0_+) = i_L(0_-) = 0$$

换路后，电路达到稳态时，电感对直流相当于短路，故

$$i_L(\infty) = \frac{U_S}{R}$$

由三要素法可以写出通过电感的电流为

$$i_L = i_L(\infty) + [i_L(0_+) - i_L(\infty)]e^{-t/\tau} = \frac{U_S}{R}(1 - e^{-t/\tau}) \tag{3-18}$$

电阻和电感上的电压的变化规律分别为

$$u_R = i_L R = U_S(1 - e^{-t/\tau}) \tag{3-19}$$

$$u_L = L\frac{di_L}{dt} = U_S e^{-t/\tau} \tag{3-20}$$

变化曲线如图 3-23 所示。

可见，电流 i_L 由零按指数规律增加而最后趋于稳态值 U_S/R，电感电压 u_L 则由零跃变到 U_S 后立即按同一指数规律衰减而最后趋于零，电阻电压 u_R 由零按同一指数规律增长而趋于 U_S，在任何时刻 u_R 与 u_L 之和始终等于 U_S。

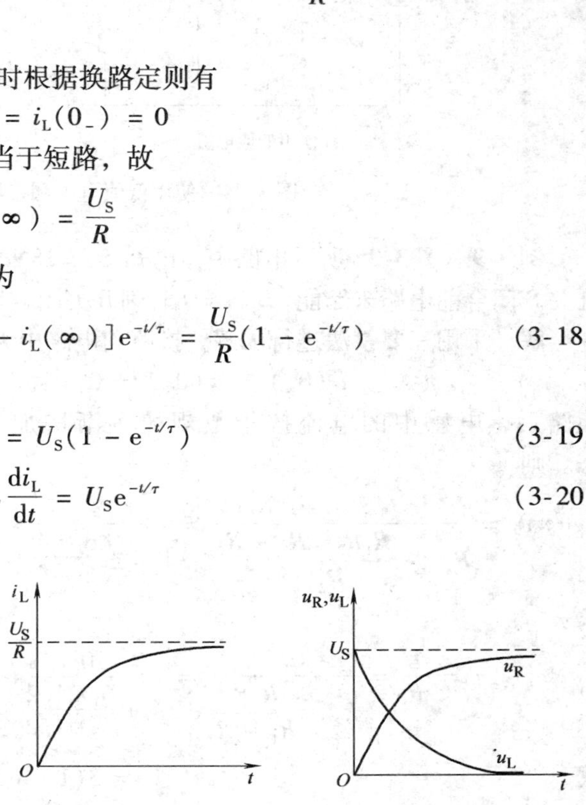

RL 串联电路的时间常数 $\tau = L/R$，它同样具有时间的量纲，它也表征 *RL* 串联电路过渡过程的快慢。当 i_L 及 R 为常数时，L 越

图 3-23 i_L、u_L、u_R 随时间变化曲线

大，电感中储存的磁场能量就越多，能量转换过程就越长，τ 就越大；R 越小，则在同样的 i_L 及 L 条件下，电感储能不变则电阻功率就越小，因而能量转换的时间就越长，τ 也越大，这都使过渡过程变慢。

在实际应用中，应尽量避免电感线圈直接从电源回路中断开。如图 3-24 所示电路，如果开关 S 将电感线圈（等效为在 RL 串联电路）与电源断开，电流要在极短的时间内降至零，此时电流变化率 di_L/dt 很大，会使电感线圈两端产生很高的感应过电压，可能使开关 S 两触点之间的空气击穿而造成电弧，延缓电流中断，开关触点因而被烧坏，甚至损坏电感线圈的绝缘。为了避免上述事故的出现，所以往往在开关 S 断开的同时把电感线圈短路，以便使电流（或电感中储存的磁场能）逐渐减小。有时为了加速电感线圈放电的过程，可用一个低值电阻 R' 或续流二极管 VD 与之并联连接，可以给电感线圈提供一个放电回路。如果线圈两端并联有电压表，则在开关 S 断开前必须将其预先切除，避免引起的过电压损坏电压表。

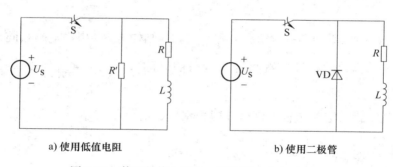

a) 使用低值电阻　　　　　　　　b) 使用二极管

图 3-24　使用低值电阻和二极管防止产生过电压

例 3-9　图 3-25 所示电路中，已知 $U_S = 18\text{V}$，$R_1 = 6\Omega$，$R_2 = 4\Omega$，$R_3 = 1.2\Omega$，$L = 10\text{H}$，开关 S 闭合前电路未储能，求 $t = 0$ 时刻开关闭合后的 i_L，u_L。

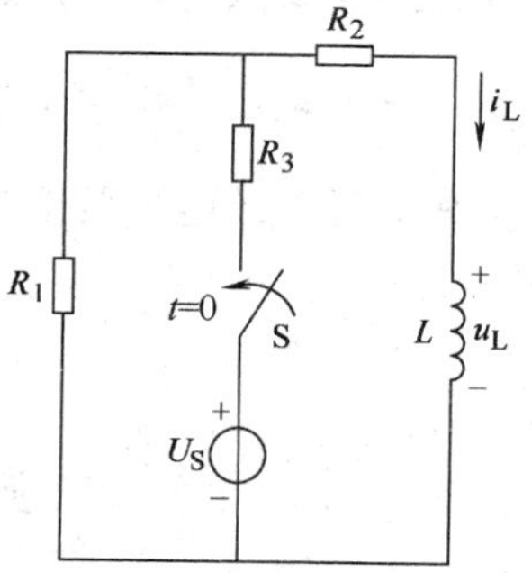

解　采用三要素法进行求解。换路前电路中无储能，即

$$i_L(0_+) = i_L(0_-) = 0$$

换路后，电感中的电流按指数规律逐渐增加，最后达到稳态。则

$$i_L(\infty) = \frac{U_S}{R_3 + \dfrac{R_1 R_2}{R_1 + R_2}} \cdot \frac{R_1}{R_1 + R_2} = \frac{18}{1.2 + \dfrac{6 \times 4}{6 + 4}} \times \frac{6}{6 + 4}\text{A} = 3\text{A}$$

求 τ

$$\tau = \frac{L}{R} = \frac{L}{R_2 + \dfrac{R_1 R_3}{R_1 + R_3}} = \frac{10}{4 + \dfrac{6 \times 1.2}{6 + 1.2}}\text{s} = 2\text{s}$$

故

$$i_L = 3(1 - e^{-t/2})\text{A}$$

$$u_L = L\frac{di_L}{dt} = \left(10 \times 3 \times \frac{1}{2}e^{-t/2}\right)\text{V} = 15e^{-t/2}\text{V}$$

图 3-25　例 3-9 图

例 3-10　如图 3-26 所示电路中，$U_S = 10\text{V}$，$R_1 = 2\text{k}\Omega$，$R_2 = R_3 = 4\text{k}\Omega$，$L = 200\text{mH}$，开

关 S 断开前电路已处于稳态，当 $t=0$ 时，将开关 S 打开，求 i_L、u_L。

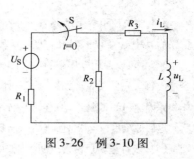

图 3-26　例 3-10 图

解　开关 S 换路前电路已达稳态，对直流，电感相当于短路，则

$$i_L(0_-) = \frac{U_S}{R_1 + \dfrac{R_2 R_3}{R_2 + R_3}} \frac{R_2}{R_2 + R_3} = \frac{10}{2+2} \times \frac{1}{2} \text{mA}$$

$$= 1.25 \text{mA}$$

由换路定则有

$$i_L(0_+) = i_L(0_-) = 1.25 \text{mA}$$

换路后，电感的初始能量通过电阻 R_2、R_3 释放，电感中的电流按指数规律衰减，达稳态后，储能全部释放完毕，电感电流降至零。

故

$$i_L(\infty) = 0$$

时间常数　　　$$\tau = \frac{L}{R} = \frac{L}{R_2 + R_3} = \frac{200 \times 10^{-3}}{(4+4) \times 10^3} \text{s} = 2.5 \times 10^{-5} \text{s}$$

由 $i_L(0_+)$、$i_L(\infty)$ 及 τ 按三要素法可以求出：

$$i_L = i_L(\infty) + [i_L(0_+) - i_L(\infty)] e^{-t/\tau} = 1.25 e^{-\frac{t}{2.5 \times 10^{-5}}} \text{mA} = 1.25 e^{-4 \times 10^4 t} \text{mA}$$

$$u_L = L\frac{di_L}{dt} = 200 \times 10^{-3} \times (-1.25 \times 4 \times 10^4) e^{-4 \times 10^4 t} \text{V} = -10 e^{-4 \times 10^4 t} \text{V}$$

思 考 题

1. 一阶 RL 电路的时间常数如何确定？时间常数的大小说明什么？

2. 试说明分析一阶线性电路暂态过程中电压和电流的三要素公式的应用条件。对于在 $t=t_0$ 时刻换路的 RL 电路，如何来计算暂态过程中的电压和电流？

习　　题

3-1　在图 3-27 所示电路中，已知 $U_S = 2\text{V}$，$R = 10\Omega$，$u_C(0_-) = 0$，$i_L(0_-) = 0$，开关在 $t=0$ 时闭合，试求换路后电流 i、i_L、i_C 及电压 u_C 的初始值和稳态值。

3-2　图 3-28 所示电路已处于稳定状态，$t=0$ 时开关闭合，求电流 i_C、i 和电压 u_L 的初始值。

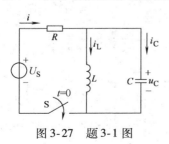

图 3-27　题 3-1 图

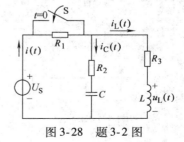

图 3-28　题 3-2 图

3-3　电路如图 3-29 所示。求在开关 S 闭合瞬间（$t=0_+$）各元件中的电流及两端电压；当电路到达稳态时又各等于多少？设在 $t=0_-$ 时，电路中的储能元件均未储能。

3-4 图 3-30a～d 所示各电路在换路前都处于稳态，试求换路后其中电流 i 的初始值 $i(0_+)$ 和稳态值 $i(\infty)$。

3-5 可以使用万用表的"R×1000"档来检查电容器（电容量应较大）的质量。如果出现下列现象，试说明电容器的好坏和原因。（1）表针不动；（2）表针满偏；（3）表针很快偏转后又返回原刻度（∞）处；（4）表针偏转后不能回到原刻度处；（5）表针偏转后慢慢返回到原刻度处。

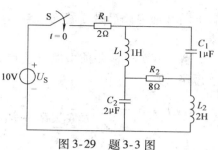

图 3-29　题 3-3 图

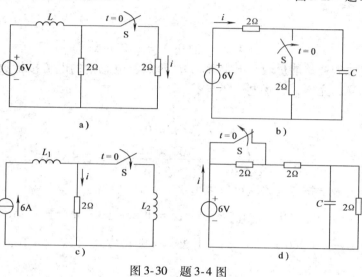

图 3-30　题 3-4 图

3-6 在图 3-31 中，$U_S = 20\text{V}$，$R_1 = 12\text{k}\Omega$，$R_2 = 6\text{k}\Omega$，$C_1 = 10\mu\text{F}$，$C_2 = 20\mu\text{F}$。电容元件原先均未储能。当开关闭合后，试求电容元件两端电压 $u_C(t)$。

3-7 在图 3-32 中电路原已稳定，已知 $U_S = 100\text{V}$，$R = 10\text{k}\Omega$，$C = 4\mu\text{F}$，求开关换接后 100ms 时的电容电压和放电电流。

3-8 电路如图 3-33 所示，在开关 S 闭合前电路已处于稳态，求开关闭合后的电压 u_C。

3-9 图 3-34 所示电路原已稳定，求开关闭合后电容两端电压 $u_C(t)$ 和流经开关的电流 $i(t)$。

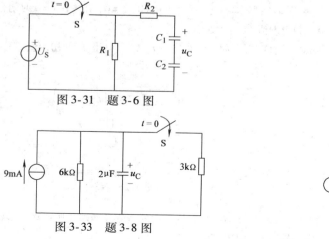

图 3-31　题 3-6 图

图 3-33　题 3-8 图

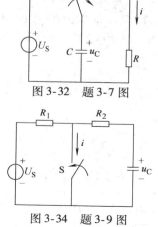

图 3-32　题 3-7 图

图 3-34　题 3-9 图

3-10 如图 3-35 所示电路中，$t=0$ 时，开关 S 闭合，试求 $t \geqslant 0$ 时，（1）电容电压 $u_C(t)$；（2）b 点的电位 V_b 和 a 点的电位 V_a 的变化规律。假设开关 S 闭合前电路已处于稳态。

3-11 如图 3-36 所示电路，已知 $I_S = 10\text{mA}$，$R = 2\text{k}\Omega$，$R_1 = 1\text{k}\Omega$，$C = 1\mu\text{F}$，$u_C(0_-) = 4\text{V}$。$t=0$ 时开关闭合，求换路后的电流 $i(t)$、$i_1(t)$ 及电压 $u_{ab}(t)$，并画出波形图。

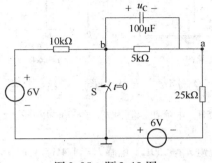 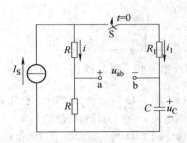

图 3-35 题 3-10 图   图 3-36 题 3-11 图

3-12 在图 3-37a 的电路中，u_S 为阶跃电压，如图 3-37b 所示，试求 $i_3(t)$ 和 $u_C(t)$。设 $u_C(0_-) = 1\text{V}$。

3-13 图 3-38 中电路已稳定，已知 $U_S = 30\text{V}$，$R_1 = 10\Omega$，$R_2 = 2R_1$，$C_1 = 2\mu\text{F}$，$C_2 = C_1/2$，求开关断开后流经电源支路的电流 $i(t)$。

3-14 图 3-39 所示电路原已稳定，在开关断开后 0.2s 时，电容电压为 8V，试求电容 C 值应为多少？

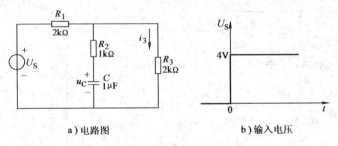

a）电路图   b）输入电压

图 3-37 题 3-12 图

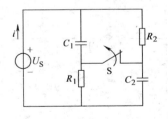 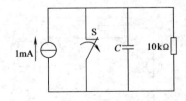

图 3-38 题 3-13 图   图 3-39 题 3-14 图

3-15 在图 3-40 中，开关 S 先合在位置 1，电路处于稳定状态。$t=0$ 时，将开关从位置 1 合到位置 2，试求 $t=\tau$ 时 u_C 之值。在 $t=\tau$ 时，又将开关合到位置 1，试求 $t=2 \times 10^{-2}\text{s}$ 时 u_C 之值。此时再将开关合到 2，作出 $u_C(t)$ 的变化曲线。充电电路和放电电路的时间常数是否相等？

3-16 电路如图 3-41a 所示，输入电压 U_S 如图 3-41b 所示，设 $u_C(0_-) = 0$。试求 $u_{ab}(t)$，并画出其波形。

3-17 试分析图 3-42 所示电路中，当 $t=0$ 时刻开关 S 闭合以后各白炽灯 H_1、H_2、H_3 的亮度变化情况。设电容、电感原来没有储能。

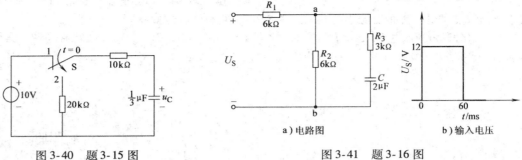

图 3-40　题 3-15 图　　　　　　　　　图 3-41　题 3-16 图

3-18　图 3-43 所示 RL 电路中，已知 $R=200\Omega$，$L=0.25\mathrm{H}$，电流初始值为 I_0，$t=0$ 时开关闭合，经过多少时间电流 $i(t)$ 为其初始值的一半？

3-19　图 3-44 为一延时继电器的电路，已知继电器的电阻 $R_L=250\Omega$，电感 $L=14.4\mathrm{H}$，它的最小启动电流为 6mA，外加电压 $U_S=6\mathrm{V}$。为了改变它的延时时间，在电路中又中联了一个可变电阻，其阻值在 $0\sim$ 250Ω 范围内可以调节。试求该继电器延时时间的变动范围。

3-20　图 3-45 所示电路原已稳定，$t=0$ 时开关闭合。求 $i(t)$ 及 $u_L(t)$。

3-21　图 3-46 所示电路原已稳定，已知 $U_{S1}=U_{S2}=12\mathrm{V}$，$R_1=R_2=2\Omega$，$R=4\Omega$，$L=6\mathrm{mH}$，在 $t=0$ 时先闭合 S_1，经过 $t_1=1\mathrm{ms}$ 时再闭合 S_2，求电压 $u(t)$。

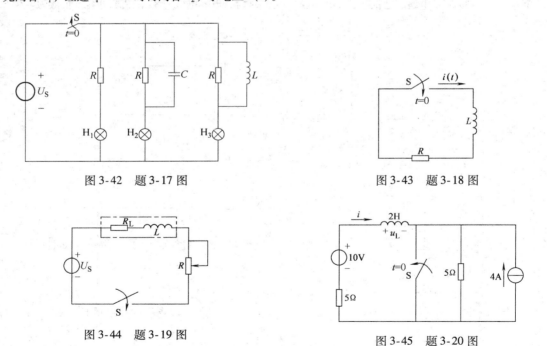

图 3-42　题 3-17 图　　　　　　　　　图 3-43　题 3-18 图

图 3-44　题 3-19 图　　　　　　　　　图 3-45　题 3-20 图

3-22　在图 3-47 中，$R_1=2\Omega$，$R_2=1\Omega$，$L_1=0.01\mathrm{H}$，$L_2=0.02\mathrm{H}$，$U_S=6\mathrm{V}$。（1）试求 S_1 闭合后电路中电流 $i_1(t)$ 和 $i_2(t)$ 的变化规律；（2）当 S_1 闭合后电路到达稳定状态时，再闭合 S_2，试求 $i_1(t)$ 和 $i_2(t)$ 的变化规律。

3-23　电路如图 3-48 所示，在换路前已处于稳态。当 $t=0$ 时刻开关从 1 的位置合到 2 的位置后，试求 $i_L(t)$ 和 $i(t)$，并作出它们的变化曲线。

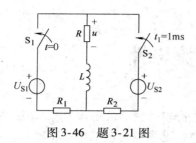

图 3-46　题 3-21 图

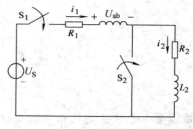

图 3-47　题 3-22 图

3-24　电路如图 3-49 所示，试用三要素法求 $t \geqslant 0$ 时的 $i_1(t)$、$i_2(t)$ 及 $i_L(t)$。换路前电路处于稳态。

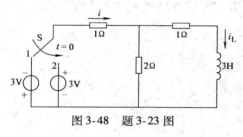

图 3-48　题 3-23 图

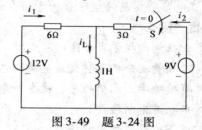

图 3-49　题 3-24 图

第4章 正弦交流电路

本章提要 本章主要讨论稳态正弦交流电路。首先介绍正弦交流电路的基本概念及相量表示法，分析单一参数元件的交流电路，然后讨论电阻、电感、电容元件串联的交流电路及电路的谐振现象，最后介绍功率因数的提高。在供电系统中，功率因数具有重要的经济意义。直流电路所提及的电路分析方法在运用相量法后，可以推广到正弦交流电路中。

本章的重点

1) 正弦量的相量表示法。
2) 用相量法分析各种交流电路的电压、电流。
3) 有功功率、无功功率、视在功率的概念和计算。
4) 串联谐振电路。
5) 提高功率因数的方法。

本章的难点 相量分析法和交流功率的理解。

工程上经常涉及很多在时间上按一定规律变化的电学量或信号。图 4-1 是三种随时间作周期性变化的电学量，简称周期量。图 4-1a 所示周期电量在任一瞬时数值（即瞬时值）的极性保持不变，这称为脉动直流电。图 4-1b 则是瞬时值的正、负值反复交替出现的交流电。所谓交流电是指在大小和方向上随时间作周期性变化，并且在一个周期内的平均值为零的电压、电流和电动势的统称。

图 4-1c 是随时间按正弦函数规律周期性交变的，称为正弦交流电，简称正弦量。其他的周期量则统称为周期性非正弦量。所谓正弦交流电路，是指含有正弦电源（激励），且在电路各部分所产生的电压和电流（响应）均按正弦规律变化的电路。

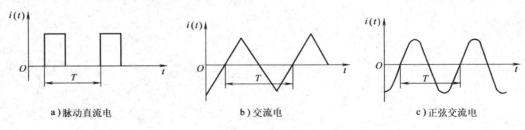

a) 脉动直流电　　　　b) 交流电　　　　c) 正弦交流电

图 4-1　周期量

正弦交流电是目前供电和用电的主要形式，这是因为正弦交流电在发电、输电和供电方面比直流效率高，正弦交流电源是既经济又方便的电源，可以利用变压器改变电压，不但能实现远距离高压输电，而且可按需要供应不同的电压。在电子技术中，正弦交流信号的应用十分广泛，是信号电路中最基本的信号，因为非正弦周期信号可以通过傅里叶级数分解为一系列不同频率的正弦信号之和。多个正弦函数的和、差及微分、积分运算仍是正弦函数，正弦函数的微分方程可以简化为代数方程，这些特点使正弦交流电路的分析计算简便、有效。

所以正弦交流电路理论是电路分析中很重要的一部分。本章分析与计算正弦交流电路，主要是确定不同参数和不同结构的各种正弦交流电路中电压与电流之间的关系和功率。

4.1　正弦量的三要素

正弦交流电压和电流等物理量，常统称为正弦量。正弦量的特征表现在变化的快慢、大小及初始值三个方面，而它们分别由频率（或周期）、幅值（或有效值）和初相位来确定。所以频率、幅值和初相位就称为确定正弦量的三要素。

4.1.1　频率与周期

图 4-2 是一正弦电流的波形图，它的正弦函数表达式是

$$i(t) = I_m \sin(\omega t + \varphi) \tag{4-1}$$

正弦量变化一周所需要的时间称为周期 T，单位是 s（秒）。正弦量在每秒时间内变化的次数称为频率 f，单位是 Hz（赫兹）。根据实际的需要，频率的高低可以分别用 kHz（千赫）或 MHz（兆赫）度量，它们之间的关系为 $1kHz = 10^3 Hz$，$1MHz = 10^6 Hz$。周期与频率之间的关系为

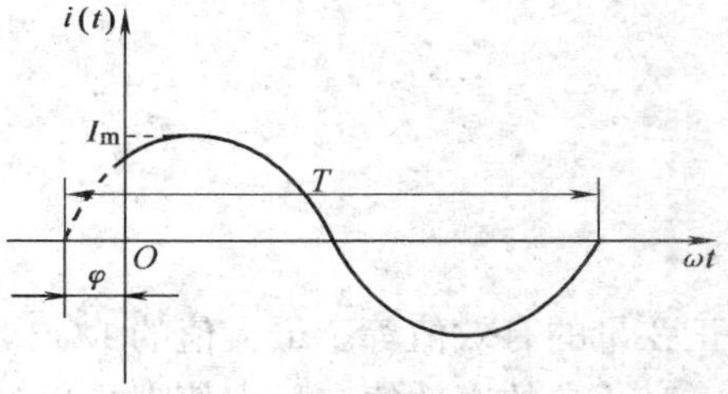

图 4-2　正弦电流波形

$$f = \frac{1}{T} \tag{4-2}$$

我国和大多数国家都采用 50Hz 作为电力系统标准频率，只有少数国家（如美国、日本等）采用 60Hz。这种频率在工业上应用广泛，习惯上也称为工频。通常的交流电动机和照明负载都用这种频率。除工频外，某些领域还需要采用其他的频率，如无线电通信的频率为 $30kHz \sim 3 \times 10^4 MHz$，在电子技术中常用的音频信号是 $20Hz \sim 20kHz$ 的交流信号。

正弦量变化的快慢除用周期和频率表示外，还可用角频率 ω 来表示。因为一周期内经历了 $2\pi rad$（弧度），所以角频率为

$$\omega = \frac{2\pi}{T} = 2\pi f \tag{4-3}$$

角频率的单位为 rad/s（弧度/秒）。

4.1.2　幅值与有效值

正弦量在一个周期中所能达到的最大数值称为正弦量的最大值，也叫做幅值或峰值，用带有下标 m 的大写字母表示，如 I_m、U_m、E_m 分别表示电流、电压及电动势的幅值。

正弦电流、电压和电动势的大小往往不是用它们的幅值，而是常用有效值（方均根值）来计量的。如果一个正弦电流通过电阻，在一周期时间内所消耗的电能和某一直流电流通过同一电阻、且在相同的时间内所消耗的电能相等，则这个直流电流的量值就叫做该正弦电流的有效值。通常都用大写字母 I 表示。

根据上述有效值的定义，可得

$$\int_0^T i^2(t) R dt = I^2 RT$$

由此可得出正弦电流的有效值

$$I = \sqrt{\frac{1}{T}\int_0^T i^2(t)\,\mathrm{d}t} \tag{4-4}$$

即正弦量的有效值是它的方均根值。

对于正弦电流，取其一般三角函数式

$$i(t) = I_\mathrm{m}\sin(\omega t + \varphi)$$

代入上式，则其有效值为

$$I = \sqrt{\frac{1}{T}\int_0^T i^2(t)\,\mathrm{d}t} = \sqrt{\frac{1}{T}\int_0^T I_\mathrm{m}^2\sin^2(\omega t + \varphi)\,\mathrm{d}t}$$

$$= \sqrt{\frac{1}{T}\int_0^T \frac{I_\mathrm{m}^2}{2}\,\mathrm{d}t - \frac{1}{T}\int_0^T \frac{I_\mathrm{m}^2}{2}\cos 2(\omega t + \varphi)\,\mathrm{d}t} = \frac{I_\mathrm{m}}{\sqrt{2}} \tag{4-5}$$

同理，正弦电压和电动势的有效值分别为

$$U = \frac{U_\mathrm{m}}{\sqrt{2}}$$

$$E = \frac{E_\mathrm{m}}{\sqrt{2}} \tag{4-6}$$

即正弦量的有效值等于最大值的 $1/\sqrt{2}$。

交流电的有效值和最大值都是反映交流电大小（即电流强弱或电压高低）的物理量。需要说明的是：

1）在工程上所说的正弦交流电压、电流的大小一般均指有效值，如电气设备铭牌额定值、电网的电压等级等，例如交流电压 380V 或 220V，都是指它的有效值。但绝缘水平、耐压值指的却是最大值，因此，在确定电气设备的耐压水平时应按最大值考虑。

2）在测量仪器中所指示的电压、电流的读数一般均为有效值。

3）分析正弦交流电路时，要注意区分交流电压、电流的瞬时值 u、i 和它们的最大值 U_m、I_m 以及有效值 U、I 的符号。

4.1.3 初相位与相位差

正弦量是随时间而变化的，要确定一个正弦量还需从计时起点（$t=0$）上看。所取的计时起点不同正弦量的初始值（$t=0$ 时的值）就不同，到达幅值或某一特定值所需的时间也就不同。

式（4-1）中的 $\omega t + \varphi$ 称为正弦量的相位角或相位。当相位角随时间连续变化时，正弦量的瞬时值随之作连续变化。$t=0$ 时正弦量的相位角，称为初相位角或初相位。习惯上常取初相位绝对值小于 180°。

两个同频率正弦量的相位角之差称为相位差，用 φ 表示。在同一正弦交流电路中，电压 $u(t)$ 和电流 $i(t)$ 的频率是相同的，但初相位不一定相同。如图 4-3 所示，图中 $u(t)$ 和 $i(t)$ 的波形可用下式表示

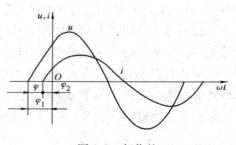

图 4-3 相位差

$$u(t) = U_m \sin(\omega t + \varphi_1)$$
$$i(t) = I_m \sin(\omega t + \varphi_2)$$
$$\tag{4-7}$$

它们的频率相同，初相位分别为 φ_1 和 φ_2。$u(t)$ 和 $i(t)$ 的相位差为

$$\varphi = (\omega t + \varphi_1) - (\omega t + \varphi_2) = \varphi_1 - \varphi_2 \tag{4-8}$$

可见，两个相同频率正弦量的相位差就是它们的初相位之差。虽然两个同频率正弦量的相位角都随时间改变，但它们的相位差却保持不变，即与时间 t 无关。

由图 4-3 的波形可见，因为 $u(t)$ 和 $i(t)$ 的初相位不同（不同相），所以它们的变化步调是不一致的，即不同时到达正的幅值或零值。图中，$\varphi_1 > \varphi_2$，所以 $u(t)$ 比 $i(t)$ 先到达正的幅值，称作 $u(t)$ 的相位超前于 $i(t)$ 的相位一个 φ 角，或 $i(t)$ 的相位滞后于 $u(t)$ 的相位一个 φ 角。

如图 4-4a 所示，如果两个同频率正弦量的初相位相同，则称它们是同相。图 4-4b 两正弦量相位差等于 180°，则称反相。图 4-4c 两正弦量相位相差 90°，称为正交。

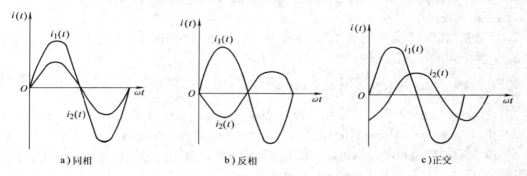

图 4-4　同频率正弦量的相位关系

初相位为零的正弦量称为参考正弦量，在分析和计算交流电路时，为了简化计算，常常先选定某一个正弦量为参考正弦量，然后再求出其他正弦量与参考正弦量之间的相位关系。

对于不同频率的正弦量，不能应用相位差的概念，因为它们相位角的差是随时间而变化的。

例 4-1　用示波器测得图 4-5a 电路的各电压如图 4-5b 所示。1）写出 u_{ab}、u_{cb} 的表达式；2）求 u_{ab} 与 u_{bc} 的相位差。

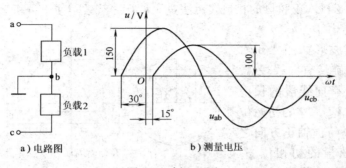

图 4-5　例 4-1 图

解　1）　　　$u_{ab} = 150\sin(\omega t + 30°)\,\mathrm{V}$

$$u_{cb} = 100\sin(\omega t - 15°)\,\text{V}$$

2) $\quad u_{bc} = -u_{cb} = -100\sin(\omega t - 15°)\,\text{V} = 100\sin(\omega t + 165°)\,\text{V}$

$$\varphi = \varphi_1 - \varphi_2 = 30° - 165° = -135°$$

计算表明，u_{ab}滞后于u_{bc} 135°。

综上所述，正弦量的基本特征表现为它的变化快慢、变化幅度以及初始情况等三个方面，用频率、幅值和初相位这三个量来描述。这三个量称为正弦量的三要素，其中频率和幅值与计时起点的选择无关，初相位则与计时起点的选择有关。只要知道了三要素，一个正弦量就完全被确定了。

思 考 题

1. 若某电路中，$u = 380\sin(314t - 45°)\,\text{V}$

1）试指出它的频率、周期、角频率、幅值、有效值及初相位各为多少？

2）画出其波形图。

2. 正弦量的幅值和有效值是否随时间变化？它们的大小与频率、相位有没有关系？

3. 计算下列两正弦量的相位差：

1）$u_1(t) = 10\sin\left(100\pi t + \dfrac{3\pi}{4}\right)\text{A}$，$i_2(t) = 15\sin\left(100\pi t - \dfrac{\pi}{2}\right)\text{A}$。

2）$i_1(t) = 15\sin(100\pi t + 30°)\text{A}$，$i_2(t) = 10\sin(200\pi t + 60°)\text{A}$。

3）$u_1(t) = 10\sin(100\pi t + 120°)\text{A}$，$i_2(t) = -10\cos(100\pi t - 30°)\text{A}$。

4. 5A 的直流电流和最大值为 6A 的正弦交流电流，分别流过阻值相同的电阻，试问：在相同的时间内，它们谁发热量较多？为什么？

4.2 正弦量的相量表示法

一个正弦量具有频率、幅值及初相位三个要素，而这些要素可以用一些方法表示出来。前面已经讲过两种表示法，一种是用三角函数式来表示，如 $i(t) = I_m\sin(\omega t + \varphi)$，这是正弦量的基本表示法；一种是用正弦波形来表示，如图 4-2 所示。这两种表示法不便于进行加、减、乘、除等运算，需要一种新的表示方法，即相量表示法。相量表示法的基础是复数，就是用复数来表示正弦量。正弦量的相量表示法是一种行之有效、便于分析运算的数学方法。

设有一正弦电压 $u(t) = U_m\sin(\omega t + \varphi)$，其波形如图 4-6 右边所示，左边是一旋转有向线段 A，在直角坐标系中，有向线段的长度代表正弦量的幅值 U_m，它的初始位置（$t = 0$ 时的位置）与横轴正方向之间的夹角等于正弦量的初相位 φ，并以正弦量的角频率 ω 作逆时针方向旋转。可见，这一旋转有向线段

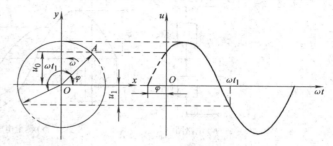

图 4-6　正弦量的旋转矢量表示

具有正弦量的三个特征，故可用来表示正弦量。正弦量在某时刻的瞬时值就可以由这个旋转

有向线段于该瞬时在纵轴上的投影表示出来。例如：在 $t=0$ 时，$u_0 = U_m \sin\varphi$；在 $t = t_1$ 时，$u_1 = U_m \sin(\omega t_1 + \varphi)$。

正弦量可用旋转有向线段表示，而有向线段可用复数表示，所以正弦量也可用复数来表示。

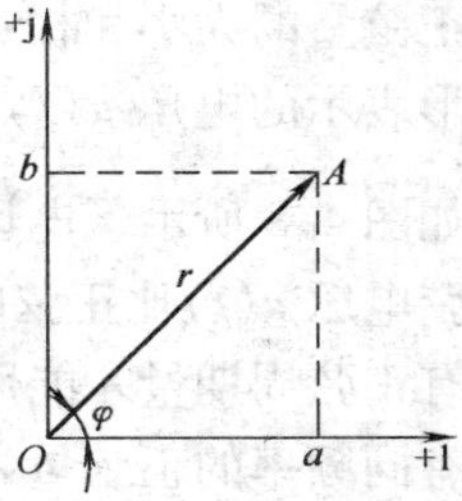

令一直角坐标系的横轴表示复数的实部，称为实轴，以 +1 为单位；纵轴表示虚部，称为虚轴，以 +j 为单位。实轴与虚轴构成的平面称为复平面。复平面中有一有向线段 $\overrightarrow{OA}$，其实部为 a，其虚部为 b，如图 4-7 所示，于是有向线段 $\overrightarrow{OA}$ 可用下面的复数式表示为

图 4-7　有向线段的复数表示

$$\overrightarrow{OA} = a + jb \tag{4-9}$$

由图 4-7 可见，$r = \sqrt{a^2 + b^2}$ 是复数的大小，称为复数的模；$\varphi = \arctan\dfrac{b}{a}$ 是复数与实轴正方向间的夹角，称为复数的辐角。

因为 $a = r\cos\varphi$ 和 $b = r\sin\varphi$，所以

$$\overrightarrow{OA} = a + jb = r(\cos\varphi + j\sin\varphi) \tag{4-10}$$

根据欧拉公式，式（4-10）可写为

$$\overrightarrow{OA} = re^{j\varphi} \tag{4-11}$$

或写为

$$\overrightarrow{OA} = r\underline{/\varphi} \tag{4-12}$$

因此，一个复数可用上述 4 种复数式来表示。式（4-10）称为复数的直角坐标式（即代数式和三角式）；式（4-11）称为指数式；式（4-12）则称为极坐标式，4 者可以互相转换。

需要说明的是：一个复数由模和辐角两个特征来确定，而正弦量由频率、幅值和初相位三个要素来确定，在分析线性电路时，正弦激励和响应均为同频率的正弦量，频率是已知的或特定的，可不必考虑。因此，一个正弦量由幅值（或有效值）和初相位就可确定。如上所述，一个有向线段可用复数表示。如果用它来表示正弦量的话，则复数的模即为正弦量的幅值或有效值，复数的辐角即为正弦量的初相位。为了与一般的复数相区别，把表示正弦量的复数称为相量，并在大写字母上加"·"。其中有向线段长度等于正弦量幅值的相量称为幅值相量，用 $\dot{I}_m$ 或 $\dot{U}_m$ 表示，长度等于有效值的相量称为有效值相量，用 $\dot{I}$ 或 $\dot{U}$ 表示。同样，表示正弦量的相量也有 4 种形式，即代数式、三角式、指数式和极坐标式。

电压与电流的幅值相量可表示为

$$\left.\begin{aligned}
\dot{U}_m &= U_m(\cos\varphi_1 + j\sin\varphi_1) = U_m e^{j\varphi_1} = U_m\underline{/\varphi_1} \\
\dot{I}_m &= I_m(\cos\varphi_2 + j\sin\varphi_2) = I_m e^{j\varphi_2} = I_m\underline{/\varphi_2}
\end{aligned}\right\} \tag{4-13}$$

有效值相量可表示为

$$\left.\begin{aligned}
\dot{U} &= U(\cos\varphi_1 + j\sin\varphi_1) = U e^{j\varphi_1} = U\underline{/\varphi_1} \\
\dot{I} &= I(\cos\varphi_2 + j\sin\varphi_2) = I e^{j\varphi_2} = I\underline{/\varphi_2}
\end{aligned}\right\} \tag{4-14}$$

一般用有效值相量表示正弦量。本书中除非特殊说明，相量都采取有效值相量的形式表示。注意，相量只是表示正弦量，而不是等于正弦量。

按照各个正弦量的大小和相位关系，用初始位置的有向线段画出的若干个相量的图形，称为相量图。在相量图上能形象地看出各个正弦量的大小和相互间的相位关系。例如，在图4-3中用正弦波形表示的电压 $u(t)$ 和电流 $i(t)$ 两个正弦量，如用相量图表示则如图4-8所示，电压相量 $\dot U$ 比电流相量 $\dot I$ 超前 φ 角，也就是正弦电压 $u(t)$ 比正弦电流 $i(t)$ 超前 φ 角。

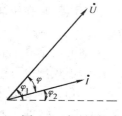

图4-8　相量图

只有正弦周期量才能用相量表示，相量不能表示非正弦周期量。只有同频率的正弦量才能画在同一相量图上，不同频率的正弦量不能画在一个相量图上，否则就无法比较和计算。

由上可知，表示正弦量的相量有两种形式：相量图和相量式（复数式）。两个或多个正弦量的加减运算可用相量的代数式，乘除运算可用相量的指数式或极坐标式来进行。

在图4-9中，如以 $e^{j\alpha}$（$\alpha>0$）乘相量 $\dot A=re^{j\varphi}$，则得

$$\dot B=re^{j\varphi}e^{j\alpha}=re^{j(\varphi+\alpha)}$$

即相量 $\dot B$ 的大小仍为 r，但与实轴正方向间的夹角为 $(\varphi+\alpha)$。可见一个相量乘上 $e^{j\alpha}$ 后，即向前（逆时针方向）转了 α 角，就是相量 $\dot B$ 比相量 $\dot A$ 超前了 α 角。

同理如以 $e^{-j\alpha}$ 乘相量 $\dot A$，则得

$$\dot C=re^{j(\varphi-\alpha)}$$

图4-9　相量的超前与滞后

即向后（顺时针方向）转了 α 角，就是相量 $\dot C$ 比相量 $\dot A$ 滞后了 α 角。

当 $\alpha=\pm90°$ 时，有

$$e^{\pm j90°}=\cos90°\pm j\sin90°=\pm j$$

任意一个相量乘上 $+j$ 后，即向前旋转了 $90°$；乘上 $-j$ 后，即向后旋转了 $90°$。所以 j 称为旋转 $90°$ 的算子。

例4-2　已知 $i_1(t)=5\sin(314t+60°)$ A，$i_2(t)=-10\cos(314t+30°)$ A，试写出代表这两个正弦电流的幅值相量，并作相量图。

解

$$\dot I_{1m}=5\underline{/60°}\,\text{A}$$

$$
\begin{aligned}
i_2(t)&=-10\cos(314t+30°)\,\text{A}\\
&=10\cos(314t+30°+180°)\,\text{A}\\
&=10\sin(314t+30°+180°+90°)\,\text{A}\\
&=10\sin(314t-60°)\,\text{A}
\end{aligned}
$$

$$\dot I_{2m}=10\underline{/-60°}\,\text{A}$$

图4-10　例4-2的图

其相量图如图4-10所示。

以余弦函数表示的正弦量都要将其化为正弦函数表达式，再写出相量。

例4-3　写出表示 $u_A=220\sqrt2\sin314t$ V，$u_B=220\sqrt2\sin(314t-120°)$ V，$u_C=220\sqrt2\sin$

$(314t + 120°)$ V 的相量，并作相量图。

解 $$\dot{U}_A = 220\underline{/0°}\text{V} = 220\text{V}$$

$$\dot{U}_B = 220\underline{/-120°}\text{V} = 220\left(-\frac{1}{2} - \text{j}\frac{\sqrt{3}}{2}\right)\text{V}$$

$$\dot{U}_C = 220\underline{/+120°}\text{V} = 220\left(-\frac{1}{2} + \text{j}\frac{\sqrt{3}}{2}\right)\text{V}$$

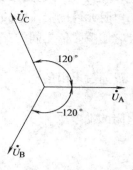

图 4-11 例 4-3 的图

其相量图如图 4-11 所示。

例 4-4 已知 $i_1 = 20\sin(\omega t + 60°)$ A，$i_2 = 10\sin(\omega t - 45°)$ A，求电流 $i = i_1 + i_2$。

解 用相量表示法，将 i_1、i_2 写成幅值相量形式，即

$$\dot{I}_{1m} = 20\underline{/60°}\text{A}$$

$$\dot{I}_{2m} = 10\underline{/-45°}\text{A}$$

求得电流 i 的幅值相量为

$$\dot{I}_m = \dot{I}_{1m} + \dot{I}_{2m} = (20\underline{/60°} + 10\underline{/-45°})\text{A}$$
$$= (10 + \text{j}17.3 + 7.07 - \text{j}7.07)\text{A}$$
$$= (17.07 + \text{j}10.23)\text{A} = 19.9\underline{/30.9°}\text{A}$$

则电流 i 的瞬时值表达式为

$$i = I_m\sin(\omega t + \varphi) = 19.9\sin(\omega t + 30.9°)\text{A}$$

上例中，若直接用正弦量的三角函数式进行计算，将十分复杂。用正弦波形可将几个正弦量的相互关系在图形上清晰地表示出来，但作图不便，且所得结果不精确。而采用相量来表示正弦量，则使得相应的运算变得简单易行，从而使正弦交流电路的分析得到简化，另外，相量图也是分析正弦量的常用方法。需要指出的是，相量法的实质是将各种同频的正弦量变换为复数形式，因此相量法只是一种分析交流电路的数学工具。

思 考 题

1. 不同频率的几个正弦量能否用相量表示在同一相量图上？为什么？

2. 已知 $u_1 = 60\sqrt{2}\sin\omega t$ V，$u_2 = 120\sqrt{2}\sin(\omega t + 90°)$ V，$u_3 = 40\sqrt{2}\sin(\omega t - 90°)$ V，$u = u_1 + u_2 + u_3$。试用相量式和相量图求 u。

3. 判断下列各式的正误：

1) $\dot{I} = 10\text{e}^{45°}$ A；2) $u = 20(\cos 30° + \text{j}\sin 30°)$ V；3) $i = 3\sqrt{2}\sin(\omega t + 60°)$ A $= 3\text{e}^{\text{j}60°}$ A；

4) $U = 50\text{e}^{\text{j}30°}$ V $= 50\sin(\omega t + 30°)$ V；5) $I = 20\underline{/30°}$ A。

4.3　单一参数元件的交流电路

研究正弦交流电路的目的是确定电路中电压、电流的大小和相位关系，以及功率消耗和能量的转换。分析各种交流电路时，必须首先掌握单一参数(电阻、电感、电容)元件电路中电压与电流之间的关系，其他电路都是由一些单一参数元件组合而成。

4.3.1 电阻元件的正弦交流电路

电阻元件的交流电路中，若电压 u 和电流 i 的参考方向如图 4-12a 所示，根据欧姆定律，它们瞬时值之间的关系为

$$u = Ri$$

设通过电阻的电流为参考正弦量

$$i = I_\mathrm{m}\sin\omega t \tag{4-15}$$

则电阻的端电压

$$u = Ri = RI_\mathrm{m}\sin\omega t = U_\mathrm{m}\sin\omega t \tag{4-16}$$

式中，$U_\mathrm{m} = RI_\mathrm{m}$。

由式(4-15)和式(4-16)可见，电阻元件交流电路中，电压和电流都是同频率的正弦量。电压的最大值(或有效值)与电流的最大值(或有效值)的比值就是电阻 R，即

$$R = \frac{U_\mathrm{m}}{I_\mathrm{m}} = \frac{U}{I} \tag{4-17}$$

电压和电流的相位差 $\varphi = 0$，即在电阻元件的交流电路中，电压和电流是同相的。表示电压和电流的正弦波形如图 4-12b 所示。

如用相量表示电压与电流的关系，则为

$$\dot{U} = R\dot{I} \tag{4-18}$$

此即欧姆定律的相量表示式。它既表示了电压 u 和电流 i 之间的大小关系（$U = RI$），也表示了 u 和 i 之间的相位关系（$\varphi = 0$，同相）。电压和电流的相量图如图 4-12c 所示。

因为电流和电压都随时间变化，所以电阻元件消耗的功率也随时间变化。在任意瞬时，电压瞬时值 u 和电流瞬时值 i 的乘积，称为瞬时功率，用 p 表示，即

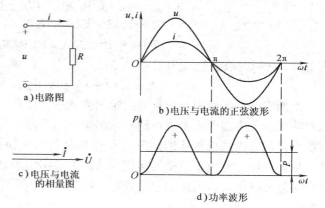

图 4-12　电阻元件的交流电路

a)电路图
b)电压与电流的正弦波形
c)电压与电流的相量图
d)功率波形

$$p = ui = U_\mathrm{m}I_\mathrm{m}\sin^2\omega t = \frac{U_\mathrm{m}I_\mathrm{m}}{2}(1 - \cos2\omega t) = UI(1 - \cos2\omega t) \tag{4-19}$$

可见，瞬时功率 p 是由两部分组成的，第一部分是常数 UI；第二部分是幅值为 UI，并以 2ω 的角频率随时间变化的交变量 $UI\cos2\omega t$。p 随时间变化的波形如图 4-12d 所示。瞬时功率总是正值，这表示电阻元件在任何时刻都从电源取用电能且转换为热能，这是一种不可逆的能量转换过程，所以电阻元件是耗能元件。

通常，用一个周期内瞬时功率的平均值，即平均功率，宏观地表示元件所消耗的功率。平均功率也称为有功功率，用 P 表示。电阻元件的有功功率

$$P = \frac{1}{T}\int_0^T p\mathrm{d}t = \frac{1}{T}\int_0^T UI(1 - \cos2\omega t)\mathrm{d}t = UI = \frac{U^2}{R} = I^2R \tag{4-20}$$

例 4-5　将一个 100Ω 的电阻元件接到频率为 50Hz，电压有效值为 10V 的正弦电源上，

求电流为多少？若保持电压值不变，而电源频率改变为 5000Hz，这时电流将为多少？

解 因为电阻与频率无关，所以电压有效值保持不变时，电流有效值相等，即

$$I = \frac{U}{R} = \frac{10}{100}A = 0.1A = 100mA$$

4.3.2 电感元件的正弦交流电路

电感元件的正弦交流电路是由非铁心线圈（线性电感元件）与正弦电源连接的电路。假定这个线圈只具有电感 L，而电阻 R 极小，可以忽略不计。当电感线圈中通过正弦电流 i 时，其中产生自感电动势 e_L，其方向与电流变化方向相反。设电流 i、电动势 e_L 和电压 u 的参考方向如图4-13a所示。

设电流为参考正弦量，即

$$i = I_m \sin\omega t \qquad (4-21)$$

则

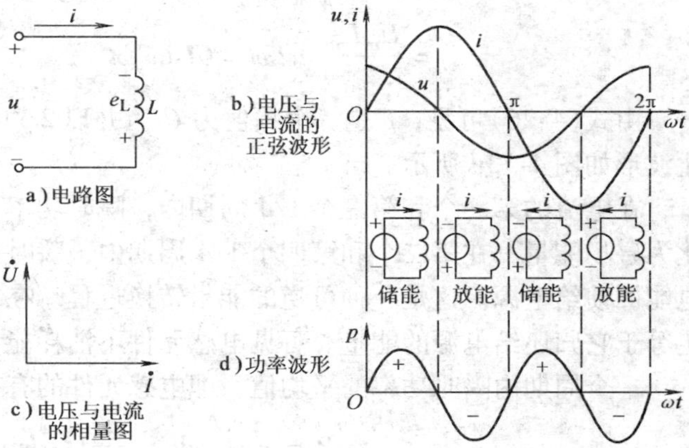

图 4-13　电感元件的正弦交流电路

$$u = -e_L = L\frac{di}{dt} = L\frac{d(I_m\sin\omega t)}{dt}$$

$$= \omega L I_m \sin(\omega t + 90°) = U_m \sin(\omega t + 90°) \qquad (4-22)$$

式中，$U_m = \omega L I_m$。

由式(4-21)和式(4-22)可见，电感元件交流电路中，电压的幅值（或有效值）与电流的幅值（或有效值）之比值为 ωL，即

$$\omega L = \frac{U_m}{I_m} = \frac{U}{I} \qquad (4-23)$$

与电阻元件交流电路相比较，ωL 有类似于电阻 R 的作用，当电压一定时，ωL 越大，则电流越小。可见 ωL 具有阻碍交流电流通过的性质，所以称 ωL 为感抗，用 X_L 表示，即

$$X_L = \omega L = 2\pi f L \qquad (4-24)$$

式中，若 f 的单位用 Hz，L 的单位用 H，则 X_L 的单位为 Ω。

在电感元件电路中，在相位上电流比电压滞后90°（相位差 $\varphi = 90°$）。表示电压 u 和电流 i 的正弦波形如图 4-13b 所示。

感抗 X_L 与电感 L、电源的频率 f 成正比，因此，电感线圈对高频电流的阻碍作用很大，而对直流电流（$f = 0$）则可视作短路，即对直流讲，$X_L = 0$。这种特性一般叫做通直流阻交流。

必须指出，感抗只能表示电感元件电压与电流幅值（或有效值）的比，不能表示它们瞬时值的比，因为在电感元件的交流电路中，电压与电流之间成导数的关系，而不是成正比关系。在分析与计算交流电路时，以电压或电流作为参考正弦量都可以，它们之间的关系（大小和相位差）是一样的。

如用相量表示电压与电流的关系，则为

$$\dot{U} = jX_L \dot{I} = j\omega L \dot{I} \tag{4-25}$$

式(4-25)同时说明了电压 u 和电流 i 的大小关系与相位关系。电压的有效值等于电流的有效值与感抗的乘积，在相位上电压比电流超前90°。电压和电流的相量图如图4-13c 所示。

在电感元件交流电路中，瞬时功率的变化规律为

$$p = ui = U_m I_m \sin\omega t \sin(\omega t + 90°) = U_m I_m \sin\omega t \cos\omega t$$

$$= \frac{U_m I_m}{2}\sin 2\omega t = UI\sin 2\omega t \tag{4-26}$$

由式(4-26)可见，p 是一个幅值为 UI，并以 2ω 的角频率随时间而变化的交变量，其变化波形如图4-13d 所示。

在电流的第一个和第三个1/4 周期内，瞬时功率 p 为正，即电感元件从电源吸收电能转化为磁场能量；在第二个和第四个1/4 周期内，瞬时功率 p 为负，元件中的磁场能量转化为电能回馈给电源。这是一种可逆的能量转换过程。在一个周期内，线圈从电源取用的能量一定等于它归还给电源的能量。可见电感元件不消耗能量，是储能元件。

一个周期内瞬时功率的平均值，即电感元件的有功功率为

$$P = \frac{1}{T}\int_0^T p\mathrm{d}t = \frac{1}{T}\int_0^T UI\sin 2\omega t\mathrm{d}t = 0 \tag{4-27}$$

从图4-13d 的功率波形也容易看出，p 的平均值为零。这说明电感元件是一种无源元件。

从上述可知，在电感元件的交流电路中，没有能量消耗，只有电源与电感元件间的能量互换。这种能量互换的规模，我们用无功功率 Q 来衡量。

定义电感元件的无功功率等于瞬时功率的幅值，即

$$Q = UI = I^2 X_L = \frac{U^2}{X_L} \tag{4-28}$$

它并不等于单位时间内互换了多少能量。无功功率的单位是 var（乏）或 kvar（千乏）。

例 4-6 $L = 2H$ 的电感两端电压为 $u(t) = 16\sqrt{2}\sin(100t - 45°)$ V，求流过电感的电流及电感的瞬时功率 p_L。

解 将电压用相量形式表示为

$$\dot{U} = 16\underline{/-45°}\mathrm{V}$$

电感电流相量为

$$\dot{I} = \frac{\dot{U}}{j\omega L} = \frac{16\underline{/-45°}}{j\times 100\times 2}\mathrm{A} = -j0.08\underline{/-45°}\mathrm{A} = 0.08\underline{/-135°}\mathrm{A}$$

电流瞬时值形式为 $\qquad i(t) = 0.08\sqrt{2}\sin(100t - 135°)\mathrm{A}$

瞬时功率为

$$p_L = ui = 16\sqrt{2}\times 0.08\sqrt{2}\sin(100t - 45°)\times\sin(100t - 135°)\mathrm{W}$$

$$= 1.28\cos 200t\ \mathrm{W}$$

4.3.3 电容元件的正弦交流电路

图4-14a 所示为电容元件的正弦交流电路，是由线性电容元件与正弦电源连接的电路。当电容器两端的电压发生变化时，电容器极板上的电荷（量）也要随着发生变化，在电路中就引起电流的变化。

设电压为参考正弦量，即

$$u = U_m \sin\omega t \tag{4-29}$$

则

$$i = \frac{dq}{dt} = C\frac{du}{dt} = C\frac{d(U_m\sin\omega t)}{dt} = \omega C U_m \cos\omega t$$

$$= \omega C U_m \sin(\omega t + 90°) = I_m \sin(\omega t + 90°) \tag{4-30}$$

式中，$I_m = \omega C U_m$。

由式（4-29）和式（4-30）可见，电容元件交流电路中，电压的幅值（或有效值）与电流的幅值（或有效值）之比值为 $1/(\omega C)$，即

$$\frac{1}{\omega C} = \frac{U_m}{I_m} = \frac{U}{I} \tag{4-31}$$

与电阻元件交流电路相比较，$1/(\omega C)$ 有类似于电阻 R 的作用，当电压一定时，$1/(\omega C)$ 越大，则电流越小。可见 $1/(\omega C)$ 具有阻碍交流电流通过的性质，所以称 $1/(\omega C)$ 为容抗，用 X_C 表示，即

$$X_C = \frac{1}{\omega C} = \frac{1}{2\pi f C} \tag{4-32}$$

式中，若 f 的单位用 Hz，C 的单位用 F，则 X_C 的单位为 Ω。

在电容元件电路中，在相位上电流比电压超前 90°（相位差 $\varphi = -90°$）。表示电压 u 和电流 i 的正弦波形如图 4-14b 所示。

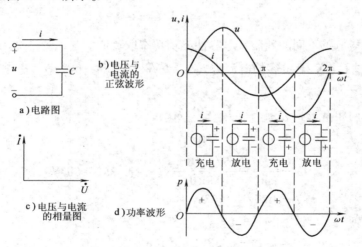

图 4-14　电容元件的正弦交流电路

容抗 X_C 与电容 C、电源的频率 f 成反比，因此，电容元件对高频电流所呈现的容抗很小，而对直流电流（$f=0$）所呈现的容抗 $X_C \to \infty$，则可视作开路。因此，电容元件有通交流隔直流的作用。

如用相量表示电压与电流的关系，则为

$$\dot{U} = -jX_C\dot{I} = -j\frac{\dot{I}}{\omega C} = \frac{\dot{I}}{j\omega C} \tag{4-33}$$

式（4-33）同时说明了电压 u 和电流 i 的大小关系与相位关系。电压的有效值等于电流的

有效值与容抗的乘积,在相位上电压比电流滞后90°。电压和电流的相量图如图4-14c所示。

在电容元件交流电路中,瞬时功率的变化规律为

$$p = ui = U_m I_m \sin\omega t \sin(\omega t + 90°) = U_m I_m \sin\omega t \cos\omega t$$

$$= \frac{U_m I_m}{2}\sin 2\omega t = UI\sin 2\omega t \tag{4-34}$$

由式(4-34)可见,p是一个幅值为UI,并以2ω的角频率随时间而变化的交变量,其变化波形如图4-14d所示。

在电压的第一个和第三个1/4周期内,电压在升高,即电容元件在充电,电容元件从电源吸收电能储存在电场中,此时瞬时功率为正;在第二个和第四个1/4周期内,电压降低,即电容元件在放电,电容元件将充电时储存的电场能量回馈给电源,所以瞬时功率为负。可见电容元件也是储能元件。

一个周期内瞬时功率的平均值,即电容元件的有功功率为

$$P = \frac{1}{T}\int_0^T p\,dt = \frac{1}{T}\int_0^T UI\sin 2\omega t\,dt = 0 \tag{4-35}$$

从图4-14d的功率波形也容易看出,p的平均值为零。这说明电容元件与电感元件一样,是一种不消耗能量的无源元件。

从上述可知,在电容元件的交流电路中,没有能量消耗,只有电源与电容元件间的能量互换。这种能量互换的规模,我们用无功功率Q来衡量。

定义电容元件的无功功率等于瞬时功率的幅值,即

$$Q = -UI = -I^2 X_C = -\frac{U^2}{X_C} \tag{4-36}$$

为体现电容与电感不同的性质,电容性无功功率取负值。

例4-7 流过$C = 0.2F$电容的电流为$i(t) = 5\sqrt{2}\sin(100t - 60°)A$,求电容电压$u(t)$和电容的瞬时功率$p_C$。

解 将电流用相量形式表示为 $\dot{I} = 5\underline{/-60°}A$

电容电压相量为

$$\dot{U} = \frac{\dot{I}}{j\omega C} = \frac{5\underline{/-60°}}{j100 \times 0.2}V = -j0.25\underline{/-60°}V$$

$$= 0.25\underline{/-150°}V$$

电压瞬时值形式为

$$u(t) = 0.25\sqrt{2}\sin(100t - 150°)V$$

瞬时功率为 $\quad p_C = ui = 0.25\sqrt{2}\sin(100t - 150°) \times 5\sqrt{2}\sin(100t - 60°)W$

$$= 1.25\sin(200t + 60°)W$$

以上介绍了电阻、电感、电容元件的正弦交流电路,表征这些元件特性的唯一参数是电阻R、电感L和电容C。而一般实际电路中往往同时具有这三种参数,这时可以将其视为上述元件的组合加以分析。

思 考 题

1. 电感元件中通过恒定电流时可视作短路,此时电感L是否为零?电容元件两端加恒

定电压时可视作开路，此时电容 C 是否为无穷大?

2. 判断下列各式的正误:

1) $\dfrac{u}{i} = X_L$; 2) $u = j\omega Li$; 3) $X_L = \dfrac{\dot{U}_L}{\dot{I}_L}$; 4) $\dot{I}_m = j\omega C U_m$;

5) $\dfrac{U}{i} = X_C$; 6) $\dot{I} = -j\dfrac{\dot{U}}{\omega L}$。

3. 一个电感线圈接在 $U = 100V$ 的直流电源上，电流为 20A；若接在 $f = 50Hz$、$U = 220V$ 的交流电源上，则电流为 14.1A。求该线圈的电阻和电感。

4.4 RLC 串联的交流电路

4.4.1 电压与电流关系

电阻、电感与电容元件串联的交流电路如图4-15a所示。电路的各元件通过同一电流。电流与各个电压的参考方向如图中所示。分析这种电路可以应用上节所得的结果。

根据基尔霍夫电压定律可列出

$$u = u_R + u_L + u_C = Ri + L\frac{di}{dt} + \frac{1}{C}\int i dt \tag{4-37}$$

设电流 $i = I_m \sin\omega t$ 为参考正弦量，则电阻元件上的电压 u_R 与电流同相，即

$$u_R = RI_m \sin\omega t = U_{Rm}\sin\omega t$$

式中，$U_{Rm} = RI_m$。

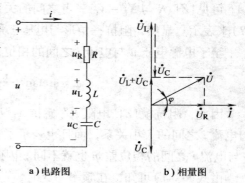

a) 电路图　　　　b) 相量图

图 4-15　电阻、电感与电容元件串联的交流电路

电感元件上的电压 u_L 比电流超前 90°，即

$$u_L = I_m \omega L \sin(\omega t + 90°) = U_{Lm}\sin(\omega t + 90°)$$

式中，$U_{Lm} = \omega L I_m = X_L I_m$。

电容元件上的电压 u_C 比电流滞后 90°，即

$$u_C = \frac{I_m}{\omega C}\sin(\omega t - 90°) = U_{Cm}\sin(\omega t - 90°)$$

式中，$U_{Cm} = \dfrac{I_m}{\omega C} = X_C I_m$。

同频率的正弦量相加，所得出的仍为同频率的正弦量。所以电源电压为

$$u = u_R + u_L + u_C = U_m \sin(\omega t + \varphi) \tag{4-38}$$

其幅值为 U_m，与电流 i 之间的相位差为 φ。

利用相量图来求幅值 U_m（或有效值 U）和相位差 φ 最为简便。如果将电压 u_R、u_L、u_C 用相量 $\dot{U}_R$、$\dot{U}_L$、$\dot{U}_C$ 表示，则相量相加即可得出电源电压 u 的相量 $\dot{U} = \dot{U}_R + \dot{U}_L + \dot{U}_C$（如图

4-15b所示）。由电压相量 $\dot{U}$、$\dot{U}_R$ 及 $\dot{U}_L + \dot{U}_C$ 所组成的直角三角形，称为电压三角形，利用这个电压三角形，可求得电源电压的有效值，即

$$U = \sqrt{U_R^2 + (U_L - U_C)^2} = \sqrt{(RI)^2 + (X_L I - X_C I)^2}$$
$$= I\sqrt{R^2 + (X_L - X_C)^2}$$

也可写为

$$\frac{U}{I} = \sqrt{R^2 + (X_L - X_C)^2} \tag{4-39}$$

由式（4-39）可见，这种电路中电压与电流的有效值（或幅值）之比为 $\sqrt{R^2 + (X_L - X_C)^2}$。它的单位也是 Ω，也具有对电流起阻碍作用的性质，称之为电路的阻抗模，用 $|Z|$ 代表，即

$$|Z| = \sqrt{R^2 + (X_L - X_C)^2} = \sqrt{R^2 + \left(\omega L - \frac{1}{\omega C}\right)^2} \tag{4-40}$$

可见 $|Z|$、R 与 $X_L - X_C$ 三者之间的关系也可用一个直角三角形——阻抗三角形（见图4-17）来表示。显然，阻抗三角形与电压三角形是相似的。

至于电源电压 u 与电流 i 之间的相位差 φ 也可从电压三角形得出，即

$$\varphi = \arctan\frac{U_L - U_C}{U_R} = \arctan\frac{X_L - X_C}{R} \tag{4-41}$$

因此，阻抗模 $|Z|$、电阻 R、感抗 X_L 及容抗 X_C 不仅表示了电压 u 及其分量 u_R、u_L 和 u_C 与电流 i 之间的大小关系，而且也表示了它们之间的相位关系。随着电路参数的不同，电压 u 与电流 i 之间的相位差 φ 也就不同。因此，φ 角的大小是由电路的参数决定的。

由式（4-41）可知，在频率一定时，不仅相位差 φ 的大小决定于电路的参数，而且电流滞后还是超前于电压，也与电路的参数有关。如果 $X_L > X_C$，即 $\varphi > 0$，则在相位上电流 i 比电压 u 滞后 φ 角，这种电路是电感性的。如果 $X_L < X_C$，即 $\varphi < 0$，则电流 i 比电压 u 超前 φ 角，这种电路是电容性的。当然，也可以使 $X_L = X_C$，即 $\varphi = 0$，则电流 i 与电压 u 同相，这种电路是电阻性的。

4.4.2 电压与电流的相量关系

如用相量表示电阻、电感、电容串联的交流电路中电压与电流的关系，则为

$$\dot{U} = \dot{U}_R + \dot{U}_L + \dot{U}_C = R\dot{I} + jX_L\dot{I} - jX_C\dot{I} = [R + j(X_L - X_C)]\dot{I} \tag{4-42}$$

此即为基尔霍夫电压定律的相量表示式。

将式（4-42）写成

$$\frac{\dot{U}}{\dot{I}} = R + j(X_L - X_C) = R + jX = Z \tag{4-43}$$

式（4-43）的形式和欧姆定律类似，有时称为欧姆定律的相量形式。式中的 $R + jX$ 称为电路的阻抗（复阻抗），用大写字母 Z 代表，单位是 Ω（欧姆），X 称为电抗。阻抗是一个复数，但不表示正弦量，故在 Z 上不加"·"。即

$$Z = R + j(X_L - X_C) = |Z|e^{j\varphi} \tag{4-44}$$

式中，$|Z| = \sqrt{R^2 + X^2} = \sqrt{R^2 + (X_L - X_C)^2}$ 为阻抗模；$\varphi = \arctan \dfrac{X}{R} = \arctan \dfrac{X_L - X_C}{R}$ 为阻抗角，对电感性电路，φ 为正；对电容性电路，φ 为负。

式(4-43)同时表示了电压与电流的大小和相位关系，即电压与电流的有效值之比等于阻抗模，电压与电流之间的相位差等于阻抗角。用电压与电流的相量和阻抗来表示的 *RLC* 串联电路如图4-16所示。

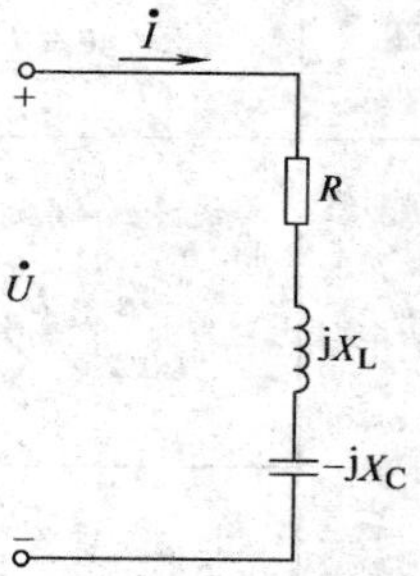

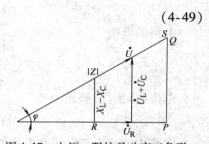

图 4-16　相量表示的电路

4.4.3　功率计算及测量

RLC 串联交流电路的瞬时功率

$$p = ui = U_m I_m \sin\omega t \sin(\omega t + \varphi) = \frac{U_m I_m}{2}\left[\cos\varphi - \cos(2\omega t + \varphi)\right]$$

$$= UI\cos\varphi - UI\cos(2\omega t + \varphi) \tag{4-45}$$

式（4-45）表明，*RLC* 串联交流电路的瞬时功率 p 可分为两部分：一是恒定部分 $UI\cos\varphi$，它是耗能元件电阻所消耗的功率；二是以 2ω 的角频率按正弦规律的变化部分，它则反映了储能元件与电源之间进行能量互换的情况。

由于电阻元件上消耗电能，相应的平均功率，即有功功率为

$$P = \frac{1}{T}\int_0^T p\,\mathrm{d}t = UI\cos\varphi \tag{4-46}$$

电感元件与电容元件与电源之间进行能量互换，由相应的无功功率可得出

$$Q = U_L I - U_C I = (U_L - U_C) I = I^2 (X_L - X_C) = UI\sin\varphi \tag{4-47}$$

由此可见，一台交流发电机输出的功率不仅与发电机的端电压及其输出电流有效值的乘积有关，还与电路的参数有关。电路的参数不同，则电压与电流间的相位差 φ 不同，在同样的电压和电流下，电路的有功功率与无功功率就不同。$\cos\varphi$ 称为电路的功率因数。

在交流电路中，电压有效值与电流有效值的乘积，称为视在功率 S，即

$$S = UI = |Z| I^2 \tag{4-48}$$

视在功率的单位是伏安（VA）。视在功率通常用来表示电源设备的容量，如变压器的容量就是用视在功率表示的。由于有功功率 P、无功功率 Q 和视在功率 S 三者所代表的意义不同，因而采用不同的单位，以示区别。

有功功率、无功功率及视在功率之间的关系为

$$S = \sqrt{P^2 + Q^2} \tag{4-49}$$

显然，它们可以用一个直角三角形来表示，称为功率三角形，如图4-17所示。它与电压三角形、阻抗三角形也是相似的。应当注意：功率和阻抗都不是正弦量，所以不能用相量表示。

实际中，常用到电阻与电感元件串联的电路和电阻与电容元件串联的电路。现将几种正弦交流电路中电压与电流的关系列在表4-1中。

图 4-17　电压、阻抗及功率三角形

表4-1　正弦交流电路中电压与电流的关系

电路	一般关系式	相位关系		大小关系	复数式
R	$u = iR$		$\varphi = 0$	$I = \dfrac{U}{R}$	$\dot{I} = \dfrac{\dot{U}}{R}$
L	$u = L\dfrac{\mathrm{d}i}{\mathrm{d}t}$		$\varphi = +90°$	$I = \dfrac{U}{X_L}$	$\dot{I} = \dfrac{\dot{U}}{\mathrm{j}X_L}$
C	$u = \dfrac{1}{C}\int i\mathrm{d}t$		$\varphi = -90°$	$I = \dfrac{U}{X_C}$	$\dot{I} = \dfrac{\dot{U}}{-\mathrm{j}X_C}$
$R\ L$ 串联	$u = iR + L\dfrac{\mathrm{d}i}{\mathrm{d}t}$		$\varphi > 0$	$I = \dfrac{U}{\sqrt{R^2 + X_L^2}}$	$\dot{I} = \dfrac{\dot{U}}{R + \mathrm{j}X_L}$
$R\ C$ 串联	$u = iR + \dfrac{1}{C}\int i\mathrm{d}t$		$\varphi < 0$	$I = \dfrac{U}{\sqrt{R^2 + X_C^2}}$	$\dot{I} = \dfrac{\dot{U}}{R - \mathrm{j}X_C}$
$R\ L\ C$ 串联	$u = iR + L\dfrac{\mathrm{d}i}{\mathrm{d}t} + \dfrac{1}{C}\int i\mathrm{d}t$	见图4-15b	$\varphi \gtrless 0$	$I = \dfrac{U}{\sqrt{R^2 + (X_L - X_C)^2}}$	$\dot{I} = \dfrac{\dot{U}}{R + \mathrm{j}(X_L - X_C)}$

　　例4-8　RLC 串联电路中，输入电压为 $u(t) = 100\sqrt{2}\sin 5000t\,\mathrm{V}$，已知 $R = 15\Omega$，$L = 12\mathrm{mH}$，$C = 5\mu\mathrm{F}$，求电路电流的瞬时值三角函数表示式。

　　解　电路的电抗

$$X = X_L - X_C = \omega L - \frac{1}{\omega C} = \left(5000 \times 12 \times 10^{-3} - \frac{1}{5000 \times 5 \times 10^{-6}}\right)\Omega = 20\Omega$$

电路的阻抗

$$Z = R + \mathrm{j}X = (15 + \mathrm{j}20)\Omega = 25\underline{/53.1°}\ \Omega$$

电路的电流

$$\dot{I} = \frac{\dot{U}}{Z} = \frac{100\underline{/0°}}{25\underline{/53.1°}}\mathrm{A} = 4\underline{/-53.1°}\mathrm{A}$$

电流的瞬时值形式为

$$i(t) = 4\sqrt{2}\sin(5000t - 53.1°)\,\mathrm{A}$$

　　电路中的功率与电压和电流的乘积有关，因此用来测量功率的仪表必须具有两个线圈：一个用来反映负载电压，与负载并联，称为并联线圈或电压线圈；另一个用来反映负载电流，与负载串联，称为串联线圈或电流线圈。这样，电动式仪表可以用来测量功率，通常用的就是电动式功率表。

图 4-18 是功率表的接线图，固定线圈的匝数较少，导线较粗，与负载串联，作为电流线圈。可动线圈的匝数较多，导线较细，与负载并联，作为电压线圈。

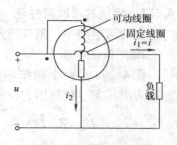

由于并联线圈串有高阻值的倍压器，它的感抗与其电阻相比可以忽略不计，所以可以认为其中电流 i_2 与两端的电压 u 同相。

功率表中指针的偏转角 α 与负载的平均功率 P 成正比，有

$$\alpha = k'UI\cos\varphi = k'P$$

图 4-18 功率表的接线图

式中，I 即为负载电流的有效值；φ 为负载电流与电压之间的相位差；$\cos\varphi$ 为电路的功率因数。

如果将电动式功率表的两个线圈中的一个反接，指针就反向偏转，这样便不能读出功率的数值。因此，为了保证功率表正确连接，在两个线圈的始端标以 "±" 或 "·" 号，这两端均应连在电源的同一端。

功率表的电压线圈和电流线圈各有其量程。改变电压量程的方法和电压表一样，即改变倍压器的电阻值。电流线圈常常是由两个相同的线圈组成，当两个线圈并联时，电流量程要比串联时大一倍。

思 考 题

1. 在 RLC 串联电路中，判断下列各式的正误：

1) $I = \dfrac{U}{R + X_{\mathrm{L}} + X_{\mathrm{C}}}$；2) $U = R_{\mathrm{R}} + U_{\mathrm{L}} + U_{\mathrm{C}}$；3) $u = Ri + X_{\mathrm{L}}i + X_{\mathrm{C}}i$；

4) $i = \dfrac{u}{|Z|}$；5) $|Z| = R + X_{\mathrm{L}} - X_{\mathrm{C}}$；6) $U = U_{\mathrm{R}} + \mathrm{j}\,(U_{\mathrm{L}} - U_{\mathrm{C}})$。

2. 两个同频率正弦交流电流 i_1、i_2 的有效值分别为 30A 和 40A。当 $i = i_1 + i_2$ 的有效值分别为 70A 和 50A 时，i_1 和 i_2 的相位差分别为多少？

3. 判断下列各式的正误：

1) $P = S - Q$；2) $S = P + Q_{\mathrm{L}} - Q_{\mathrm{C}}$；3) $S = I\sum U$；4) $S^2 = P^2 + Q_{\mathrm{L}}^2 - Q_{\mathrm{C}}^2$；

5) $S = \sum S$；6) $P = Q\tan\varphi$；7) $S^2 = P^2 + (Q_{\mathrm{L}} - Q_{\mathrm{C}})^2$；8) $S = \sqrt{(\sum P)^2 + (\sum Q)^2}$。

4. 在什么情况下 $S = S_1 + S_2$ 才能成立？

4.5 正弦交流电路的计算

应用复数法分析正弦交流电路时，引入了复电压、复电流、复阻抗和复导纳等，而且基尔霍夫定律和欧姆定律的相量形式与直流电路的形式相同。正弦交流电路分析计算方法的数学表达式的形式与直流电路也相同，只是直流电路的计算是实数运算，交流电路的计算是复数运算。在第一、二章中所讨论过的网络分析方法和定理也可以用来分析和计算正弦交流电路，但要将直流电路中的电压和电流换成电压相量和电流相量，电阻、电感和电容及其组成的电路应以阻抗或导纳来表示。有些问题借助相量图进行分析会使讨论简明清晰。

4.5.1 阻抗的串联与并联

在交流电路中，阻抗的连接形式是多种多样的，其中最简单和最常用的是串联与并联。

1. 阻抗的串联

图 4-19a 是两个阻抗串联的电路。根据基尔霍夫电压定律可写出它的相量表示式：

$$\dot{U} = \dot{U}_1 + \dot{U}_2 = Z_1 \dot{I} + Z_2 \dot{I} = (Z_1 + Z_2) \dot{I}$$

(4-50)

两个串联的阻抗可用一个等效阻抗 Z 来代替，在同样电压的作用下，电路中电流的有效值和相位保持不变。根据图 4-19b 所示的等效电路可写出

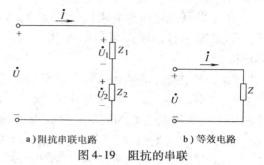

a) 阻抗串联电路　　　b) 等效电路

图 4-19　阻抗的串联

$$\dot{U} = Z\dot{I}$$

(4-51)

比较式（4-50）和式（4-51）则得

$$Z = Z_1 + Z_2$$

(4-52)

由此可见，等效阻抗等于各个串联阻抗之和。在一般的情况下，等效阻抗可写为

$$Z = \sum Z_k = \sum R_k + j \sum X_k = |Z| e^{j\varphi}$$

(4-53)

式中，$|Z| = \sqrt{(\sum R_k)^2 + (\sum X_k)^2}$，$\varphi = \arctan \dfrac{\sum X_k}{\sum R_k}$。

在上列各式的 $\sum X_k$ 中，感抗 X_L 取正号，容抗 X_C 取负号。

例 4-9　在图 4-20 中，有两个阻抗 $Z_1 = (6.16 + j9)\,\Omega$ 和 $Z_2 = (2.5 - j4)\,\Omega$，它们串联接在 $\dot{U} = 220\,\underline{/30°}\,\text{V}$ 的电源上，试用相量计算电路中的电流和各个阻抗上的电压 $\dot{U}_1$ 和 $\dot{U}_2$，并作相量图。

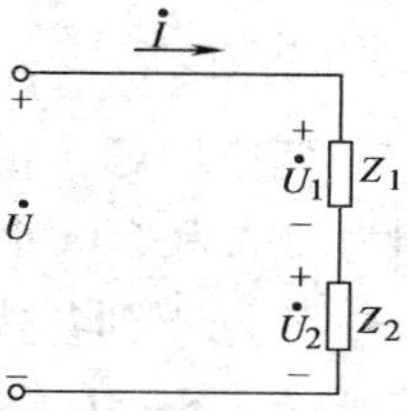

解

$$Z = Z_1 + Z_2 = (R_1 + R_2) + j(X_1 + X_2)$$
$$= [(6.16 + 2.5) + j(9 - 4)]\,\Omega = (8.66 + j5)\,\Omega = 10\,\underline{/30°}\,\Omega$$

图 4-20　例 4-9 图

$$\dot{I} = \frac{\dot{U}}{Z} = \frac{220\,\underline{/30°}}{10\,\underline{/30°}}\,\text{A} = 22\,\underline{/0°}\,\text{A}$$

$$\dot{U}_1 = Z_1 \dot{I} = (6.16 + j9) \times 22\,\underline{/0°}\,\text{V}$$
$$= 10.9\,\underline{/55.6°} \times 22\,\underline{/0°}\,\text{V} = 239.8\,\underline{/55.6°}\,\text{V}$$

$$\dot{U}_2 = Z_2 \dot{I} = (2.5 - j4) \times 22\,\underline{/0°}\,\text{V} = 4.71\,\underline{/-58°} \times 22\,\underline{/0°}\,\text{V}$$
$$= 103.6\,\underline{/-58°}\,\text{V}$$

相量图如图 4-21 所示。

例 4-10　三个阻抗串联电路中，已知 $Z_1 = (2 + j1)\,\Omega$，$Z_2 = (5 - j3)\,\Omega$，$Z_3 = (1 - j4)\,\Omega$，总电压 $\dot{U} = 20\,\underline{/0°}\,\text{V}$，试求电流 $\dot{I}$ 和电路的功率 P、Q、S 各是多少？

解　电路的电流

$$\dot{I} = \frac{\dot{U}}{Z} = \frac{\dot{U}}{Z_1 + Z_2 + Z_3} = \frac{20\ \underline{/0°}}{(2+j1)+(5-j3)+(1-j4)}A$$
$$= 2\ \underline{/36.86°}A$$

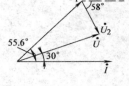

图 4-21　相量图

有功功率

$$P = I^2 R = I^2(R_1 + R_2 + R_3) = 2^2 \times (2+5+1)W = 32W$$

无功功率

$$Q = I^2 X = I^2(X_1 + X_2 + X_3) = 2^2 \times (1-3-4)var = -24var$$

视在功率

$$S = UI = 20 \times 2VA = 40VA$$

无功功率 Q 是负值，说明电路呈电容性。

2. 阻抗的并联

图 4-22a 是两个阻抗并联的电路。根据基尔霍夫电流定律可写出它的相量表示式

$$\dot{I} = \dot{I}_1 + \dot{I}_2 = \frac{\dot{U}}{Z_1} + \frac{\dot{U}}{Z_2} = \dot{U}\left(\frac{1}{Z_1} + \frac{1}{Z_2}\right) \tag{4-54}$$

两个并联的阻抗也可用一个等效阻抗 Z 来代替。根据图 4-22b 所示的等效电路可写出

$$\dot{I} = \frac{\dot{U}}{Z} \tag{4-55}$$

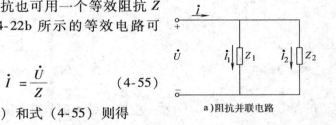

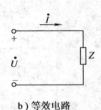

a) 阻抗并联电路　　　b) 等效电路

图 4-22　阻抗的并联

比较式（4-54）和式（4-55）则得

$$\frac{1}{Z} = \frac{1}{Z_1} + \frac{1}{Z_2} \ 或\ Z = \frac{Z_1 Z_2}{Z_1 + Z_2} \tag{4-56}$$

由此可见，等效阻抗的倒数等于各个并联阻抗的倒数之和，在一般情况下可写为

$$\frac{1}{Z} = \sum \frac{1}{Z_k} \tag{4-57}$$

例 4-11　在图 4-23 中，电源电压 $\dot{U} = 220\ \underline{/0°}V$。试求：1）等效阻抗 Z；2）电流 $\dot{I}$、$\dot{I}_1$ 和 $\dot{I}_2$。

解　等效阻抗

$$Z = \left(50 + \frac{(100+j200)(-j400)}{100+j200-j400}\right)\Omega$$
$$= (50+320+j240)\Omega = (370+j240)\Omega$$
$$= 440\ \underline{/33°}\Omega$$

电流

$$\dot{I} = \frac{\dot{U}}{Z} = \frac{220\ \underline{/0°}}{440\ \underline{/33°}}A = 0.5\ \underline{/-33°}A$$

$$\dot{I}_1 = \frac{-j400}{100+j200-j400} \times 0.5\ \underline{/-33°}A$$

$$= \frac{400 \underline{/-90°}}{224 \underline{/-63.4°}} \times 0.5 \underline{/-33°} \text{A} = 0.89 \underline{/-59.6°} \text{A}$$

$$\dot{I}_2 = \frac{100 + \text{j}200}{100 + \text{j}200 - \text{j}400} \times 0.5 \underline{/-33°} \text{A}$$

$$= \frac{224 \underline{/63.4°}}{224 \underline{/-63.4°}} \times 0.5 \underline{/-33°} \text{A} = 0.5 \underline{/93.8°} \text{A}$$

4.5.2 正弦交流电路的计算

下面通过实例来说明各种计算方法在正弦交流电路中的应用。

例 4-12 图 4-24 所示电路中，已知 $\dot{U}_{S1} = 120 \underline{/0°}$V，$\dot{U}_{S2} = 100 \underline{/-30°}$V，$R_1 = 2\Omega$，$X_C = 10\Omega$，$X_L = 5\Omega$，求各支路电流。

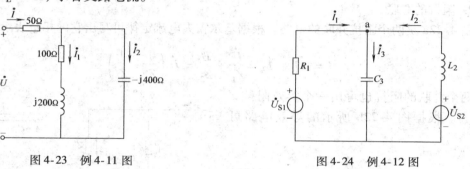

图 4-23 例 4-11 图   图 4-24 例 4-12 图

解 各支路电流的参考方向如图 4-24 所示。电路节点 A 的节点电流方程为

$$\left(\frac{1}{Z_1} + \frac{1}{Z_2} + \frac{1}{Z_3} \right) \dot{U}_A = \frac{\dot{U}_{S1}}{Z_1} + \frac{\dot{U}_{S2}}{Z_2}$$

$$\left(\frac{1}{2} - \text{j}\frac{1}{5} + \text{j}\frac{1}{10} \right)\text{S} \times \dot{U}_A = \left(\frac{120}{2} + \frac{100 \underline{/-30°}}{\text{j}5} \right)\text{A}$$

所以

$$\dot{U}_A = \frac{60 - 10 - \text{j}17.32}{0.5 - \text{j}0.1}\text{V} = (102.78 - \text{j}14.08)\ \text{V} = 103.74 \underline{/-7.8°}\text{V}$$

各支路电流

$$\dot{I}_1 = \frac{\dot{U}_{S1} - \dot{U}_A}{Z_1} = \frac{120 - 102.78 + \text{j}14.08}{2}\text{A} = (8.61 + \text{j}7.04)\text{A} = 14.07 \underline{/39.3°}\text{A}$$

$$\dot{I}_2 = \frac{\dot{U}_{S2} - \dot{U}_A}{Z_2} = \frac{86.6 - \text{j}50 - 102.78 + \text{j}14.08}{\text{j}5}\text{A} = (-7.18 + \text{j}3.24)\text{A} = 7.88 \underline{/155.7°}\text{A}$$

$$\dot{I}_3 = \frac{\dot{U}_A}{Z_3} = \frac{102.78 - \text{j}14.08}{-\text{j}10}\text{A} = (1.41 + \text{j}10.28)\text{A} = 10.38 \underline{/82.2°}\text{A}$$

例 4-13 图 4-25 所示电路中，已知 $\dot{U}_{S1} = \dot{U}_{S2} = 50$V，$R = 50\Omega$，$R_1 = 100\Omega$，$R_2 = 200\Omega$，$X_L = 200\Omega$，$X_C = 100\Omega$。求 R 中的电流 $\dot{I}$。

解 计算电路中某一支路电流可应用戴维南定理求解。

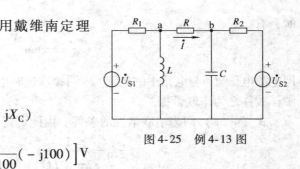

图 4-25 例 4-13 图

A、B 端开路电压 $\dot{U}_{\text{OC}}$ 为

$$\dot{U}_{\text{OC}} = \frac{\dot{U}_{\text{S1}}}{R_1 + jX_{\text{L}}} jX_{\text{L}} - \frac{\dot{U}_{\text{S2}}}{R_2 - jX_{\text{C}}} (-jX_{\text{C}})$$

$$= \left[\frac{50}{100 + j200} j200 - \frac{50}{200 - j100} (-j100) \right] \text{V}$$

$$= (30 + j40) \text{V} = 50 \underline{/53.1°} \text{V}$$

AB 端口的等效阻抗为

$$Z = \frac{R_1 jX_{\text{L}}}{R_1 + jX_{\text{L}}} + \frac{R_2 (-jX_{\text{C}})}{R_2 - jX_{\text{C}}} = 200 \left(\frac{j}{1 + j2} - \frac{j}{2 - j} \right) \Omega = (120 - j40) \Omega$$

所以 R 支路电流

$$\dot{I} = \frac{\dot{U}_{\text{OC}}}{Z + R} = \frac{50 \underline{/53.1°}}{120 - j40 + 50} \text{A} = \frac{50 \underline{/53.1°}}{175 \underline{/-13.2°}} \text{A} = 0.285 \underline{/66.3°} \text{A}$$

思 考 题

1. 两个阻抗串联时，在什么情况下有 $|Z| = |Z_1| + |Z_2|$？两个阻抗并联时，在什么情况下有 $\frac{1}{|Z|} = \frac{1}{|Z_1|} + \frac{1}{|Z_2|}$？

2. 在并联交流电路中，支路电流是否有可能大于总电流？

3. 若某支路的阻抗 $Z = (4 - j3) \Omega$，则其导纳 $Y = \left(\frac{1}{4} - j \frac{1}{3} \right) \text{S}$，对不对？

4.6 电路的谐振

在具有电感和电容元件的电路中，电压与电流一般是不同相的。如果我们调节电路的参数或电源的频率而使它们同相，这时电路中就发生谐振现象，研究谐振的目的就是要认识这种客观现象，并在生产上充分利用谐振的特征，同时又要预防它所产生的危害。按发生谐振的电路的不同，谐振现象可分为串联谐振和并联谐振。我们将分别讨论这两种谐振的条件和特征，以及谐振电路的频率特性。

4.6.1 串联谐振

1. 串联谐振的条件

图 4-26 所示为 RLC 串联电路，由上节分析可知，电路中阻抗 Z 的阻抗角为

$$\varphi = \arctan \frac{X_{\text{L}} - X_{\text{C}}}{R}$$

当
$$X_{\text{L}} = X_{\text{C}} \quad \text{或} \quad 2\pi fL = \frac{1}{2\pi fC} \tag{4-58}$$

时，有

$$\varphi = \arctan \frac{X_L - X_C}{R} = 0$$

即电源电压 $\dot{U}$ 与电路中的电流 i 同相，这时电路中发生谐振现象。因为发生在串联电路中，故称之为串联谐振。

式（4-58）即为串联谐振的条件。由此可得谐振频率为

$$f = f_0 = \frac{1}{2\pi \sqrt{LC}} \qquad (4\text{-}59)$$

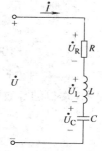

图 4-26 *RLC* 串联电路

由式（4-59）可见，电路是否发生谐振，完全由电路参数和电源频率确定。调节电感 L、电容 C 或电源频率 f 即可使电路发生谐振。

2. 串联谐振的特征

1）串联电路阻抗的阻抗模为

$$|Z| = \sqrt{R^2 + (X_L - X_C)^2} \qquad (4\text{-}60)$$

当电路满足串联谐振条件时，即 $X_L = X_C$ 时，阻抗模为

$$|Z| = R$$

可见，谐振时电路的阻抗模最小。因此，在电源电压 U 不变的情况下，电路中的电流将在谐振时达到最大值，即

$$I = I_0 = \frac{U}{R} \qquad (4\text{-}61)$$

I_0 称为串联谐振电流。在图 4-27a、b 中分别画出了阻抗模和电流等随频率变化的曲线。同时应该指出，谐振时电路的感抗和容抗还是客观存在的，只是两者相等。

2）由于电源电压与电路中电流同相 $\varphi = 0$，因此电路对电源呈现电阻性。电源供给电路的能量全被电阻所消耗，电源与电路之间不发生能量的互换。能量的互换只发生在电感线圈与电容器之间。

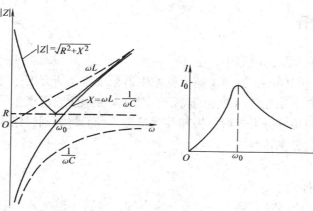

a）阻抗模随频率变化曲线   b）电流随频率变化曲线

图 4-27 *RLC* 串联电路的阻抗和电流

3）由于 $X_L = X_C$，于是 $U_L = U_C$。而 $\dot{U}_L$ 与 $\dot{U}_C$ 在相位上相反，互相抵消，对整个电路

不起作用，因此电源电压 $\dot{U} = \dot{U}_R$（如图 4-28 所示）。

但是，U_L 和 U_C 的单独作用不容忽视，因为

$$\left.\begin{array}{l} U_L = X_L I = X_L \dfrac{U}{R} \\[2mm] U_C = X_C I = X_C \dfrac{U}{R} \end{array}\right\} \tag{4-62}$$

当 $X_L = X_\mathcal{C} > R$ 时，U_L 和 U_C 都高于电源电压 U。在电力工程中这种高压往往会击穿电气设备的绝缘而造成损害，因此必须避免谐振或接近谐振状态的发生。而在无线电工程中恰好相反，由于其工作信号比较微弱，常利用串联谐振以获得较高电压，从而实现频率的选择电感或电容元件上的电压常高于电源电压几十倍或几百倍。

因为串联谐振时 U_L 和 U_C 可能超过电源电压许多倍，所以串联谐振也称电压谐振。U_L 或 U_C 与电源电压 U 的比值，通常用 Q 来表示

$$Q = \frac{U_C}{U} = \frac{U_L}{U} = \frac{1}{\omega_0 CR} = \frac{\omega_0 L}{R} \tag{4-63}$$

Q 称为电路的品质因数。在谐振时电容或电感元件上的电压是电源电压的 Q 倍。Q 值的大小取决于电路参数，是标志谐振电路质量优劣的一个重要指标。在串联谐振的实用电路中，Q 值往往在 $50 \sim 200$ 之间，高质量谐振电路的 Q 值则可能超过 200。

RLC 串联谐振在电子技术中得到广泛应用，主要是利用串联谐振阻抗最小和电压谐振的特点。在收音机中常利用高品质因数 Q 的谐振电路来选择不同频率电台的信号。通常收音机采用图 4-29a 所示的输入调谐电路，由于天线回路与 LC 回路间有互感，在 LC 回路中感应出不同频率的各种电动势，如 e_1、e_2、e_3、$\cdots$ 等，图 4-29b 就是图 4-29a 的等效电路，感应电动势与 L、C 是串联的，所以电路属串联谐振电路。如果调节电容 C 使电路对某一频率的信号（如 f_1）发生谐振，那么电路中频率为 f_1 的输出电压比感应电动势高 Q 倍。其他各频率信号处于非谐振状态，相应的输出电压很小，被谐振频率的输出电压淹没。所以可以通过改变 C 的大小达到调谐（即选台）的目的。

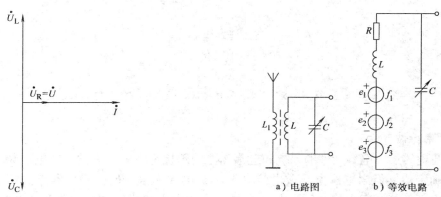

图 4-28　相量图　　　　　　　　　　图 4-29　收音机的输入调谐电路

a）电路图　　　b）等效电路

应用串联谐振，可以把不同频率的信号分离。在测量仪器中，还可利用串联谐振的特性，测量电感线圈、电容器的参数或电源频率。

例 4-14　将一线圈（$L = 4\text{mH}$，$R = 50\Omega$）与电容器（$C = 160\text{pF}$）串联，接在 $U = 25\text{V}$

的电源上。试求：1）当 $f_0 = 199.045\text{kHz}$ 时发生谐振，求电流与电容器上的电压；2）当频率增加 10% 时，求电流与电容器上的电压。

解 1）当 $f_0 = 199.045\text{kHz}$ 时，电路发生谐振

$$X_L = 2\pi f_0 L = 2 \times 3.14 \times 199.045 \times 10^3 \times 4 \times 10^{-3}\Omega = 5000\Omega$$

$$X_C = \frac{1}{2\pi f_0 C} = \frac{1}{2 \times 3.14 \times 199.045 \times 10^3 \times 160 \times 10^{-12}}\Omega = 5000\Omega$$

$$I_0 = \frac{U}{R} = \frac{25}{50}\text{A} = 0.5\text{A}$$

$$U_C = X_C I_0 = 5000 \times 0.5\text{V} = 2500\text{V}$$

2）当频率增加 10% 时

$$X_L = 5500\Omega$$

$$X_C = 4500\Omega$$

$$|Z| = \sqrt{50^2 + (5500 - 4500)^2}\Omega \approx 1000\Omega$$

$$I = \frac{U}{|Z|} = \frac{25}{1000}\text{A} = 0.025\text{A}$$

$$U_C = X_C I = 4500 \times 0.025\text{V} = 112.5\text{V}$$

可见，偏离谐振频率 10% 时，I 和 U_C 就大大减小。

例 4-15 某收音机的输入电路如图 4-29a 所示，线圈 L 的电感 $L = 0.3\text{mH}$，电阻 $R = 16\Omega$。今欲收听 640kHz 某电台的广播，应将可变电容 C 调到多少？如在调谐回路中感应出电压 $U = 2\mu\text{V}$，试求此时回路中该信号的电流多大，并在线圈（或电容）两端得到多大电压？

解 根据 $f = \dfrac{1}{2\pi\sqrt{LC}}$ 可得

$$640 \times 10^3 \text{Hz} = \frac{1}{2 \times 3.14 \times \sqrt{0.3 \times 10^{-3} C}}\text{Hz}$$

由此可得

$$C = 240\text{pF}$$

$$I = \frac{U}{R} = \frac{2 \times 10^{-6}}{16}\text{A} = 0.13\mu\text{A}$$

$$X_C = X_L = 2\pi f L = 2 \times 3.14 \times 640 \times 10^3 \times 0.3 \times 10^{-3}\Omega = 1200\Omega$$

$$U_C = U_L = X_L I = 1200 \times 0.13 \times 10^{-6}\text{V} = 156 \times 10^{-6}\text{V} = 156\mu\text{V}$$

4.6.2 频率特性

在交流电路中，电容元件的容抗和电感元件的感抗都与频率有关，在电源频率一定时，它们有一确定值。但当电源电压或电流（激励）的频率改变时，容抗和感抗值随着改变，而使电路中各部分所产生的电压和电流（响应）的大小和相位也随着改变。响应与频率的关系称为电路的频率特性或频率响应。

串联谐振电路的频率特性主要是指电路中电流的频率特性。它可分为幅度-频率特性（即幅频特性）和相位-频率特性（即相频特性）。

1. 幅频特性

如电源电压 U 和电路元件参数 R、L、C 保持不变，则电路的电流是电源频率的函数，即

$$I = \frac{U}{\sqrt{R^2 + \left(2\pi f L - \dfrac{1}{2\pi f C}\right)^2}} \qquad (4\text{-}64)$$

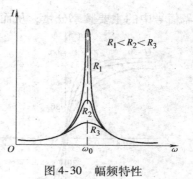

图 4-30　幅频特性

图 4-30 示出了保持 L、C 不变，不同 R 值时电流的幅频特性。可见，在电源频率为谐振频率时，电路的电流达极大值，失谐时电流较小，而且失谐越大电流越小。电路中电阻越小，谐振时的电流越大。可是在失谐较大时，电流几乎与电阻的数值无关，这是由于在失谐较大时，电路中的电抗比电阻大得多的缘故。

令 $\omega_0 = 2\pi f_0$，则由式（4-58）、式（4-63）及式（4-64）可得

$$\frac{I}{I_0} = \frac{1}{\sqrt{1 + Q^2 \left(\dfrac{\omega}{\omega_0} - \dfrac{\omega_0}{\omega}\right)^2}} \qquad (4\text{-}65)$$

式（4-65）就是串联谐振电路的幅频特性。

图 4-31 所示为不同 Q 值的幅频特性。可见在谐振频率附近电流最大，远离谐振频率时电流较小；电路 Q 越高，曲线越尖锐。所以串联谐振电路对不同频率的信号有不同的响应，电路的这种性质称为选频特性或选择性。电路的 Q 值越高，选择性越好。

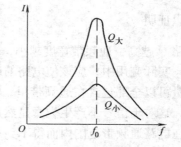

图 4-31　不同 Q 值的幅频特性

2. 相频特性

实际应用中，不仅需要研究幅频特性，还要讨论相频特性。电路中电源电压与电流的相位差

$$\varphi = \arctan \frac{X_L - X_C}{R}$$

根据式（4-58）及式（4-63），上式可写成

$$\varphi(\omega) = -\arctan Q \left(\frac{\omega}{\omega_0} - \frac{\omega_0}{\omega}\right) \qquad (4\text{-}66)$$

式（4-66）就是电路的相频特性，图 4-32 就是由此画出的不同 Q 值的相频特性。可见当 $f < f_0$ 时，电路显示容性，谐振时，显示电阻性，$f > f_0$ 时，显示感性。电路品质因数越高，f_0 附近相频特性的斜率越陡直。

3. 通频带

谐振电路对频率有一定的选择性，而且 Q 值越高，谐振电路的幅频特性越尖锐，选择性越强；即选用 Q 值较高的电路有利于从很多频率的信号中选择出所需要频率的信号，抑制其他的干扰信号。可是实际的检测信号，尤其是载波调制的动态检测信号，如感应同步器和光栅检测系统的动态检测信号都占有一定的频带宽度，为了不引起严重的失真，总是希望幅频特性的顶部能平坦一些。否则，电路 Q 值太高，幅频特性过于尖锐，会过多地削弱所

需信号中的主要频率分量，从而引起严重失真。

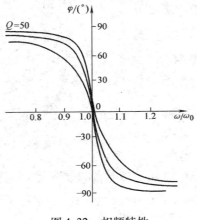

图 4-32 相频特性

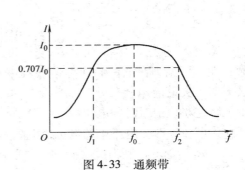

图 4-33 通频带

为了从数值上表示谐振电路的选择性，习惯规定，在电流 I 值等于最大值 I_0 的 0.707 处频率的上下限之间宽度称为通频带宽度，如图 4-33 所示，简称通频带，用 B 表示，则

$$B = f_2 - f_1 \tag{4-67}$$

可以证明

$$B = \frac{f_0}{Q} \tag{4-68}$$

电路 Q 越高，通频带宽度越小，表明谐振曲线越尖锐，电路的频率选择性就越强。

实际应用中，应该使电路的通频带与信号通频带宽度大体相等，这样信号中的所有频率分量可以全部包含在通频带里，从而获得比较满意的效果。如果通频带大于信号的频带宽度，这对于信号不产生失真显然是有利的，但电路的通频带太宽，不需要的干扰信号可能也落在电路通频带范围内而得不到有效的抑制，从而降低了电路的选择性。

例 4-16 RLC 串联电路的 $L = 3\text{mH}$，$C = 2\mu\text{F}$，试确定 R 分别为 0.2Ω 和 0.5Ω 时的谐振频率 f_0、带宽 B 和上、下限频率。

解 当 $R = 0.2$Ω 时

$$f_0 = \frac{1}{2\pi \sqrt{LC}} = \frac{1}{2\pi \sqrt{3 \times 10^{-3} \times 2 \times 10^{-6}}} \text{Hz} = 2055\text{Hz}$$

$$Q = \frac{\omega_0 L}{R} = \frac{2\pi f_0 L}{R} = \frac{2\pi \times 2055 \times 3 \times 10^{-3}}{0.2} = 193.7$$

电路的带宽为

$$B = \frac{f_0}{Q} = \frac{2055}{193.7} \text{Hz} = 10.6\text{Hz}$$

由 f_0 和 B 可以近似地计算上、下限频率分别为

$$f_2 \approx f_0 + \frac{1}{2}B = \left(2055 + \frac{10.6}{2}\right)\text{Hz} = 2060.3\text{Hz}$$

$$f_1 \approx f_0 - \frac{1}{2}B = \left(2055 - \frac{10.6}{2}\right)\text{Hz} = 2049.7\text{Hz}$$

当 $R = 0.5$Ω 时，f_0 仍为 2055Hz，Q、B、f_2、f_1 分别为

$$Q = \frac{2\pi f_0 L}{R} = \frac{2\pi \times 2055 \times 3 \times 10^{-3}}{0.5} = 77.5$$

$$B = \frac{f_0}{Q} = \frac{2055}{77.5}\mathrm{Hz} = 26.5\mathrm{Hz}$$

$$f_2 \approx f_0 + \frac{1}{2}B = \left(2055 + \frac{26.5}{2}\right)\mathrm{Hz} = 2068.25\mathrm{Hz}$$

$$f_1 \approx f_0 - \frac{1}{2}B = \left(2055 - \frac{26.5}{2}\right)\mathrm{Hz} = 2041.75\mathrm{Hz}$$

4.6.3 并联谐振

串联谐振电路在检测信号处理中作为选频网络时，信号源内阻加大了电路的等效电阻，使电路工作时的 Q 值降低。信号源内阻过高会使串联谐振电路的 Q 值降低到不能允许的程度，而失去其选频作用，所以串联谐振电路只适用于低内阻的信号源。当信号源内阻较大时，为了获得较好的选频特性，常采用并联谐振电路。

并联谐振电路的特点是电感 L、电容 C 与电源并联。图 4-34 是一电容器与线圈并联的电路。通常电容漏电阻的电导值很小，可以忽略不计。图中 R 表示线圈本身的电阻。电路的等效阻抗为

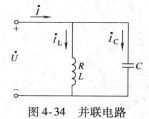

图 4-34　并联电路

$$Z = \frac{\dfrac{1}{j\omega C}(R + j\omega L)}{\dfrac{1}{j\omega C} + (R + j\omega L)} = \frac{R + j\omega L}{1 + j\omega RC - \omega^2 LC}$$

通常要求线圈的电阻很小，所以一般在谐振时，$\omega L \gg R$，则上式可写成

$$Z \approx \frac{j\omega L}{1 + j\omega RC - \omega^2 LC} = \frac{1}{\dfrac{RC}{L} + j\left(\omega C - \dfrac{1}{\omega L}\right)} \qquad (4\text{-}69)$$

由此可得并联谐振频率，即将电源频率 ω 调到 ω_0 时发生谐振，这时

$$\omega_0 \approx \frac{1}{\sqrt{LC}} \quad \text{或} \quad f = f_0 \approx \frac{1}{2\pi\sqrt{LC}} \qquad (4\text{-}70)$$

与串联谐振频率近于相等。

并联谐振具有下列特征：

1）由式（4-69）可知，谐振时电路的阻抗模为

$$|Z_0| = \frac{1}{\dfrac{RC}{L}} = \frac{L}{RC} \qquad (4\text{-}71)$$

其值最大，即比非谐振情况下的阻抗模要大。因此在电源电压 U 一定的情况下，电路中的电流 I 将在谐振时达到最小值，即

$$I = I_0 = \frac{U}{\dfrac{L}{RC}} = \frac{U}{|Z_0|} \qquad (4\text{-}72)$$

例如一个并联电路（见图 4-34）的参数为 $C = 0.002\mu F$，$L = 20\mu H$，$R = 5\Omega$，则谐振频率为

$$f_0 \approx \frac{1}{2\pi \ \sqrt{LC}} = 8 \times 10^5 \, Hz$$

谐振时电路的阻抗模为

$$|Z_0| = \frac{L}{RC} = \frac{20 \times 10^{-6}}{5 \times 0.002 \times 10^{-6}}\Omega = 2000\Omega$$

这表明该电路在频率为 $8 \times 10^5 \, Hz$ 时发生谐振，谐振时对电源所呈现的阻抗模为 2000Ω。阻抗模与电流的谐振曲线如图 4-35 所示。

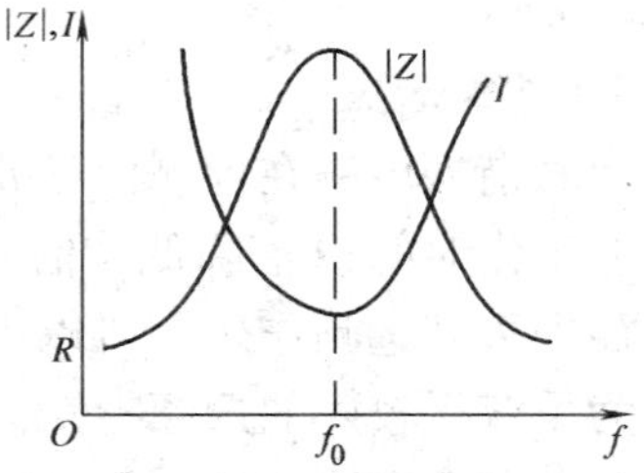

2）由于电源电压与电路中电流同相（$\varphi = 0$），因此，电路对电源呈现电阻性，谐振时电路的阻抗模 $|Z_0|$ 相当于一个电阻。

3）谐振时各并联支路的电流为

图 4-35　$|Z|$ 和 I 的谐振曲线

$$I_L = \frac{U}{\sqrt{R^2 + (2\pi f_0 L)^2}} \approx \frac{U}{2\pi f_0 L}$$

$$I_C = \frac{U}{\dfrac{1}{2\pi f_0 C}}$$

而

$$|Z_0| = \frac{L}{RC} = \frac{2\pi f_0 L}{R \ (2\pi f_0 C)} \approx \frac{(2\pi f_0 L)^2}{R}$$

当　$2\pi f_0 L \gg R$ 时

$$2\pi f_0 L \approx \frac{1}{2\pi f_0 C} \ll \frac{(2\pi f_0 L)^2}{R}$$

于是可得 $I_L \approx I_C \gg I_0$（见图 4-36），即在谐振时并联支路的电流近于相等，而比总电流大许多倍。因此，并联谐振也称为电流谐振。

I_C 或 I_L 与总电流 I_0 的比值为电路的品质因数

$$Q = \frac{I_L}{I_0} = \frac{2\pi f_0 L}{R} = \frac{\omega_0 L}{R} = \frac{1}{\omega_0 RC} \tag{4-73}$$

即在谐振时，支路电流 I_C 或 I_L 是总电流 I_0 的 Q 倍，也就是谐振时电路的阻抗模为支路阻抗模的 Q 倍。

这种现象在直流电路中是不会发生的。在直流电路中，并联电路的等效电阻一定小于任何一个支路的电阻，而总电流一定大于支路电流。

4）如果图 4-34 的并联电路改由恒流源 $\dot{I}$ 供电，当电源为某一频率时，电路发生谐振，电路阻抗模最大，电流通过时在电路两端产生的电压也是最大。当电源为其他频率时电路不发生谐振，阻抗模较小，电路两端的电压也较小。这样就起到了选频的作用。电路的品质因数 Q 值越大（在 L 和 C 值不变时 R 值越小），谐振时电路的阻抗模 $|Z_0|$ 也越大，阻抗谐振曲线也越尖锐（见图 4-37），选择性也就越强。

并联谐振在无线电工程和电子技术中也常应用。例如利用并联谐振时阻抗模高的特点来

选择信号或消除干扰。

例 4-17   图 4-38 所示的并联电路中，$L = 0.25 \text{mH}$，$R = 25\Omega$，$C = 85 \text{pF}$，试求谐振角频率 ω_0、品质因数 Q 和谐振时电路的阻抗模 $|Z_0|$。

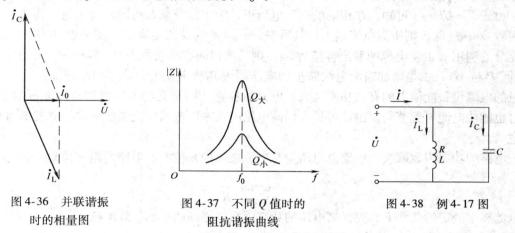

图 4-36   并联谐振
时的相量图

图 4-37   不同 Q 值时的
阻抗谐振曲线

图 4-38   例 4-17 图

解

$$\omega_0 \approx \sqrt{\frac{1}{LC}} = \sqrt{\frac{1}{0.25 \times 10^{-3} \times 85 \times 10^{-12}}} \text{rad/s} = \sqrt{4.7 \times 10^{13}} \text{rad/s} = 6.86 \times 10^6 \text{rad/s}$$

$$f_0 = \frac{\omega_0}{2\pi} = \frac{6.86 \times 10^6}{2\pi} \text{Hz} = 1100 \text{kHz}$$

$$Q = \frac{\omega_0 L}{R} = \frac{6.86 \times 10^6 \times 0.25 \times 10^{-3}}{25} = 68.6$$

$$|Z_0| = \frac{L}{RC} = \frac{0.25 \times 10^{-3}}{25 \times 85 \times 10^{-12}} \Omega = 117\Omega$$

思 考 题

1. 试分析电路发生谐振时能量的消耗和互换情况？

2. 有一 RLC 串联电路，接于 220V、50Hz 的交流电源上。$R = 4\Omega$、$X_L = 8\Omega$，C 可以调节。试求：1）当电路的电流为 20A 时，电容是多少？2）C 调节至何值时电路的电流最大？这时的电流是多少？

4.7   功率因数的提高

由有功功率公式 $P = UI\cos\varphi$ 可知，在电压和电流一定的情况下，电路获得的有功功率取决于功率因数 $\cos\varphi$ 的大小，而 $\cos\varphi$ 的大小只取决于负载本身的性质。一般的用电设备，如感应电动机、感应炉、荧光灯等都是电感性负载，其等效电路是 RL 串联电路。电感元件虽然不消耗能量，但却以无功功率的形式，在电源与负载之间进行能量的往返交换。也就是说，交流电源在输出有功功率的同时，也必须输出无功功率。因而，这些用电设备的功率因数都是比较低的，例如交流感应电动机在轻载运行时，功率因数为 $0.2 \sim 0.3$，即使在额定负载下运行，功率因数也不过在 $0.8 \sim 0.9$ 之间。负载的功率因数太低，将使发电设备的利用率和输电线路的效率降低。

由式 $P = UI\cos\varphi$ 可知，在相同的电源电压下，为了使负载获得同样大小的有功功率，功率因数 $\cos\varphi$ 越低，则所需电流越大。其后果，一是发电设备的容量（即视在功率）不能得到充分的利用（设发电机的额定容量为 S_N，则其输出的有功功率为 $P = S_N\cos\varphi$，显然，$\cos\varphi$ 越低，P 越小）；二是增加输配电线路上的电压损失和功率损失。功率因数越高，同一额定容量的电源设备能输出的有功功率越大，电源的容量（即视在功率）就能得到充分的利用，同时也能使电能得到节约。由此可见，提高电路的功率因数对国民经济的发展有着极为重要的意义。

电路的功率因数取决于电路总电压与总电流之间的相位差。电路的阻抗角为

$$\varphi = \arctan\frac{X}{R}$$

在电源频率一定的条件下，要提高电路的功率因数，必须减小其等效电抗 X。

如图 4-39a 所示，为了提高电感性电路的功率因数，可在电感性负载两端并联静电电容器。电路的相量图如图 4-39b 所示。并联电容器以后，电感性负载的电流 $I_L = \dfrac{U}{\sqrt{R^2 + X_L^2}}$ 和功率因数 $\cos\varphi_1 = \dfrac{R}{\sqrt{R^2 + X_L^2}}$ 均未变化，这是因为所加电压和负载参数没有改变。但电压 $\dot{U}$ 和线路电流 $\dot{I}$ 之间的相位差 φ 变小了，即 $\cos\varphi$ 变大了。这里所讲的提高功率因数，是指提高电源或电网的功率因数，而不是指提高某个电感性负载的功率因数。

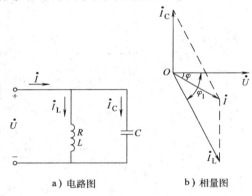

图 4-39 功率因数的提高

a）电路图　　　　b）相量图

在电感性负载上并联了电容器以后，减少了电源与负载之间的能量互换。这时电感性负载所需的无功功率，大部分或全部都是就地供给（由电容器供给），就是说能量的互换现在主要或完全发生在电感性负载与电容器之间，因而使发电机容量能得到充分利用。

另外，由相量图可见，并联电容器后，线路电流也减小了，因而减小了线路上的功率损耗和电压降。

按照供用电规则，高压供电的工业企业的平均功率因数不低于 0.95，其他单位不低于 0.9。

例 4-18　有一电感性负载，其功率 $P = 10\mathrm{kW}$，功率因数 $\cos\varphi_1 = 0.6$，接在电压 $U = 220\mathrm{V}$ 的电源上，电源频率 $f = 50\mathrm{Hz}$。如要将功率因数提高到 $\cos\varphi = 0.95$，试求与负载并联的电容器的电容值和电容器并联前后的线路电流。

解　由图 4-39 可得

$$I_C = I_L\sin\varphi_1 - I\sin\varphi = \left(\frac{P}{U\cos\varphi_1}\right)\sin\varphi_1 - \left(\frac{P}{U\cos\varphi}\right)\sin\varphi = \frac{P}{U}(\tan\varphi_1 - \tan\varphi)$$

又因
$$I_C = \frac{U}{X_C} = U\omega C$$

所以
$$U\omega C = \frac{P}{U}\,(\tan\varphi_1 - \tan\varphi)$$

由此可得
$$C = \frac{P}{\omega U^2}\,(\tan\varphi_1 - \tan\varphi)$$

当 $\cos\varphi_1 = 0.6$ 时
$$\varphi_1 = 53°$$

当 $\cos\varphi = 0.95$ 时
$$\varphi = 18°$$

因此所需的电容值为

$$C = \frac{10 \times 10^3}{2\pi \times 50 \times 220^2}(\tan 53° - \tan 18°)\,\text{F} = 659\mu\text{F}$$

电容器并联前的线路电流为

$$I_L = \frac{P}{U\cos\varphi_1} = \frac{10 \times 10^3}{220 \times 0.6}\text{A} = 75.8\text{A}$$

电容器并联后的线路电流为

$$I = \frac{P}{U\cos\varphi} = \frac{10 \times 10^3}{220 \times 0.95}\text{A} = 47.8\text{A}$$

思 考 题

1. 对电源而言，是否因并联电容越大其功率因数值就提高得越高？

2. 一台单相异步电动机的功率为 600W，功率因数 $\cos\varphi_1 = 0.6$，接到 50Hz、220V 的配电线路上。试求 1）将电路的功率因数提高至 $\cos\varphi_2 = 0.9$，应并联多大的电容器？2）并联电容器前后的电流值。

3. 电感性负载并联电阻能否提高电路的功率因数？和并联电容提高功率因数有何不同？

4. 电感性负载串联电容能否提高电路的功率因数？为什么？

习 题

4-1 试计算下列正弦量的周期、频率和初相：

（1）$5\sin(314t + 30°)\,\text{A}$

（2）$8\cos(\pi t + 60°)\,\text{V}$

4-2 试计算下列各正弦量间的相位差：

（1）$i_1(t) = 5\sin(\omega t + 30°)\,\text{A}$
　　　$i_2(t) = 4\sin(\omega t - 30°)\,\text{A}$

（2）$u_1(t) = 5\cos(20t + 15°)\,\text{V}$
　　　$u_2(t) = 8\sin(10t - 30°)\,\text{V}$

（3）$u(t) = 30\sin(\omega t + 45°)\,\text{V}$
　　　$i(t) = 40\sin(\omega t - 30°)\,\text{A}$

4-3 已知正弦量 $\dot{U} = 220\text{e}^{\text{j}30°}\,\text{V}$ 和 $\dot{I} = (-4 - \text{j}3)\,\text{A}$，试分别用三角函数式、正弦波形及相量图表示

它们。

4-4 写出下列正弦量的相量表示式:

(1) $i = 5\sqrt{2}\cos\omega t$ A

(2) $u = 125\sqrt{2}\cos(314t - 45°)$ V

(3) $i = -10\sin(5t - 60°)$ A

4-5 已知 $u_1(t) = 80\sin(\omega t + 30°)$ V, $u_2(t) = 120\sin(\omega t - 60°)$ V,求 $u = u_1 + u_2$,绘出它们的相量图。

4-6 已知某电感元件的电感为 10mH,加在元件上的电压为 10V,初相为 30°,角频率是 10^6 rad/s。试求元件中的电流瞬时值三角函数表达式,并画出相量图。

4-7 已知某电容元件的电容为 0.05μF,加在元件上的电压为 10V,初相为 30°,角频率是 10^6 rad/s。试求元件中的电流瞬时值三角函数表达式,并画出相量图。

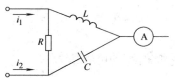

图 4-40 题 4-8 图

4-8 在图 4-40 所示电路中,试求电流表读数。已知 $i_1(t) = 5\sqrt{2}\sin(\omega t + 15°)$ A, $i_2(t) = 12\sqrt{2}\sin(\omega t - 75°)$ A。

4-9 无源二端网络如图 4-41 所示,输入电压和电流为

$$u(t) = 50\sin\omega t \text{ V}$$

$$i(t) = 10\sin(\omega t + 45°) \text{ A}$$

求此网络的有功功率,无功功率和功率因数。

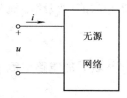

图 4-41 题 4-9 图

4-10 图 4-42 所示电路中,除 A_0 和 V_0 外,其余电流表和电压表的读数(正弦量的有效值)在图上已标出,试求电流表 A_0 和电压表 V_0 的读数。

4-11 有一 JZ7 型中间继电器,其线圈数据为 380V、50Hz,线圈电阻为 2kΩ,线圈电感为 43.3H,试求线圈电流及功率因数。

4-12 图 4-43 所示电路中,电压表的读数为 50V,求 Z 的性质及参数 R、X。已知 $u(t) = 100\sqrt{2}\sin(\omega t + 45°)$ V, $i(t) = 2\sqrt{2}\sin\omega t$ A。

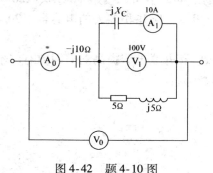

图 4-42 题 4-10 图

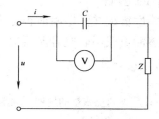

图 4-43 题 4-12 图

4-13 求图 4-44 所示 a、b 两电路中的电流 $\dot{I}$。

4-14 图 4-45 所示电路中,已知 $\dot{U}_1 = 230 \underline{/0°}$ V, $\dot{U}_2 = 227 \underline{/0°}$ V, $Z_1 = (0.1 + j0.5)$ Ω、$Z_2 = (0.1 + j0.5)$ Ω、$Z_3 = (5 + j5)$ Ω。试用支路电流法求电流 $\dot{I}_3$。

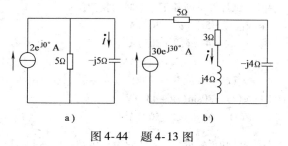

a)　　　　b)

图 4-44 题 4-13 图

4-15 求图4-46所示电路的戴维南等效电路。

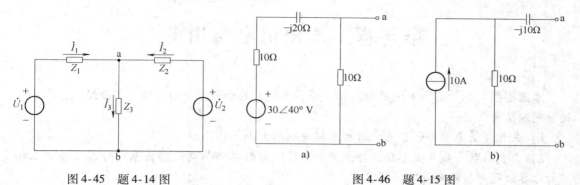

图 4-45 题 4-14 图　　　　　　　　　　图 4-46 题 4-15 图

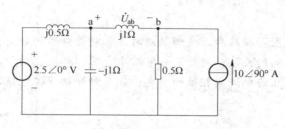

图 4-47 题 4-16 图

4-16 分别用节点电压法和戴维南定理求图4-47所示电路中的电压相量$\dot{U}_{ab}$。

4-17 试分别用叠加原理和戴维南定理求图4-48所示电路中的电流$\dot{I}_L$。

4-18 已知一 RLC 串联电路 $R = 10\Omega$，$L = 0.01H$，$C = 1\mu F$，求谐振角频率和电路的品质因数。

4-19 已知 RLC 串联谐振电路中，$R = 10\Omega$，$L = 100\mu H$，$C = 100pF$，电源电压 $U = 1V$，求谐振角频率 ω_0，谐振时电流 I_0 和电压 U_{L0}、U_{C0}。

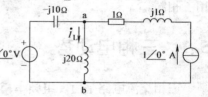

图 4-48 题 4-17 图

4-20 某串联谐振电路，已知谐振频率为475kHz，通频带的上、下限频率分别为478kHz和472kHz，电路的电感 $L = 500\mu H$，试求品质因数 Q 和电容 C。

4-21 有一 RLC 串联电路，它在电源频率 $f = 500Hz$ 时发生谐振。谐振时电流 I 为 $0.2A$，容抗 X_C 为 314Ω，并测得电容电压 U_C 为电源电压 U 的 20 倍。试求该电路的电阻 R 和电感 L。

4-22 有一 RLC 串联电路，接于频率可调的电源上，电源电压保持在 10V，当频率增加时，电流从 10mA（500Hz）增加到最大值 60mA（1000Hz）。试求：（1）电阻 R、电感 L 和电容 C 的值；（2）在谐振时电容器两端的电压 U_C；（3）谐振时磁场中和电场中所储存的最大能量。

4-23 一只 40W 荧光灯，镇流器电感为 1.85H，接到 50Hz、220V 的交流电源上。已知功率因数为 0.6，求灯管的电流和电阻。要使 $\cos\varphi = 0.9$，需并联多大电容？

4-24 某实验楼装有 220V/40W 荧光灯 200 盏、220V/40W 白炽灯 30 个。荧光灯的功率因数为 0.5，荧光灯管和镇流器串联接到交流电源上可看作 RL 串联电路。（1）试求电源向电路提供的电流 $\dot{I}$，并画出电压和各个电流的相量图，设电源电压 $\dot{U} = 220 \underline{/0°}V$；（2）若全部照明灯点亮 5h，共耗电多少 kW·h？

4-25 现有频率为 50Hz、额定电压为 220V、额定容量为 9.6kVA 的正弦交流电源，欲供电给额定功率为 4.5kW、额定电压为 220V、功率因数为 0.5 的感性负载，试问：（1）该电源供电的电流是否超过其额定电流？（2）若将电路功率因数提高到 0.9，应并联多大电容？（3）并联电容后还可接多少盏 220V、40W 的电灯才能充分发挥电源的能力？

第 5 章　三相供电与用电

本章提要　三相电力系统是由三相电源、三相负载和三相输电线路三部分组成，本章讨论的问题主要包括：

1）三相交流电动势的产生、对称三相电压的大小及相序。

2）三相对称负载为星形联结与三角形联结时电路电压与电流的关系及计算方法；三相不对称负载星形联结时电路的计算。

3）三相电路的功率及三相电量的测量。

4）安全用电常识。

本章的重点　负载星形联结和三角形联结时三相对称电路的分析，掌握其线电压与相电压、线电流与相电流之间的关系，对称三相电路中电压、电流、功率的计算方法。

本章的难点　各电压与电流间相位的确定；在各种联结下，电压与电流相位之间的超前与滞后关系。

由于三相交流电有许多优点（如远距离输电比较经济，三相交流电动机结构简单、性能优良等），因此，目前世界各国的电力系统中电能的生产、传输和供电方式绝大多数都采用三相制。

5.1　三相电动势

三相交流电路是由一组频率相同、振幅相等、相位互差 120° 的三个电动势供电的电路。三相电动势是由三相交流发电机产生的。图 5-1 是三相交流发电机的原理图，它的主要组成部分是定子和转子。定子铁心的内圆周表面冲有槽，安放着三组匝数相同的绕组，每一组绕组称为一相，各相绕组的结构相同，如图 5-2 所示。它们的始端（头）标以 A、B、C，末端（尾）标以 X、Y、Z。每个绕组的两边放置在相应的定子铁心的槽内，但要求绕组的始端之间或末端之间都彼此相隔 120°。

转动部分称为转子。转子铁心上绕有励磁绕组，转子是一对由直流电源供电的磁极。选择合适的极面形状，使空气隙中的磁感应强度按正弦规律分布。当转子由原动机带动，按顺时针方向匀速旋转时，定子上的每相绕组依次切割磁力线，其中产生频率相同、幅值相等的正弦电动势 e_A、e_B 及 e_C。选定电动势的参考方向为绕组的末端指向始端。

由图 5-1 可见，当 S 极的轴

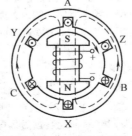

图 5-1　三相交流发
电机的原理图

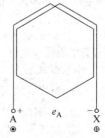

图 5-2　定子绕组

线先转到 A 处时，这时 A 相的电动势达到正的幅值。转过 120° 后 S 极轴线转到 B 处，B 相的电动势达到正的幅值。同理，再转过 120°，C 相的电动势达到正的幅值。所以在相位上 e_A 超前 e_B 120°，e_B 超前 e_C 120°，而 e_C 又超前 e_A 120°。若以 A 相为参考正弦量，则可得出

$$e_A = E_m \sin \omega t$$
$$e_B = E_m \sin(\omega t - 120°)$$
$$e_C = E_m \sin(\omega t - 240°) = E_m \sin(\omega t + 120°)$$

(5-1)

它们的相量表达式是

$$\dot{E}_A = E \underline{/0°} = E$$
$$\dot{E}_B = E \underline{/-120°} = E\left(-\frac{1}{2} - j\frac{\sqrt{3}}{2}\right)$$
$$\dot{E}_C = E \underline{/120°} = E\left(-\frac{1}{2} + j\frac{\sqrt{3}}{2}\right)$$

(5-2)

如果用相量图和正弦波形来表示，则如图 5-3 所示。

这样的三个幅值相等、频率相同并且相位互差 120° 的电动势，称为对称三相电动势。显然，它们的瞬时值或相量之和为零，即

$$e_A + e_B + e_C = 0$$

或 $\dot{E}_A + \dot{E}_B + \dot{E}_C = 0$ (5-3)

同样，若三个电压或电流之间也有上述关系，则称为对称三相电压或对称三相电流。

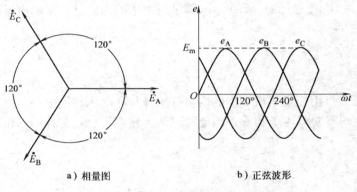

a）相量图　　　b）正弦波形

图 5-3　表示三相电动势的相量图和正弦波形

三相发电机中各绕组的电动势到达幅值（或零值）的先后次序称为相序。相序为 A→B→C 的称为顺序，若相序为 A→C→B，则称为逆序。

思　考　题

1. 什么是对称三相电源？对称三相电源的特点是什么？

2. 已知对称三相电源中 $\dot{U}_B$ = 220 $\underline{/30°}$ V，写出另外两相电压相量及瞬时值表达式，画出相量图。

3. 三相电源，电压分别为 $u_A = U_m \sin 3\omega t$ V，$u_B = U_m \sin 3(\omega t - 120°)$ V，$u_C = U_m \sin 3(\omega t + 120°)$ V，它们组成的是三相对称电源吗？

5.2　三相电源的连接

发电机三相绕组的星形联结如图 5-4 所示，即把三相发电机绕组的末端连接起来，成为

一个公共点 N, 由始端（A、B、C）引出三条线, 就成为星形（Y）联结。公共点 N 叫做中性点或零点。从中性点引出的连接线叫中性线（或零线）, 如果中性线接地, 则该线又称地线。从始端引出的三条连接线都叫做相线（或端线）, 俗称火线。

三相电源接成星形时, 可以得到两种电压。一种是相线与中性线之间的电压, 称为相电压, 其有效值用 U_A、U_B、U_C 表示, 或统一用 U_p 表示, 其参考方向规定为由每相绕组的始端指向末端（或由相线指向中性线）。另一种是各相线之间的电压, 称为线电压, 其有效值用 U_{AB}、U_{BC}、U_{CA} 表示, 或统一用 U_l 表示, 其参考方向规定为由下标中的前一字母指向后一字母。如 U_{AB} 即为由相线 A 指向相线 B 的电压。

当发电机的绕组连成星形时, 相电压和线电压显然是不相等的。下面分析电源星形联结时线电压与相电压之间的关系。按图5-4所示的参考方向, 根据基尔霍夫电压定律, 线电压与相电压的基本关系为

$$u_{AB} = u_A - u_B$$
$$u_{BC} = u_B - u_C$$
$$u_{CA} = u_C - u_A$$

因为 u_{AB}、u_{BC} 和 u_{CA} 都是同频率的正弦量, 所以可以用相量来表示:

$$\dot{U}_{AB} = \dot{U}_A - \dot{U}_B$$
$$\dot{U}_{BC} = \dot{U}_B - \dot{U}_C \tag{5-4}$$
$$\dot{U}_{CA} = \dot{U}_C - \dot{U}_A$$

由于发电机绕组的内阻抗压降与相电压相比很小, 可以忽略不计, 于是相电压和对应的电动势基本上相等, 因此可以认为相电压也是对称的。相量图如图5-5所示。

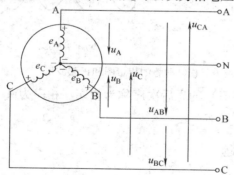

图5-4　三相电源的星形联结

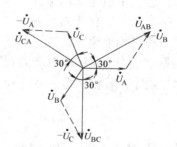

图5-5　线电压与相电压的相量图

由图可知, 三个线电压也是对称的。因此, 在电源为星形联结时, 若相电压对称, 则线电压也对称。而各相电压与相应的线电压之间的关系可以表示如下:

$$\dot{U}_{AB} = \sqrt{3}\,\dot{U}_A \underline{/30°}$$
$$\dot{U}_{BC} = \sqrt{3}\,\dot{U}_B \underline{/30°} \tag{5-5}$$
$$\dot{U}_{CA} = \sqrt{3}\,\dot{U}_C \underline{/30°}$$

由此可见, 在数值上各线电压为相电压的 $\sqrt{3}$ 倍, 相位上线电压超前于相应的相电压

30°，即

$$\dot{U}_l = \sqrt{3}\ \dot{U}_p \underline{/30°} \tag{5-6}$$

在发电机（或变压器）的绕组连成星形时，可引出 4 根导线（三相四线制），这样就有可能给予负载两种电压。通常在低压配电系统中相电压为 220V，线电压为 380V。

另外发电机（或变压器）的绕组连成星形时，不一定都引出中性线（三相三线制）。

思 考 题

1. 星形联结的对称三相电源，若相电压 $u_A = 220\sqrt{2}\sin\omega t$ V，则 $\dot{U}_B$ 和 $\dot{U}_{AB}$ 是多少？

2. 欲将发电机的三相绕组连成星形时，如果误将 X、Y、C 连成一点（中性点），是否也可以产生对称三相电压？

3. 三孔电源插座和 4 孔电源插座，分别提供的是单相交流电还是三相交流电？

5.3 三相电路负载的连接

三相电路的负载由三部分组成，其中的每一部分叫做一相负载。各相负载的复阻抗相等的三相负载，称为对称三相负载。一般三相电动机、三相变压器都可以看成对称三相负载。由对称三相电源和对称三相负载所组成的电路，称为对称三相电路。

与三相电源一样，三相负载也可以有星形和三角形两种联结方式。负载如何连接，应视其额定电压而定。

5.3.1 对称负载的星形联结电路

若把三个负载 Z_A、Z_B、Z_C 的一端连在一起，成为一个公共点 N′（称为负载的中性点），并接到三相电源的中性线上，而各负载的另一端分别接到三相电源的端线上，就构成星形联结。用四根导线将电源和负载连接起来的三相电路，称为三相四线制电路，负载星形联结的三相四线制电路一般可用图5-6所示的电路表示。若将中性线去掉，只用三根端线连接电源和负载，则为三相三线制电路。

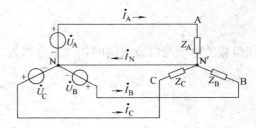

图 5-6 负载星形联结的
三相四线制电路

分析三相电路和分析单相电路一样，首先也应在电路图上标出电压和电流的参考方向，而后应用电路的基本定律得出电压和电流之间的关系。根据电压和电流的关系，再确定三相功率。

三相电路中的电流也有相电流与线电流之分，流过各相负载的电流，称为相电流，而流经各相线的电流称为线电流。由图 5-6 可见，在负载为星形联结时，显然，相电流即为线电流，即

$$\dot{I}_p = \dot{I}_l \tag{5-7}$$

当三相负载对称，即 $Z_A = Z_B = Z_C$，且中性线阻抗可忽略不计时，对称三相电路的计算

就可归为一相计算（见图 5-7，k 代表 A、B、C 中任一相），因为对称负载的电压和电流也都是对称的，即大小相等、相位互差 120°。设电源相电压 $\dot{U}_A$ 为参考正弦量，则得

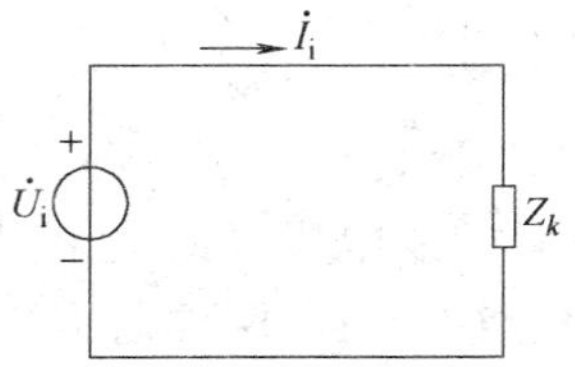

$$\dot{U}_A = U_A \underline{/0°}$$

$$\dot{U}_B = U_B \underline{/-120°} \qquad (5\text{-}8)$$

$$\dot{U}_C = U_C \underline{/120°}$$

图 5-7　一相电路

由图 5-7 可见，电源相电压即为每相负载电压。于是每相负载中的电流可分别求出，即

$$\dot{I}_A = \frac{\dot{U}_A}{Z_A} = \frac{U_A \underline{/0°}}{|Z_A| \underline{/\varphi_A}} = I_A \underline{/-\varphi_A}$$

$$\dot{I}_B = \frac{\dot{U}_B}{Z_B} = \frac{U_B \underline{/-120°}}{|Z_B| \underline{/\varphi_B}} = I_B \underline{/-120° - \varphi_B} \qquad (5\text{-}9)$$

$$\dot{I}_C = \frac{\dot{U}_C}{Z_C} = \frac{U_C \underline{/120°}}{|Z_C| \underline{/\varphi_C}} = I_C \underline{/120° - \varphi_C}$$

式中，每相负载中电流的有效值分别为

$$I_A = \frac{U_A}{|Z_A|}$$

$$I_B = \frac{U_B}{|Z_B|} \qquad (5\text{-}10)$$

$$I_C = \frac{U_C}{|Z_C|}$$

各相负载的电压与电流之间的相位差分别为

$$\varphi_A = \arctan \frac{X_A}{R_A}$$

$$\varphi_B = \arctan \frac{X_B}{R_B} \qquad (5\text{-}11)$$

$$\varphi_C = \arctan \frac{X_C}{R_C}$$

中性线中的电流可以按照图 5-6 中所选定的参考方向，应用基尔霍夫电流定律得出，即

$$\dot{I}_N = \dot{I}_A + \dot{I}_B + \dot{I}_C \qquad (5\text{-}12)$$

所谓负载对称，就是指各相阻抗相等，即

$$Z_A = Z_B = Z_C = Z$$

或阻抗模和相位角相等，即

$$|Z_A| = |Z_B| = |Z_C| = |Z| \text{ 和 } \varphi_A = \varphi_B = \varphi_C = \varphi$$

由式（5-10）和式（5-11）可见，因为电压对称所以负载相电流也是对称的，即

$$I_A = I_B = I_C = I_p = \frac{U_p}{|Z|}$$

$$\varphi_A = \varphi_B = \varphi_C = \varphi = \arctan\frac{X}{R}$$

因此，这时中性线电流等于零，即

$$\dot{I}_N = \dot{I}_A + \dot{I}_B + \dot{I}_C = 0$$

电压和电流的相量图如图 5-8 所示。作相量图时，先画出以 $\dot{U}_A$ 为参考相量的电源相电压 $\dot{U}_A$，$\dot{U}_B$，$\dot{U}_C$ 的相量；而后逐相按照式（5-9）画出各相电流 $\dot{I}_A$、$\dot{I}_B$、$\dot{I}_C$ 的相量。

对称三相电路中性线中既然没有电流通过，则可将中性线去掉，因此图 5-6 所示的电路就变为图 5-9 所示的电路，这就是三相三线制电路。三相三线制电路在生产上的应用极为广泛，因为生产上的三相负载（通常所见的是三相电动机）一般都是对称的。

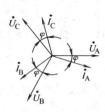

图 5-8　对称负载星形联结时
电压和电流的相量图

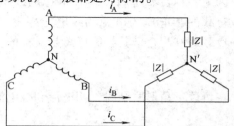

图 5-9　负载星形联结无中性线

综上所述，在星形联结的对称三相电路中：

1）由于三相电动势和负载的对称性，各相电压和电流也都是对称的。因此，只要某一相电压、电流求得，其他两相就可以根据对称关系直接写出。

2）各相电流仅由各相电压和各相阻抗决定。各相的计算具有独立性。也就是说，三相对称电路的计算可以归结为一相来计算。

例 5-1　有一星形联结的三相负载，每相的电阻 $R = 6\Omega$，感抗 $X_L = 8\Omega$。电源电压对称，设 $u_{AB} = 380\sqrt{2}\sin(\omega t + 30°)\text{V}$，试求各相电流。

解　因为负载对称，只需计算一相即可，现以 A 相为例。

由图 5-10 的相量图可知

$$U_A = \frac{U_{AB}}{\sqrt{3}} = \frac{380}{\sqrt{3}}\text{V} = 220\text{V}$$

则 u_A 滞后于 $u_{AB}30°$，即

$$u_A = 220\sqrt{2}\sin\omega t \text{ V}$$

A 相电流　　$I_A = \dfrac{U_A}{|Z_A|} = \dfrac{220}{\sqrt{6^2 + 8^2}}\text{A} = 22\text{A}$

i_A 滞后于 u_A 为 φ 角，即

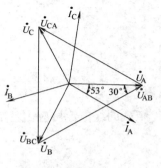

图 5-10　例 5-1 图

$$\varphi = \arctan\frac{X_L}{R} = \arctan\frac{8}{6} = 53°$$

所以

$$i_A = 22\sqrt{2}\sin(\omega t - 53°)\,\text{A}$$

因为电流对称，其他两相的电流则为

$$i_B = 22\sqrt{2}\sin(\omega t - 53° - 120°)\,\text{A} = 22\sqrt{2}\sin(\omega t - 173°)\,\text{A}$$

$$i_C = 22\sqrt{2}\sin(\omega t - 53° + 120°)\,\text{A} = 22\sqrt{2}\sin(\omega t + 67°)\,\text{A}$$

5.3.2 负载三角形联结的三相电路

负载三角形（△）联结的三相电路一般可用图 5-11 所示的电路来表示。每相负载的阻抗模分别为 $|Z_{AB}|$、$|Z_{BC}|$、$|Z_{CA}|$。电压和电流的参考方向都已在图中标出。

因为各相负载都直接接在电源的线电压上，所以负载的相电压与电源的线电压相等。因此，不论负载对称与否，其相电压总是对称的，即

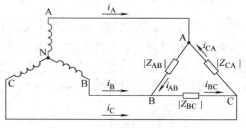

图 5-11　三相负载三角形联结

$$U_{AB} = U_{BC} = U_{CA} = U_l = U_p \tag{5-13}$$

在负载三角形联结时，相电流和线电流是不一样的。各相负载的相电流的有效值分别为

$$I_{AB} = \frac{U_{AB}}{|Z_{AB}|}$$

$$I_{BC} = \frac{U_{BC}}{|Z_{BC}|} \tag{5-14}$$

$$I_{CA} = \frac{U_{CA}}{|Z_{CA}|}$$

各相负载的电压与电流之间的相位差分别为

$$\varphi_{AB} = \arctan\frac{X_{AB}}{R_{AB}}$$

$$\varphi_{BC} = \arctan\frac{X_{BC}}{R_{BC}} \tag{5-15}$$

$$\varphi_{CA} = \arctan\frac{X_{CA}}{R_{CA}}$$

负载的线电流可应用基尔霍夫电流定律列出下列各式进行计算：

$$\dot{I}_A = \dot{I}_{AB} - \dot{I}_{CA}$$

$$\dot{I}_B = \dot{I}_{BC} - \dot{I}_{AB} \tag{5-16}$$

$$\dot{I}_C = \dot{I}_{CA} - \dot{I}_{BC}$$

当负载对称时，即

$$|Z_{AB}| = |Z_{BC}| = |Z_{CA}| = |Z| \text{ 和 } \varphi_{AB} = \varphi_{BC} = \varphi_{CA} = \varphi$$

负载的各相电流是对称的。可见，只要求出其中一相电流，其余两相可以根据对称关系直接写出。

负载对称时线电流和相电流的关系，如图 5-12 所示。显然，线电流也是对称的，在相位上比相应的相电流滞后30°，大小是相电流的$\sqrt{3}$倍，即

$$\dot{I}_l = \sqrt{3}\ \dot{I}_p\ \underline{/-30°} \tag{5-17}$$

三相电动机的绕组可以连接成星形，也可以接成三角形，而照明负载一般都接成星形（具有中性线）。

例 5-2　在图 5-11 所示的电路中，设三相对称电源线电压为380V，三角形联结的对称负载每相阻抗 $Z = (4 + j3)\,\Omega$，试求各相电流与线电流，并作相量图。

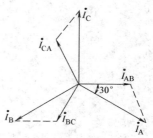

图 5-12　对称负载三角形联结时电流的相量图

解　设 $\dot{U}_{AB} = 380\ \underline{/0°}$ V，则

$$\dot{I}_{AB} = \frac{\dot{U}_{AB}}{Z} = \frac{380\ \underline{/0°}}{4 + j3}A = \frac{380\ \underline{/0°}}{5\ \underline{/36.9°}}A = 76\ \underline{/-36.9°}A$$

根据对称性可直接写出其余两相电流

$$\dot{I}_{BC} = \dot{I}_{AB}\underline{/-120°} = 76\ \underline{/-156.9°}\ A$$

$$\dot{I}_{CA} = \dot{I}_{AB}\underline{/+120°} = 76\ \underline{/83.1°}\ A$$

各线电流为

$$\dot{I}_A = \sqrt{3}\ \dot{I}_{AB}\underline{/-30°} = \sqrt{3} \times 76\ \underline{/-66.9°}A = 131.6\ \underline{/-66.9°}A$$

$$\dot{I}_B = \dot{I}_A\underline{/-120°} = 131.6\ \underline{/-186.9°}A$$

$$\dot{I}_C = \dot{I}_A\underline{/+120°} = 131.6\ \underline{/53.1°}A$$

电流与电压的相量图如图 5-13 所示。

5.3.3　不对称三相电路计算

在三相电路中，当三相电源不对称或各相负载阻抗不相等时，电路中的各相电流是不对称的，这种电路称为不对称三相电路。实际上三相负载的不对称是经常的。例如各相负载（如照明、电炉、单相电动机等）分配不均匀；电力系统发生故障（短路或断路等）都将出现不对称情况。通常三相电源的不对称程度很小，可近似地当做对称来处理。所以在工程实际中，要解决的是三相电源对称而负载不对称的三相电路计算问题。

不对称三相电路中的三相电流是不对称的，因此对这种电路，不能按照对称三相电路的计算办法化为单相求解，而只能用网络分析中求解复杂电路的方法。下面通过例题来说明三相负载不对称电路的分析计算。

例 5-3　电路如图 5-14 所示，若不对称丫负载接于对称三相电源上，电源相电压为220V，A 相接一只 220V、100W 白炽灯，B 相、C 相各接入一只 220V、200W 白炽灯，中性线阻抗不计，求各相电流和中性线电流。

解　因中性线阻抗不计，$\dot{U}_{N'N} = 0$。各相电压对称，三相可以分别计算。

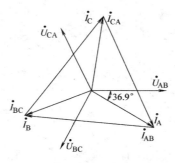

图 5-13　例 5-2 的相量图

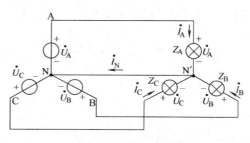

图 5-14　例 5-3 图

$$\dot{I}_A = \frac{\dot{U}_A}{R_A} = \frac{220\underline{/0°}}{484}\text{A} = 0.455\underline{/0°}\text{A}$$

$$\dot{I}_B = \frac{\dot{U}_B}{R_B} = \frac{220\underline{/-120°}}{242}\text{A} = 0.909\underline{/-120°}\text{A}$$

$$\dot{I}_B = \frac{\dot{U}_B}{R_B} = \frac{220\underline{/+120°}}{242}\text{A} = 0.909\underline{/120°}\text{A}$$

式中，R_A、R_B、R_C 分别为三只白炽灯的电阻值。

根据 KCL，中线电流为

$$\dot{I}_N = \dot{I}_A + \dot{I}_B + \dot{I}_C$$

$$= [0.455 + (-0.455 - \text{j}0.455\sqrt{3}) + (-0.455 + \text{j}0.455\sqrt{3})]\text{A}$$

$$= -0.455\text{A} = 0.455\underline{/180°}\text{A}$$

由此可知，即使三相负载不对称，由于有中性线，且中性线阻抗很小，各相负载两端电压仍然对称，但中性线电流不为零。

例 5-4　在例 5-3 中，1）A 相短路时；2）A 相短路而中性线又断开时（见图 5-15），试求各相负载上的电压。

解　1）A 相短路时，短路电流很大，将 A 相中的熔断器熔断，而 B 相和 C 相未受影响，其相电压仍为 220V。

2）A 相短路而中性线又断开时，负载中性点 N′ 即与 A 相相线相连，因此各相负载电压为

$$\dot{U}_A = 0 \qquad U_A = 0\ \text{V}$$

$$\dot{U}_B = \dot{U}_{BA} \qquad U_B = 380\text{V}$$

$$\dot{U}_C = \dot{U}_{CA} \qquad U_C = 380\text{V}$$

在这种情况下，B 相与 C 相的电灯上所加的电压为线电压 380V，超过电灯的额定电压（220V）而烧损，这是不允许的。

例 5-5　在例 5-3 中，1）A 相断开时；2）A 相断开而中性线也断开时（见图 5-16），试求各相负载上的电压。

解　1）A 相断开时，B 相和 C 相未受影响。

2）A 相断开而中性线也断开时，电路已成为单相电路，即 B 相电灯和 C 相电灯串联，其端电压为电源线电压 380V。至于两相电压如何分配，决定于两相的电灯电阻。若 B 相的电阻比 C 相的电阻小，则其相电压低于负载额定电压，而 C 相电压可能高于负载的额定电压，这都是不允许的。

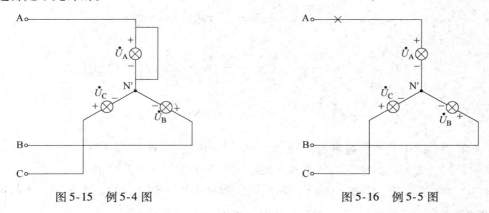

图 5-15　例 5-4 图　　　　　　　　　　　　图 5-16　例 5-5 图

例 5-6　如图 5-17 所示三相三线制电路，三相电源对称，不对称负载为星形联结，无中性线。已知：相电压 $\dot{U}_A = 220\underline{/0°}\text{V}$ ，电灯泡额定电压为 220V，等效阻抗分别为 10Ω 、12Ω 、15Ω 。求中性点间电压 $\dot{U}_{N'N}$ ，并求各相负载电压和电流。

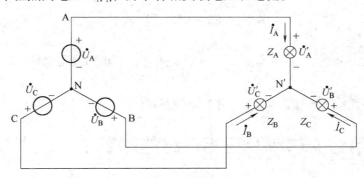

图 5-17　例 5-6 图

解　当不对称的负载为星形联结且无中性线时，可先用节点电压法求得负载中性点 N ′和电源中性点 N 间的电压 $\dot{U}_{N'N}$ ，再求各相负载电压。

$$\dot{U}_{N'N} = \frac{\dfrac{\dot{U}_A}{Z_A} + \dfrac{\dot{U}_B}{Z_B} + \dfrac{\dot{U}_C}{Z_C}}{\dfrac{1}{Z_A} + \dfrac{1}{Z_B} + \dfrac{1}{Z_C}} = \frac{\dfrac{220\underline{/0°}}{10} + \dfrac{220\underline{/-120°}}{12} + \dfrac{220\underline{/120°}}{15}}{\dfrac{1}{10} + \dfrac{1}{12} + \dfrac{1}{15}}\text{V}$$

$$= \frac{380}{15}\underline{/-30°}\text{V} \approx 25.33\underline{/-30°}\text{V}$$

根据 KVL，各相负载相电压为

$$\dot{U'}_A = \dot{U}_A - \dot{U}_{N'N} = (220\underline{/0°} - 25.33\underline{/-30°})\text{V} = 198.43\underline{/3.66°}\text{V}$$

$$\dot{U}'_B = \dot{U}_B - \dot{U}_{N'N} = (220\underline{/-120°} - 25.33\underline{/-30°})\text{V} = 221.46\underline{/-126.58°}\text{V}$$

$$\dot{U}'_C = \dot{U}_C - \dot{U}_{N'N} = (220\underline{/120°} - 25.33\underline{/-30°})\text{V} = 242.28\underline{/123°}\text{V}$$

各相负载电流为

$$\dot{I}_A = \frac{\dot{U}'_A}{Z_A} = \frac{198.43\underline{/3.66°}}{10}\text{A} = 19.843\underline{/3.66°}\text{A}$$

$$\dot{I}_B = \frac{\dot{U}'_B}{Z_B} = \frac{221.46\underline{/-126.58°}}{12}\text{A} = 18.455\underline{/-126.58°}\text{A}$$

$$\dot{I}_C = \frac{\dot{U}'_C}{Z_C} = \frac{242.28\underline{/123°}}{15} = 16.152\underline{/123°}\text{A}$$

由此可知,由于三相负载不对称,$\dot{U}_{N'N} \neq 0$,三相负载的相电压 $\dot{U}'_A$、$\dot{U}'_B$、$\dot{U}'_C$ 不对称。若负载承受的电压偏离其额定电压太多,便不能正常工作,甚至造成损坏。

由以上分析可知,中性线可使星形联结的负载相电压对称。在低压电网中,三相负载一般不可能完全对称,所以均采用三相四线制(中性线阻抗 $Z_N \approx 0$,则 $\dot{U}_{N'N} \approx 0$)。这可使电路在不对称的情况下,各相负载的工作互不影响,保持独立性。

在工程上,中性线上不允许装设开关和熔断器,以避免前述无中性线三相不对称情况发生,引起事故。

思 考 题

1. 三相三线制电路中,$\dot{I}_A + \dot{I}_B + \dot{I}_C = 0$ 总是成立,三相四线制电路中此等式也总是成立的吗?

2. 为什么中性线上不接开关,也不接入熔断器?

5.4 三相电路的功率及三相电量的测量

5.4.1 三相功率

1. 有功功率 P

不论负载是星形联结或是三角形联结,根据能量平衡关系,三相负载所吸收的有功功率与三相电源所提供的有功功率相等,并等于各相有功功率之和,即

$$P = P_A + P_B + P_C = U_A I_A \cos\varphi_A + U_B I_B \cos\varphi_B + U_C I_C \cos\varphi_C \tag{5-18}$$

式中,φ_A、φ_B、φ_C 分别是 A、B、C 相负载的相电压和相电流之间的相位差。

当负载对称时,每相的有功功率是相等的。因此三相总功率为

$$P = 3P_p = 3U_p I_p \cos\varphi \tag{5-19}$$

式中,φ 角是相电压 U_p 与相电流 I_p 之间的相位差。

当对称负载是星形联结时

$$U_l = \sqrt{3}U_p, \quad I_l = I_p$$

当对称负载是三角形联结时

$$U_l = U_p , \quad I_l = \sqrt{3}I_p$$

不论对称负载是星形联结或是三角形联结，如将上述关系代入式（5-19），则得

$$P = \sqrt{3}U_l I_l \cos\varphi \qquad (5\text{-}20)$$

应注意，式（5-20）中的 φ 角仍为相电压与相电流之间的相位差。

2. 无功功率 Q

三相电路的无功功率亦等于各相无功功率之和，即

$$Q = Q_A + Q_B + Q_C = U_A I_A \sin\varphi_A + U_B I_B \sin\varphi_B + U_C I_C \sin\varphi_C \qquad (5\text{-}21)$$

在对称三相电路中，由于 $Q_A = Q_B = Q_C = Q_p$，所以

$$Q = 3U_p I_p \sin\varphi = \sqrt{3}U_l I_l \sin\varphi \qquad (5\text{-}22)$$

3. 视在功率 S

三相电路视在功率

$$S = \sqrt{P^2 + Q^2} \qquad (5\text{-}23)$$

在对称三相电路中

$$S = 3U_p I_p = \sqrt{3}U_l I_l \qquad (5\text{-}24)$$

例 5-7 对称三相电源线电压 380V，丫对称负载每相阻抗 $Z = (12 + j16)\,\Omega$，试求各相电流和线电流。如将负载改为△对称接法，求各相电流和线电流，分别计算丫、△联结时的三相总功率。

解 由丫联结可知，相电压为线电压的 $1/\sqrt{3}$。

$$U_p = \frac{1}{\sqrt{3}} \times 380\text{V} = 220\text{V}$$

设

$$\dot{U}_A = 220\underline{/0°}\,\text{V}$$

则对应线电压为

$$\dot{U}_{AB} = 380\underline{/30°}\,\text{V}$$

各相电流为

$$\dot{I}_A = \frac{\dot{U}_A}{Z} = \frac{220\underline{/0°}}{12 + j16}\text{A} = \frac{220\underline{/0°}}{20\underline{/53°}}\text{A} = 11\underline{/-53°}\,\text{A}$$

$$i_A = 11\sqrt{2}\sin(\omega t - 53°)\,\text{A}$$

根据对称关系可得

$$i_B = 11\sqrt{2}\sin(\omega t - 173°)\,\text{A}$$

$$i_C = 11\sqrt{2}\sin(\omega t + 67°)\,\text{A}$$

星形联结时，线电流就等于相电流，三相功率为

$$P = \sqrt{3}U_l I_l \cos\varphi_z = (\sqrt{3} \times 380 \times 11 \times \cos53°)\,\text{W} = 4.344\text{kW}$$

三角形联结时，相电流为

$$\dot{I}_{AB} = \frac{\dot{U}_{AB}}{Z} = \frac{380\underline{/30°}}{12 + j16}\text{A} = \frac{380\underline{/30°}}{20\underline{/53°}}\text{A} = 19\underline{/-23°}\,\text{A}$$

同理

$$\dot{I}_{BC} = 19\underline{/-143°}\,A$$

$$\dot{I}_{CA} = 19\underline{/97°}\,A$$

线电流为

$$\dot{I}_A = \dot{I}_{AB} - \dot{I}_{CA} = 32.9\underline{/-53°}\,A$$

$$i_A = 32.9\sqrt{2}\sin(\omega t - 53°)\,A$$

同理

$$i_B = 32.9\sqrt{2}\sin(\omega t - 173°)\,A$$

$$i_C = 32.9\sqrt{2}\sin(\omega t + 67°)\,A$$

三角形联结中，线电压就等于相电压，三相功率为

$$P = \sqrt{3}U_l I_l \cos\varphi_z = (\sqrt{3} \times 380 \times 32.9 \times \cos 53°)\ W = 13.03kW$$

将负载由丫改成△联结时，相电流增为$\sqrt{3}$倍，线电流增为3倍，功率增为3倍。

例 5-8　有一台三相电阻加热炉，功率因数等于 1，星形联结（见图 5-18），另有一台三相交流电动 机，功率因数等于 0.8，三角形联结，共同由线电压为 380V 的三相电源供电，它们消耗的有功功率分别为 75kW 和 36kW。求电源线电流。

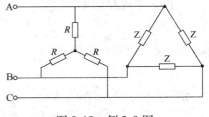

图 5-18　例 5-8 图

解　电热炉功率因数 $\cos\varphi_1 = 1$，$\varphi_1 = 0°$，故无功 功率 $Q_1 = 0$kvar。

电动机功率因数 $\cos\varphi_2 = 0.8$，$\varphi_2 = 36.9°$，故无功功率为

$$Q_2 = P_2\tan\varphi_2 = (36 \times \tan 39.6°)\,kvar = 27kvar$$

电源输出总有功功率、无功功率和视在功率为

$$P = P_1 + P_2 = (75 + 36)kW = 111kW$$

$$Q = Q_1 + Q_2 = (0 + 27)kvar = 27kvar$$

$$S = \sqrt{P^2 + Q^2} = \sqrt{111^2 + 27^2}\,kVA = 114kVA$$

电源线电流

$$I_l = \frac{S}{\sqrt{3}U_l} = \frac{114 \times 10^3}{1.73 \times 380}A = 173A$$

5.4.2　三相功率的测量

在三相三线制电路中，不论负载连接成星形或三角形，也不论负载对称与否，都广泛采 用两功率表法来测量三相功率。

图 5-19 所示的是负载连接成星形的三相三线制电路，其三相瞬时功率为

$$p = p_A + p_B + p_C = u_A i_A + u_B i_B + u_C i_C$$

因为

$$i_A + i_B + i_C = 0$$

所以

$$p = u_A i_A + u_B i_B + u_C(-i_A - i_B) = (u_A - u_C)i_A + (u_B - u_C)i_B$$

$$= u_{AC}i_A + u_{BC}i_B = p_1 + p_2 \tag{5-25}$$

由式（5-25）可知，三相功率可用两个功率表来测

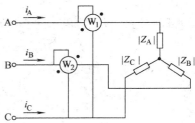

图 5-19　用两功率表法测量三相功率

量。每个功率表的电流线圈中通过的是线电流，而电压线圈上所加的电压是线电压。两个电压线圈的一端都连在未串联电流线圈的一线上（见图5-19）。应注意，两个功率表的电流线圈可以串联在任意两线中。

在图5-19中，第一个功率表 W_1 的读数为

$$P_1 = \frac{1}{T}\int_0^T u_{AC}i_B dt = U_{AC}I_A\cos\alpha \tag{5-26}$$

式中，α 为 u_{AC} 和 i_A 之间的相位差。

而第二个功率表 W_2 的读数为

$$P_2 = \frac{1}{T}\int_0^T u_{BC}i_B dt = U_{BC}I_B\cos\beta \tag{5-27}$$

式中，β 为 u_{BC} 与 i_B 之间的相位差。

两功率表的读数 P_1 与 P_2 之和即为三相功率

$$P = P_1 + P_2 = U_{AC}I_A\cos\alpha + U_{BC}I_B\cos\beta \tag{5-28}$$

当负载对称时，由图5-20的相量图可知，两功率表的读数分别为

$$P_1 = U_{AC}I_A\cos\alpha = U_lI_l\cos(30° - \varphi) \tag{5-29}$$

$$P_2 = U_{BC}I_B\cos\beta = U_lI_l\cos(30° + \varphi) \tag{5-30}$$

因此，两功率表读数之和为

$$P = P_1 + P_2 = U_lI_l\cos(30° - \varphi) + U_lI_l\cos(30° + \varphi) = \sqrt{3}U_lI_l\cos\varphi \tag{5-31}$$

由式（5-31）可知，当相电流与相电压同相时，即 $\varphi = 0°$，则 $P_1 = P_2$，即两个功率表的读数相等。当相电流比相电压滞后的角度 $\varphi > 60°$ 时，则 P_2 为负值，即第二个功率表的指针反向偏转，这样便不能读出功率的数值。因此，必须将该功率表的电流线圈反接。这时三相功率便等于第一个功率表的读数减去第二个功率表的读数，即

$$P = P_1 + (-P_2) = P_1 - P_2$$

由此可知，三相功率应是两个功率表读数的代数和，其中任意一个功率表的读数是没有意义的。

在实用上，常用一个三相功率表代替两个单相功率表来测量三相功率，其原理与两功率表法相同，接线图如图5-21所示。

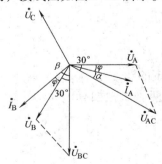

图 5-20　对称负载星形联结时的相量图

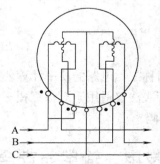

图 5-21　三相功率表的接线图

三相四线制电路中，负载一般是不对称的，一般可用三只单相功率表分别测出各相功率后再相加，就可以得到三相负载的总功率。这种测量方法称为"三表法"，测量电路如图5-22所示。

5.4.3 电能的测量

电能的单位是千瓦小时或度，所以电能表又叫电度表、千瓦小时表。发电、供电部门，工农业生产部门，凡是用电的单位都要用到电能表，以计算发、供、用电能的数量。

电能的测量不仅要反映负载功率的大小，还要能反映出电能随时间增长积累的总和。因此电能表除了必须具有测量功率的机构外，还应能计算出负载用电的时间，并通过积算器把电能自动地累计出来。

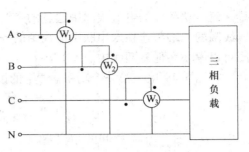

图 5-22 用三表法测量三相功率

感应系电能表固定部分包括电压线圈、电流线圈和永久磁铁。可动部分包括铝盘、转轴和积算机构。

铝盘在电流线圈和电压线圈作用下产生的转动力矩 M 与负载功率 P 成正比。

由永久磁铁产生的制动力矩 M_a 与铝盘的转速 v 成正比。当转动力矩和制动力矩相等时，铝盘匀速转动，达到动平衡。即

$$M = M_a \tag{5-32}$$

$$K_P P = K_C v \tag{5-33}$$

$$P = \frac{K_C}{K_P} v = K_N v \tag{5-34}$$

对式 (5-34) 两边在 $t_1 \sim t_2$ 时间内积分为

$$\int_{t_1}^{t_2} P \mathrm{d}t = \int_{t_1}^{t_2} K_N v \mathrm{d}t \tag{5-35}$$

得

$$W = KN \tag{5-36}$$

式中，W 是负载在 $t_1 \sim t_2$ 时间内消耗的电能；N 是铝盘在 $t_1 \sim t_2$ 时间内转动的周数。

通过记录 N 就可以测量出负载在 $t_1 \sim t_2$ 时间内消耗的电能。记录 N 由转轴带动机械计数器实现。

三相有功电能表是利用两只或三只单相有功电能表，驱动一个公共转轴，使转数直接反映三相电能。积算器的示值就是三相总电能，连接方法及使用范围与功率表的两表法或三表法相同。

思 考 题

1. 对称三相电路的功率计算公式中的 φ 是由什么决定的？

2. 两表法仅适用于对称三相三线制电路的测量吗？两表法中如有一只功率表反偏，表示负功率吗？

5.5 发电、输电与安全用电

本节主要介绍发电、输电的基本知识和安全用电常识。

5.5.1 发电、输电概述

强电电能（一般常称工频市电）是由发电厂生产的，而发电厂多数建立在一次能源所

在地（如煤矿、水力资源等），远离城市或工业企业。为了保证电能的经济传送，又要满足各类电能用户对电能质量（如工作电压）的不同要求。电能输送到城市或工业企业之后，由于电能用户或生产车间的布局分布不同等等，存在电能的远距离输送、电能电压的变换、电能合理地经济地分配（配电）和安全运行等问题。这就构成了电能的生产、变压、输配和使用的全过程和各环节的整体性。

由各种电压等级的电力传输线路，将一些发电厂、变电站和电力用户联系起来的一个发电、输电、变电、配电和用电的统一整体，称为电力系统（Power System）。图 5-23 所示为一个大型电力系统的示意图。

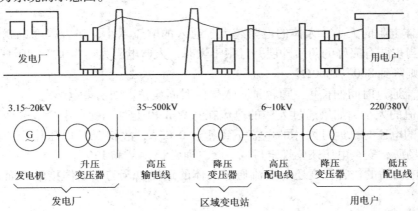

图 5-23　从发电厂到用电户的电力系统示意图

下面将组成电力系统的几个主要环节解释如下：

发电厂将各类形态的一次能源（如煤炭、石油、天然气、水能、原子能、风能、太阳能、地能、潮汐能）通过发电设备转换为电能。

变电站是变换电压和交换电能的场所。根据变电站的性质和作用，分为升压变电站和降压变电站两类。升压变电站，多设在发电厂内，而降压变电站，根据其在电力系统中所处的地位和作用不同，又分为地区降压变电站、企业降压变电站以及车间变电站等。

电力网是输送和分配电能的线路。它由各种不同的电压等级和不同结构类型的传输线路组成，是将发电厂、变电站和电能用户联系起来的纽带。其任务是实时地将发电厂生产的电能输送并分配给不同的电能用户。

电能用户是包括工业企业在内的所有用电单位，均称为电能用户。目前我国的主要电能用户是：重工业企业，用电占50%；轻工业企业，用电占12%；农业用电占15%；其他用户，如交通运输、市政生活等，用电只占7%左右。

发电厂生产的电能，一般都通过升压变电站变成高压电能，采用远距离高压输送的主要目的是在传输的电功率和要求线路电压损失一定的条件下，输电电压越高，导线截面积越小，不仅节省了导线消耗的有色金属（铜、铝），同时减少线路上的电能损耗，提高了电能输送效率，也保证了用电户的电能质量。

为了更经济合理地利用一次能源（特别是我国水力资源丰富），减小电能损耗，降低成本，保证供电质量和可靠性，建立大型电力系统，将有利于国民经济的发展。

5.5.2 安全用电

1. 电流对人体的作用

由于不慎触及带电体，产生触电事故，使人体受到各种不同的伤害。根据伤害性质可分为电击和电伤两种。

电击是指电流通过人体，使内部器官组织受到损伤。如果受害者不能迅速摆脱带电体，则最后会造成死亡事故。

电伤是指在电弧作用下或熔断丝熔断时，对人体外部的伤害，如烧伤、金属溅伤等。

根据大量触电事故资料的分析和实验证实，电击所引起的伤害程度与下列各种因素有关。

（1）人体电阻的大小　人体的电阻越大，通入的电流越小，伤害程度也就越轻。根据研究结果，当皮肤有完好的角质外层并且很干燥时，人体电阻大约为 $10^4 \sim 10^5 \Omega$，当角质外层破坏时，则降到 $800 \sim 1000\Omega$。

（2）电流通过时间的长短　电流通过人体的时间愈长，则伤害愈严重。

（3）电流的大小　如果通过人体的电流在 0.05A 以上时，就有生命危险。一般说，接触 36V 以下的电压时，通过人体的电流不致超过 0.05A，故将 36V 电压作为安全电压。如果在潮湿的场所，安全电压还要规定得低一些，通常是 24V 和 12V。

此外，电击后的伤害程度还与电流通过人体的路径以及与带电体接触的面积和压力等有关。

2. 触电方式

（1）接触正常带电体

1）电源中性点接地的单相触电，如图 5-24 所示。这时人体处于相电压之下，危险性较大。如果人体与地面的绝缘较好，危险性可以大大减小。

2）电源中性点不接地的单相触电，如图 5-25 所示。这种触电也有危险。乍看起来，似乎电源中性点不接地时，不能构成电流通过人体的回路。其实不然，要考虑到导线与地面间的绝缘可能不良（对地绝缘电阻为 R'），甚至有一相接地，在这种情况下人体中就有电流通过。在交流的情况下，导线与地面间存在的电容也可构成电流的通路。

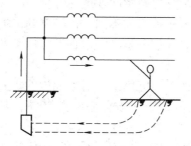

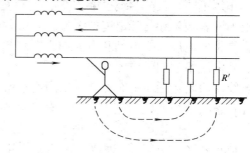

图 5-24　电源中性点接地的单相触电　　　　图 5-25　电源中性点不接地的单相触电

3）两相触电最为危险，因为人体处于线电压之下，但这种情况不常见。

（2）接触正常不带电的金属体　触电的另一种情形是接触正常不带电的部分。譬如，电动机的外壳本来是不带电的，由于绕组绝缘损坏而与外壳相接触，使它也带电。人手触及带电的电动机（或其他电气设备）外壳，相当于单相触电。大多数触电事故属于这一种。为了防止这种触电事故，对电气设备常采用保护接地和保护接零（接中性线）的保护装置。

3. 接地和接零

为了人身安全和电力系统工作的需要，要求电气设备采取接地措施。按接地目的的不同，主要可分为工作接地、保护接地和保护接零三种。

（1）工作接地　电力系统由于运行和安全的需要，常将中性点接地（见图 5-26），这种接地方式称为工作接地。工作接地有下列目的：

1）降低触电电压：在中性点不接地的系统中，当一相接地而人体触及另外两相之一时，触电电压将为相电压的 $\sqrt{3}$ 倍，即为线电压。而在中性点接地的系统中，则在上述情况下，触电电压就降低到等于或接近相电压。

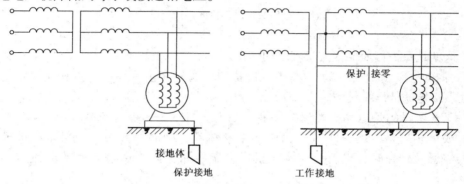

图 5-26　工作接地、保护接地和保护接零

2）迅速切断故障设备：在中性点不接地的系统中，当一相接地时，接地电流很小（因为导线和地面间存在电容和绝缘电阻，也可构成电流的通路），不足以使保护装置动作而切断电源，接地故障不易被发现，将长时间持续下去，对人身不安全。而在中性点接地的系统中，一相接地后的接地电流较大（接近单相短路），保护装置迅速动作，断开故障点。

3）降低电气设备对地的绝缘水平：在中性点不接地的系统中，一相接地时将使另外两相的对地电压升高到线电压。而在中性点接地的系统中，则接近于相电压，故可降低电气设备和输电线的绝缘水平，节省投资。

但是，中性点不接地也有好处：第一、一相接地往往是瞬时的，能自动消除，在中性点不接地的系统中，就不会跳闸而发生停电事故；第二、一相接地故障可以允许短时存在，这样，以便寻找故障和修复。

（2）保护接地　保护接地就是将电气设备的金属外壳（正常情况下是不带电的）接地，宜用于中性点不接地的低压系统中。

图 5-27a 所示的是电动机的保护接地，可分两种情况来分析。

当电动机某一相绕组的绝缘损坏使外壳带电而外壳未接地的情况下，人体触及外壳，相当于单相触电。这时接地电流 I_e（经过故障点流入地中的电流）的大小决定于人体电阻 R_b 和绝缘电阻 R'，当系统的绝缘性能下降时，就有触电的危险。

当电动机某一相绕组的绝缘损坏使外壳带电而外壳接地的情况下，人体触及外壳时，由于人体的电阻 R_b 与接地电阻 R_0 并联，而通常 $R_b \gg R_0$，所以通过人体的电流很小，不会

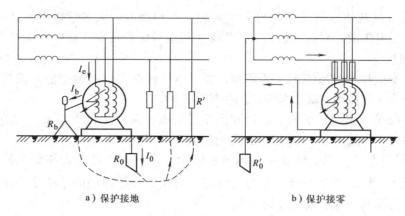

a）保护接地　　　　　　　　　b）保护接零

图 5-27　电动机的保护

有危险。这就是保护接地保证人身安全的作用。

（3）保护接零　保护接零就是将电气设备的金属外壳接到零线（或称中性线）上，宜用于中性点接地的低压系统中。

图 5-27b 所示的是电动机的保护接零。当电动机某一相绕组的绝缘损坏而与外壳相接时，就形成单相短路，迅速将这一相中的熔丝熔断，因而外壳便不再带电。即使在熔丝熔断前人体触及外壳时，也由于人体电阻远大于线路电阻，通过人体的电流也是极为微小的。

为什么在中性点接地的系统中不采用保护接地呢？因为采用保护接地时，当电气设备的绝缘损坏时，接地电流

$$I_e = \frac{U_p}{R_0 + R_0'}$$

式中，U_p 为系统的相电压；R_0 和 R_0' 分别为保护接地和工作接地的接地电阻。

如果系统电压为 380/220V，$R_0 = R_0' = 4\Omega$，则接地电流

$$I_e = \frac{220}{4+4} = 27.5A$$

为了保护装置能可靠地动作，接地电流不应小于继电保护装置动作电流的 1.5 倍或熔丝额定电流的 3 倍。因此 27.5A 的接地电流只能保证断开动作电流不超过（27.5/1.5）A = 18.3A 的继电保护装置或额定电流不超过（27.5/3）A = 9.2A 的熔丝。如果电气设备容量较大，就得不到保护，接地电流长期存在，外壳也将长期带电，其对地电压为

$$U_e = \frac{U_p}{R_0 + R_0'}R_0$$

如果 $U_p = 220V$，$R_0 = R_0' = 4\Omega$，则 $U_e = 110V$。此电压对人体是不安全的。

（4）重复接地　在中性点接地系统中，除采用保护接零外，还要采用重复接地，就是将零线相隔一定距离，多处进行接地，如图 5-28 所示。这样，在图中当零线在 × 处断开而电动机一相碰壳时：

1）如无重复接地，人体触及外壳，相当于单相触电，是有危险的（见图 5-24）。

2）如有重复接地，多处重复接地的接地电阻并联，使外壳对地电压大大降低，减小了危险程度。

为了确保安全，零干线必须连接牢固，开关和熔断器不允许装在零干线上。但引入住宅和办公场所的一根相线和一根零线上一般都装有双极开关，并都装有熔断器（见图5-27），以增加短路时熔断的机会。

（5）工作零线与保护接零　在三相四线制系统中，由于负载往往不对称，零线中有电流，因而零线对地电压不为零，距电源越远，电压越高，但一般在安全值以下，无危险性。为了确保设备外壳对地电压为零，专设保护零线，如图5-29所示。工作零线在进建筑物入口处

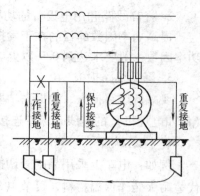

图5-28　工作接地、保护接零和重复接地

要接地，进户后再另设一保护零线。这样就成为三相五线制。所有的接零设备都要通过三孔插座接到保护零线上。在正常工作时，工作零线中有电流，保护零线中不应有电流。

图5-29a是正确连接。当绝缘损坏，外壳带电时，短路电流经过保护零线，将熔断器熔断，切断电源，消除触电事故。图5-29b的连接是不正确的，因为如果在×处断开，绝缘损坏后外壳便带电，将会发生触电事故。有的用户在使用日常电器（如手电钻、电冰箱、洗衣机、台式电扇等）时，忽视外壳的接零保护，插上单相电源就用，如图5-29c所示，这是十分不安全的。一旦绝缘损坏，外壳也就带电。

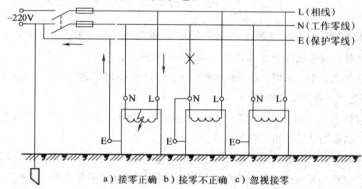

a）接零正确　b）接零不正确　c）忽视接零

图5-29　工作零线与保护零线

5.5.3　节约用电

随着我国社会主义建设事业的发展，各方面的用电需要日益增长。为了满足这种需要，除了增加发电量外，还必须注意节约用电，使每一度电都能发挥它的最大效用，从而降低生产成本，节省对发电设备和用电设备的投资。

节约用电的具体措施主要有下列几项：

1. 发挥用电设备的效能

如前所述，电动机和变压器通常在接近额定负载时运行效率最高，轻载时效率较低。为此，必须正确选用它们的功率。

2. 提高线路和用电设备的功率因数

提高功率因数的目的在于发挥发电设备的潜力和减少输电线路的损失。对于工矿企业，功率因数一般要求达到 0.9 以上。

3. 降低线路损失

要减低线路损失，除提高功率因数外，还必须合理选择导线截面，适当缩短大电流负载（例如电焊机）的连线，保持连接点的紧接，安排三相负载接近对称，等等。

4. 技术革新

例如：电车上采用晶闸管调速比电阻调速可节电 20% 左右，电阻炉上采用硅酸铝纤维代替耐火砖作保温材料，可节电 30% 左右；采用精密铸造后，可使铸件的耗电量大大减小；采用节能灯后，耗电大、寿命短的白炽灯亦将被淘汰。

5. 加强用电管理，特别是注意照明用电的节约。

思 考 题

1. 有些家用电器用的是单相交流电，为什么电源插座是三孔的？试画出正确使用的电路图。

2. 为什么电灯开关一定要接在相线（即火线）上而不接在中性线上？

习 题

5-1 设三个理想电源如图 5-30 所示，它们的电压相量为 $\dot{U}_{AD} = U_m \underline{/0°}$，$\dot{U}_{BE} = U_m \underline{/60°}$，$\dot{U}_{CF} = U_m \underline{/-60°}$，问这些电源如何连接以组成星形联结对称三相电源。

5-2 已知对称三相电源中，A 相电压的瞬时值时 $u_A = 311\sin(314t + 30°)\text{V}$，试写出其他各相电压的瞬时值表达式，相量表达式，并绘出相量图。

5-3 有一三相对称负载，其每相的电阻 $R = 8\Omega$，感抗 $X_L = 6\Omega$。如果将负载连成星形接于线电压 $U_l = 380\text{V}$ 的三相电源上，试求相电压、相电流及线电流。

5-4 已知星形联结的对称三相负载每相复阻抗为 $40\underline{/25°}\ \Omega$，对称三相电源的线电压为 380V。求负载相电压，并画出电压、电流的相量图。若在此负载情况下，装有中性线，中性线的复阻抗为 $Z_N = (6 + j8)\ \Omega$，求这时的负载相电流又是多少？

5-5 某对称三相电路，负载作三角形联结，每相负载阻抗为 $9\underline{/30°}\ \Omega$，若将其接到线电压为 127V 的三相电源上，求各负载相电流及线电流。

5-6 某住宅楼有 30 户居民，设计每户最大用电功率 2.4kW，功率因数 0.8，额定电压 220V，采用三相电源供电，线电压 $U_l = 380\text{V}$。试将用户均匀分配组成对称三相负载，画出供电线路；计算线路总电流，每相负载阻抗、电阻及电抗，以及三相变压器总容量（视在功率）。

5-7 某栋大楼电灯发生故障，第二层和第三层楼的所有电灯突然都暗淡下来，而第一层楼的电灯亮度未变，试问这是什么原因？这栋大楼的电灯是如何连接的？同时又发现第三层楼的电灯比第二层楼的还要暗些。这又是什么原因？画出电路图。

5-8 图 5-31 所示的是三相四线制电路，电源线电压 $U_l = 380\text{V}$。三个电阻性负载连成星形，其电阻为 $R_A = 11\Omega$，$R_B = R_C = 22\Omega$。（1）试求负载相电压、相电流及中性线电流，并作出它们的相量图；（2）如无中性线，求负载相电压及中性点电压；（3）如无中性线，当 A 相短路时求各相电压和电流，并作出它们的相量图；（4）如无中性线，当 C 相断路时求另外两相的电压和电流；（5）在（3）、（4）中如有中性线，则又如何？

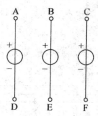

图 5-30　题 5-1 图

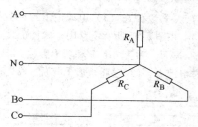

图 5-31　题 5-8 图

5-9　在图 5-32 所示电路中，$R_1 = 3.9\text{k}\Omega$，$R_2 = 5.5\text{k}\Omega$，$C_1 = 0.47\mu\text{F}$，$C_2 = 1\mu\text{F}$，电源对称，$\dot{U}_{AB} = 380\underline{/0°}\text{V}$，$f = 50\text{Hz}$。试求电压 $\dot{U}$。

5-10　在线电压为 380V 的三相电源上，接两组电阻性对称负载，如图 5-33 所示，试求线路中电流 I。

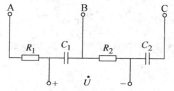

图 5-32　题 5-9 图

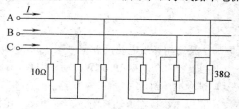

图 5-33　题 5-10 图

5-11　图 5-34 所示电路是用来测定三相电源相序的仪器，称为相序指示仪。任意指定电源的一相为 A 相，把电容 C 接到 A 相上，两只相同的白炽灯（电阻为 R）分别接到另外两相上，若令 $\dfrac{1}{\omega C} = R$，试说明如何根据白炽灯的亮度来确定 B、C 相。

5-12　有一三相异步电动机，其绕组连成三角形，接在线电压 $U_l = 380\text{V}$ 的电源上，从电源所取用的功率 $P = 11.43\text{kW}$，功率因数 $\cos\varphi = 0.87$，试求电动机的相电流和线电流。

5-13　在图 5-35 所示电路中，电源线电压 $U_l = 380\text{V}$，频率 $f = 50\text{Hz}$，对称电感性负载的功率 $P = 10\text{kW}$，功率因数 $\cos\varphi_1 = 0.5$。为了将线路功率因数提高到 $\cos\varphi = 0.9$，试问在两图中每相并联的补偿电容器的电容值各为多少？采用哪种联结（三角形或星形）方式较好？$\left(\text{提示：每相电容 } C = \dfrac{P\,(\tan\varphi_1 - \tan\varphi)}{3\omega U^2}\text{，式中 } P \text{ 为三相功率，} U \text{ 为每相电容上所加电压}\right)$

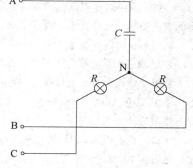

图 5-34　题 5-11 图

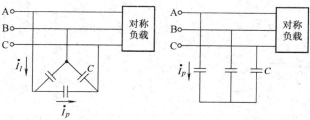

图 5-35　题 5-13 图

5-14 某三相对称负载阻抗 $Z_1 = (10\sqrt{3} + j10)\Omega$，和另一单相负载阻抗 $Z_2 = (8 - j6)\Omega$ 接在三相四线制电源上，电路如图 5-36 所示。已知电源相电压为 $U_p = 220V$。试求：（1）说明 Z_1 是什么接法；（2）求电流 $\dot{I}_{AB}$、$\dot{I}_{A1}$、$\dot{I}_{A2}$ 及 $\dot{I}_A$；（3）电源输出的总功率 P、Q、S，电路总等效功率因数 $\cos\varphi$；（4）画相量图。

5-15 在图 5-37 所示电路中，感性负载阻抗 $Z = (8 + j6)\Omega$，电源线电压 $U_l = 380V$。（1）计算线电流 I_l，有功功率 P，无功功率 Q 和功率因数 $\cos\varphi$；（2）若要将 $\cos\varphi$ 提高到 0.98，则可接通开关 Q，试求电容 C 及线路总电流 I_l'；（3）若将电容器接成 $\curlyvee$ 形，试求 C' 的值，并比较两种接法的优缺点。

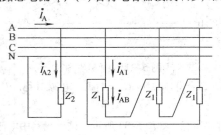

图 5-36 题 5-14 图

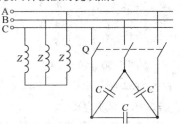

图 5-37 题 5-15 图

5-16 某三相异步电动机额定电压 $U_N = 380V$，以 △ 法接在线电压 380V 电源上，在额定状态下工作时，由电源吸收有功功率 19.1kW，功率因数 $\cos\varphi_1 = 0.88$。

（1）试求电动机的相电流、线电流；

（2）若以 △ 法接在电动机附近，每相接入电容 $C = 30\mu F$，试问电路总电流及总功率因数 $\cos\varphi$ 各为多少？$\left(\text{提示：可根据公式 } C = \dfrac{P}{3\omega U^2}(\tan\varphi_1 - \tan\varphi)，\text{先求 } \cos\varphi，\text{再求 } I_l' = \dfrac{P}{\sqrt{3}U\cos\varphi}\right)$

5-17 有一台星形联结的发电机，相电流为 1380A，线电压为 9300V，功率因数为 0.8，求此发电机提供的有功功率、无功功率与视在功率。

5-18 有一台三相电动机，定子绕组为星形联结，从配电盘电压表读出线电压为 380V，线电流为 6.1A，已知它的总功率为 3.3kW，试求电动机每相绕组的阻抗。

5-19 三相不对称负载以三角形连接到对称三相电源上，如图 5-38 所示。已知 $R = 5\Omega$，$X_{L1} = 10\Omega$，$X_{L2} = 5\Omega$，$X_C = 10\Omega$，电源线电压，$\dot{U}_{AB} = 220\underline{/0°}V$，$\dot{U}_{BC} = 220\underline{/-120°}V$，$\dot{U}_{CA} = 220\underline{/120°}V$，求负载相电流和线电流。

5-20 线电压为 380V 的对称三相电源向两组对称负载供电。其中，一组是星形联结的电阻性负载，每相电阻为 10Ω；另一组是感性负载，功率因数 0.866，消耗功率为 5.69kW，求电源的有功功率、视在功率、无功功率及输出电流。

5-21 图 5-39 为小功率星形对称电阻性负载从单相电源获得三相对称电压的电路。已知每相负载 $R = 10\Omega$，电源频率 $f = 50Hz$，试求所需的 L 和 C 的数值。

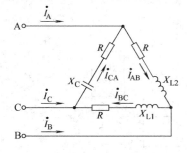

图 5-38 题 5-19 图

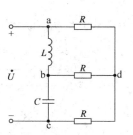

图 5-39 题 5-21 图

5-22 在图5-40中，对称负载连接成三角形，已知电源电压 $U_l = 220\text{V}$，电流表读数 $I_l = 17.3\text{A}$，三相功率 $P = 4.5\text{kW}$，试求：（1）每相负载的电阻和感抗；（2）当 AB 相断开时，图中各电流表的读数和总功率 P；（3）当 A 线断开时，图中各电流表的读数和总功率 P。

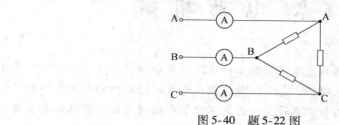

图 5-40　题 5-22 图

第6章 电动机械

本章提要　前面各章对电路的基本规律和分析方法做了详细的分析和论述。但是在生产实践中常见的电机、变压器、电磁铁、电工测量仪表以及自动控制中的电磁元件等，由于它们内部存在着电与磁的相互作用和相互转换，因此不仅有电路的问题，同时还存在着磁路的问题。

本章主要讨论以下几个问题：

1）磁路的基本概念及其基本定律。

2）变压器的工作原理及变压器的电压变换、电流变换和阻抗变换作用。

3）三相异步电动机的工作原理、机械特性及其起动、调速和制动。

本章的重点　变压器的变换电压、变换电流和变换阻抗的功能；三相异步电动机的转动原理、电磁转矩和机械特性以及三相异步电动机的起动、调速和制动等工作特性。

6.1　磁路及其基本定律

6.1.1　磁路基本概念

1. 磁场和磁路

根据电磁场理论，磁场是由电流产生的，它与电流在空间的分布和周围空间磁介质的性质密切相关。在工程中，常把载流导体制成的线圈绕在由磁性材料制成的闭合铁心上。由于磁性材料的磁导率比周围空气的磁导率大很多，磁场的磁力线大部分集中在铁心中，工程上将这种由磁性材料组成的、能使磁力线集中通过的整体，称为磁路。在磁路中，可以用相对较小的电流，在限定的区域内产生较强的磁场。各种电气设备中，如各种型号的电机、变压器、继电器、电磁铁和电磁仪表等，都有由磁性材料制成的磁路。图6-1是变压器的磁路示意图。

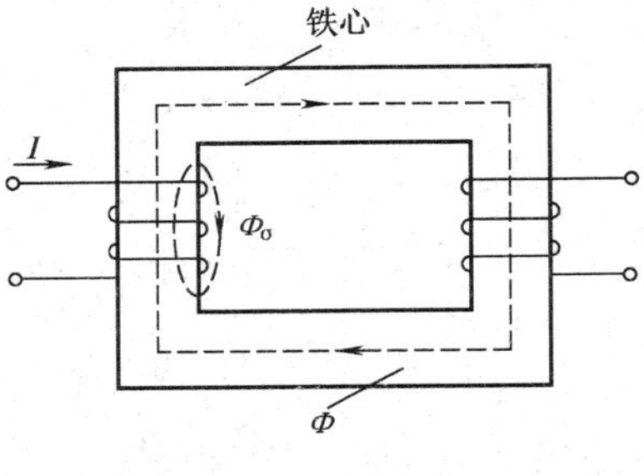

磁路在载流线圈（如图6-1中的电流 I）的作用下，在其内外分布着电磁场，因此磁路的分析与计算实际上是电磁场的求解问题。描述磁场的两个基本物理量——磁感应强度 **B** 与磁场强度 **H** 以及磁路定律是分析磁路的基础。

电流产生的磁场，其空间分布情况可以用磁力线来描绘。磁通 Φ 是垂直穿过某一面积 S 的磁力线的总数。在国际单位制中，磁通的单位是 Wb。

图6-1　变压器的磁路

磁感应强度 **B** 是表示磁场中某点磁场强弱和方向的物理量，它是个矢量。其值可以用通过垂直于 **B** 矢量的单位面积的磁力线数来确定。其方向与电流的方向符合右手螺旋定则$^{\ominus}$。

$\ominus$　右手螺旋定则：用右手握住导线，让大拇指所指的方向跟电流方向一致，那么弯曲的四指所指方向就是磁感应强度的环绕方向。

在均匀磁场中

$$B = \frac{\Phi}{S} \quad \text{或} \quad \Phi = BS \tag{6-1}$$

在法定计量单位中，磁感应强度的单位为 Wb/m² （韦/米²），称为特斯拉 T。

磁场强度 H 是指计及磁介质的作用后，磁场中某点的磁感应强度 B 与同一点的磁导率 μ 的比值，即

$$H = \frac{B}{\mu} \quad \text{或} \quad B = \mu H \tag{6-2}$$

在法定计量单位中，磁场强度的单位为 A/m。

2. 铁磁物质的磁化曲线

自然界的物质按照磁导率的不同，大体可以分为两类：磁性物质和非磁性物质。非磁性物质或称非铁磁物质，其磁导率 μ 近似等于真空中的磁导率 μ_0，如变压器油、空气、金属铜等物质。磁性物质或称铁磁物质，其磁导率 μ 远远大于真空中的磁导率 μ_0。（$\mu_0 = 4\pi \times 10^{-7} \text{H/m}$）例如铸钢的磁导率 μ 约为真空中磁导率 μ_0 的 1000 倍，硅钢片的磁导率 μ 约为真空中磁导率 μ_0 的 7000 ~ 10000 倍。

工程上常用的铁磁材料主要是指铁、钴、镍及其合金，它们不仅具有高导磁性能，还具有磁饱和及磁滞的特点。铁磁材料的磁化特性常用磁化曲线，即 B-H 曲线的形式表示。各种磁性材料的磁化曲线通常是通过实验的方法获得的，在磁路计算上极为重要。

图 6-2 是铁磁材料的 B-H 曲线。由于 $B = \mu H$，再根据 B-H 曲线可知铁磁材料的 μ 不是常数，它随外磁场变化的曲线，即 μ-H 曲线，如图 6-3 所示。由曲线可见，铁磁材料在磁化起始的 Oa 段和进入饱和后的 bc 段 μ 值均不大；但在 ab 段，特别是在 b 点附近，μ 达最大值，这种现象称为磁饱和现象。这时，铁磁材料中的磁感应强度较真空或空气中大得多，即表现出铁磁材料具有较高导磁性能的特点。

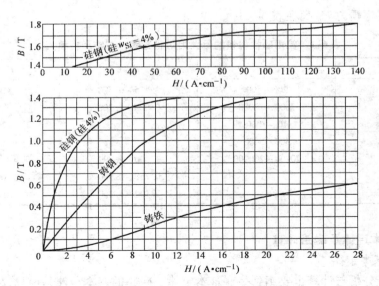

图 6-2　铁磁材料磁化曲线

当铁心线圈中通有交变电流时,铁心受到交变的磁化,磁感应强度 B 随磁场强度 H 变化的关系如图 6-4 所示,由图可见,铁磁材料中磁感应强度 B 的变化总是落后于磁场强度 H 的变化,这种性质称为磁性物质的磁滞性。在铁心反复交变磁化的情况下,表示 B 与 H 变化关系的近似对称于原点的闭合曲线,称为磁滞回线。

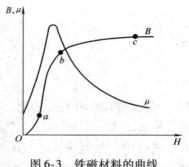

图 6-3 铁磁材料的曲线

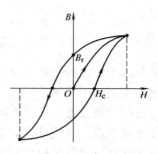

图 6-4 磁滞回线

当线圈中电流减小到零值时,铁心在磁化时所获得的磁性还未完全消失,这时铁心中所保留的磁感应强度称为剩磁感应强度,或简称剩磁 B_r。如果要使铁心的剩磁消失,通常改变线圈中励磁电流的方向来进行反向磁化。使 $B=0$ 的 H 值称为矫顽磁力 H_c。

铁磁材料按其磁滞回线形状不同,可分成两类:一类叫软磁材料,这类材料的矫顽磁力较小,磁滞回线较窄,但它的磁导率较高,适用于交变磁场中,做成各种电机、电器的铁心,属于这类材料的有纯铁、铸铁、铸钢、硅钢、铁氧体及坡莫合金等。另一类叫硬磁材料,这类材料的矫顽磁力较大,磁滞回线较宽,它们被磁化后,其剩磁不易消失,适宜做永久磁铁。属于这类材料的有钴钢、铁镍铝钴合金等。常用的几种磁性材料的最大相对磁导率 $\mu_r = \dfrac{\mu}{\mu_0}$、剩磁及矫顽力 H_c 列在表 6-1 中。

表6-1 常用磁性材料的最大相对磁导率、剩磁及矫顽力

材料名称	μ_r	B_r/T	$H_c/A \cdot m^{-1}$
铸铁	200 ~ 400	0.475 ~ 0.500	400 ~ 1040
硅钢片	7000 ~ 10000	0.800 ~ 1.200	32 ~ 64
镍锌铁氧体	10 ~ 1000		
锰锌铁氧体	300 ~ 5000		
坡莫合金	20000 ~ 200000	1.100 ~ 1.400	4 ~ 24
钴钢		0.750 ~ 0.950	7200 ~ 20000
铁镍铝钴合金		1.100 ~ 1.350	47000 ~ 52000

6.1.2 磁路基本定律及磁路计算

1. 磁路的基本定律

对磁路进行分析与计算也要用到一些基本定律,磁路的基本定律是由描述磁场性质的磁通连续性原理(或称磁场高斯定理)和全电流定律(或称安培环路定律)导出的。

在磁场中,对 H 的任意闭合环路的线积分等于该闭合路径所界定面的电流的代数

和，即

$$\oint H \mathrm{d}l = \sum I \tag{6-3}$$

该积分称为安培环路定律。当电流的参考方向与环路的绕向符合右手螺旋定则时，该电流前取正号，反之，取负号。

以图6-5所示的磁路为例，根据式（6-3）可得

$$NI = Hl = \frac{B}{\mu}l = \frac{\Phi}{\mu S}l$$

或

$$\Phi = \frac{NI}{\frac{l}{\mu S}} = \frac{F}{R_\mathrm{m}} \tag{6-4}$$

式中，F 为磁动势，即由此而产生磁通，$F = NI$；R_m 称为磁　图6-5　铁心线圈的主磁路
阻，是表示磁路对磁通具有阻碍作用的物理量；l 为磁路的平均长度；S 为磁路的截面积。

式（6-4）与电路的欧姆定律在形式上相似，所以称为磁路的欧姆定律。两者对照如表6-2所示。

表6-2　磁路与电路计算的对应关系

磁　　路			电　　路		
名　称	符　号	单　位	名　称	符　号	单　位
磁通	Φ	Wb	电流	I	A
磁压	ΦR_m（Hl）	A	电压	IR	V
磁动势	F	A	电动势	E	V
磁阻	R_m	1/H	电阻	R	Ω
磁感应强度	$B = \Phi/S$	T	电流密度	J	A/mm^2
基尔霍夫定律	$\sum \Phi = 0$		基尔霍夫定律	$\sum I = 0$	
	$\sum Hl = \sum F$			$\sum IR = \sum E$	
欧姆定律	$\Phi = F/R_\mathrm{m}$		欧姆定律	$I = U/R$	

磁路和电路有很多相似之处，但磁路与电路之间有着本质的差别。一般来说，在处理电路时一般不涉及电场问题，而在处理磁路时离不开磁场的概念。例如在讨论电机时，常常要分析电机磁路的气隙中磁感应强度的分布情况；在电路中，电路开路时电流为零，但电动势依然存在，在磁路中有磁动势则必然伴有磁通，即使磁路中有空气隙存在，磁通也不为零；在电路中漏电流极小，通常总是忽略，但在磁路中漏磁通较大，常常需要考虑，这是因为电路中有良好的绝缘材料，而磁路中却没有。

2. 磁路的计算

在进行电机、电器及电磁元件的设计时，常常要进行磁路计算。磁路计算问题分两种情况：一种是预先给定磁通（或磁感应强度），然后按照给定的磁通和磁路的结构及材料求磁动势；另一种是预先给定磁动势，求出磁路中的磁通。

本节只讨论前一种情况，即对于恒定磁通无分支磁路，已知磁通以及各部分的材料和尺寸，来计算磁动势 F。

磁路的计算不能应用磁路的欧姆定律，而要由公式 $NI = Hl$ 来求得。如果磁路是由不同的材料或不同长度和截面积的几段串联组成的，则有

$$NI = H_1 l_1 + H_2 l_2 + \cdots = \Sigma(Hl)$$

式中，$H_1 l_1$，$H_2 l_2$，…为磁路各段的磁压降。

磁动势的计算步骤如下：

1）根据磁路中各部分的材料和截面积将磁路分成若干段。

2）根据各分段磁路的尺寸计算各段的截面积和平均长度。

3）根据已知的磁通计算各段磁路的磁感应强度 $B = \Phi/S$。

4）根据各段磁路的磁感应强度，查对应的磁化曲线，确定与各段磁感应强度值相对应的磁场强度值；对于空气隙或其他非磁性材料，磁场强度可直接应用下式计算 $H_0 = B_0/\mu_0$。

5）计算各段磁路的磁压降 Hl。

6）求出所需的磁动势 $F = NI$。

铁磁材料具有下列几个较实用的性质：

1）如果要得到相等的磁感应强度，采用磁导率高的铁心材料，可使线圈的用铜量大为降低。

2）如果线圈中通有同样大小的励磁电流，要得到相等的磁通，采用磁导率高的铁心材料，可使铁心的用铁量大为降低。

3）当磁路中含有空气隙时，由于其磁阻较大，要得到相等的磁感应强度，必须增大励磁电流（设线圈匝数一定）。

6.1.3 交流铁心线圈

空气的磁导率很小，因此空心线圈是一种电感量不大的线性电感元件。在电气工程上为了获得较大的电感量，常在线圈中放入铁心，这种线圈称为铁心线圈。铁心线圈分为两种，直流铁心线圈通直流电来励磁，交流铁心线圈通交流电来励磁。直流铁心线圈励磁电流是直流，产生的磁通是恒定的，在线圈和铁心中不会感应出电动势来。在一定电压 U 下，线圈中的电流 I 只和线圈本身的电阻 R 有关，功率损耗也只有 RI^2。而交流铁心线圈在电磁关系、电压电流关系及功率损耗等几个方面和直流铁心线圈是有所不同的。下面分析当铁心线圈中通有交变电流时，线圈中的电压平衡方程以及功率损耗等问题。

图 6-6 所示的交流线圈具有铁心，线圈产生的交变磁通的绝大部分通过铁心而闭合，这部分磁通称为主磁通 Φ。此外，还有很少的一部分磁通主要经过空气或其他非铁磁材料而闭合，这部分磁通称为漏磁通 Φ_σ。这两部分交变磁通分别在线圈中产生感应电动势主磁电动势 e 和漏磁电动势 e_σ。漏磁通 Φ_σ 所经过的路径主要是空气和其他非铁磁物质，其磁导率 μ_0 为常数，所以励磁电流 i 与 Φ_σ 之间可

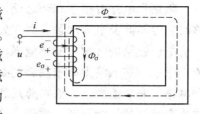

图 6-6　铁心线圈

以认为成线性关系，因此铁心线圈的漏磁电感为 $L_\sigma = N\Phi_\sigma/i =$ 常数。主磁通所通过的路径是铁磁物质，磁导率 μ 不是常数，所以 i 与 Φ 之间不存在线性关系。铁心线圈的主磁电感 L 不是一个常数。因此由于铁磁材料的非线性，所以铁心线圈是非线性电感元件。

考虑铁心线圈电阻 R 上的压降后，铁心线圈交流电路（见图6-6）中电压和电流之间的关系可以由基尔霍夫电压定律得出

$$u = -e - e_\sigma + Ri$$

或用相量表示为

$$\dot{U} = -\dot{E} - \dot{E}_\sigma + R\dot{I} \tag{6-5}$$

式（6-5）就是铁心线圈电路的电压平衡方程式。漏磁感应电动势 $\dot{E}_\sigma = -\mathrm{j}X_\sigma\dot{I}$，其中 $X_\sigma = \omega L_\sigma$ 称为漏磁感抗，它是由漏磁通引起的。

主磁通所通过的路径是铁磁物质，磁导率 μ 不是常数，所以主磁电感和相应的主磁感抗不是常数。这时，主磁通在线圈中产生的主磁感应电动势可按下述方法计算：

设主磁通

$$\Phi = \Phi_\mathrm{m}\sin\omega t$$

则

$$e = -N\frac{\mathrm{d}\Phi}{\mathrm{d}t} = -N\frac{\mathrm{d}(\Phi_\mathrm{m}\sin\omega t)}{\mathrm{d}t} = -N\omega\Phi_\mathrm{m}\cos\omega t$$

$$= 2\pi fN\Phi_\mathrm{m}\sin(\omega t - 90°) = E_\mathrm{m}\sin(\omega t - 90°) \tag{6-6}$$

式中，$E_\mathrm{m} = 2\pi fN\Phi_\mathrm{m}$，是主磁电动势 e 的幅值，而其有效值为

$$E = \frac{E_\mathrm{m}}{\sqrt{2}} = 4.44fN\Phi_\mathrm{m} \tag{6-7}$$

因此式（6-6）可用相量形式表示为

$$\dot{E} = E\underline{/-90°} \tag{6-8}$$

通常由于线圈的电阻 R 和漏感 L_σ（或漏磁通 Φ_σ）较小，因而其上的电压降也较小，与主磁电动势比较起来，可以忽略不计。故式（6-5）可写为

$$\dot{U} \approx -\dot{E} \tag{6-9}$$

即

$$U \approx E = 4.44fN\Phi_\mathrm{m} \tag{6-10}$$

由式（6-10）可知，当电源频率和线圈匝数一定时，Φ_m 近似与电源电压 U 成正比。当外加电压不变时，铁心内的主磁通的最大值几乎是不变的。式（6-10）是分析变压器和交流电机时的重要公式。

图 6-6 所示的交流铁心线圈中，当线圈接通交流电源后，在线圈中流过交变电流，铁心中就产生交变磁通。这时，铁心线圈电路除了产生由线圈电阻引起的功率损耗（简称铜损 ΔP_Cu）外，处于交变磁化下的铁心中也有功率损耗，称为铁心损耗，简称铁损 ΔP_Fe。

铁心损耗由磁滞损耗和涡流损耗两部分组成。

铁磁材料反复磁化，磁滞现象引起的铁损称为磁滞损耗 ΔP_h。可以证明，在一个磁化循环过程中消耗的功率与磁滞回线面积成正比。磁滞损耗要引起铁心发热。为了减小磁滞损耗，应选用磁滞回线狭小的软磁材料制造铁心。硅钢就是变压器和电机中常用的铁心材料，其磁滞损耗较小。

交变磁通在铁心中除了产生磁滞现象外还产生涡流现象。因铁磁材料既是导磁材料又是导电材料，故铁心在交变磁通作用下会产生感应电动势，从而在垂直于磁通方向的铁心平面内产生旋涡状的感应电流，称为涡流。涡流在铁磁材料内所产生的能量损耗称为涡流损耗 ΔP_e。涡流损耗也要引起铁心发热。为了减小涡流损耗，可增大涡流通路的电阻。通常其铁

心在顺磁场方向由彼此绝缘的薄钢片叠成（见图 6-7），并选用电阻率较大的铁磁材料，如硅钢片。

由此可见，图 6-6 所示交流铁心线圈电路中消耗的总有功功率是线圈的铜损和铁损的总和

$$P = UI\cos\varphi = \Delta P_{Cu} + \Delta P_{Fe} = \Delta P_{Cu} + \Delta P_h + \Delta P_e \tag{6-11}$$

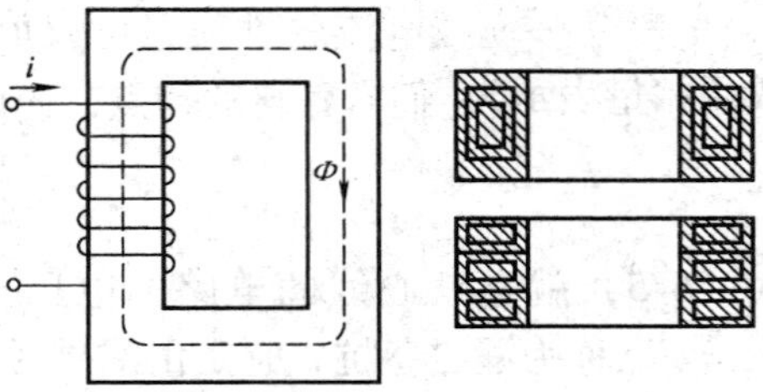

图 6-7 铁心中的涡流

例 6-1 一铁心线圈，加上 12V 直流电压时，电流为 1A；加上 110V 交流电压时，电流为 2A，消耗的功率为 88W。求后一情况下线圈的铜损、铁损和功率因数。

解 由直流电压和电流求得线圈的电阻为

$$R = \frac{U}{I} = \frac{12}{1}\Omega = 12\Omega$$

由交流电流求得铜损为

$$\Delta P_{Cu} = RI^2 = 12 \times 2^2 W = 48W$$

由有功功率和铜损求得铁损为

$$\Delta P_{Fe} = P - \Delta P_{Cu} = (88 - 48)W = 40W$$

功率因数为

$$\cos\varphi = \frac{P}{UI} = \frac{88}{110 \times 2} = 0.4$$

6.1.4 电磁铁

电磁铁是一种电磁元件，是利用通电的铁心线圈能对铁磁物质产生吸力的原理制成的电器。它在各个工业部门中应用极为广泛，例如，冶金工业中用于提放钢材的电磁吊车；机床工业中用于夹持工件进行加工的电磁工作台；传递动力的电磁离合器、液压传动中的电磁阀；自动控制系统中用于换接电路的继电器和接触器等。

电磁铁通常由三部分组成，即线圈、铁心和衔铁。它的结构形式因使用场合的不同而有多种多样，图 6-8 所示的是常见的几种形式。

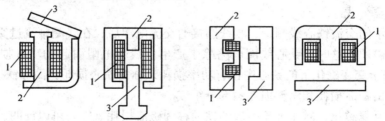

图 6-8 电磁铁的几种形式
1—线圈 2—铁心 3—衔铁

电磁铁在生产中的应用极为普遍，图 6-9 所示的例子是用电磁铁来制动机床和起重机的电动机。当接通电源时，电磁铁动作而拉开弹簧，将抱闸提起，于是放开了装在电动机轴上的制动轮，这时电动机便可自由转动。当电源断开时，电磁铁的衔铁落下，弹簧便将抱闸压在制动轮上，于是电动机就被制动。在起重机中采用了这种制动方法，还可避免由于工作过程中的断电而使重物滑下所造成的事故。

电磁铁按励磁电流的性质，可以分为直流电磁铁和交流电磁铁两种。它们有各自的特点，使用时应特别注意。

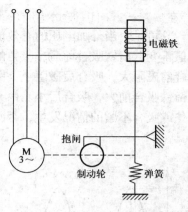

1. 直流电磁铁

直流电磁铁的励磁电流是恒定的直流，稳态时磁路中的磁通是恒定的。恒定的磁通不会在励磁线圈中产生自感电动势，因此励磁电流为

$$I = \frac{U}{R}$$

式中，U 是励磁电压；R 是励磁绕组的电阻。

恒定的磁通不会在铁心中引起磁滞和涡流损耗，因此直流电磁铁的铁心常用整块的铸钢、软钢或工程纯钢等制成。

图 6-9　电磁铁的应用

电磁吸力 F 是电磁铁的主要参数之一。直流电磁铁的电磁吸力为

$$F = 4B_0^2 S_0 \times 10^5 \text{N} \tag{6-12}$$

式中，B_0 是空气隙中的磁感应强度；S_0 是空气隙总面积。

式（6-12）表明，电磁吸力的大小与空气隙的总面积及空气隙中的磁感应强度的平方成正比。当衔铁被吸合后，磁路的磁动势没有变化，而空气隙却消失了，这时磁阻比吸合前减少很多。由磁路欧姆定律可知，磁通比吸合前增加很多，因而吸合后的电磁力也比吸合前大得多，能可靠吸合。

2. 交流电磁铁

交流电磁铁的励磁电流是交变的，因此磁通以及电磁吸力也是随时间交变的。设空气隙处的磁感应强度

$$B_0 = B_m \sin\omega t$$

则由式（6-12）得电磁吸力的瞬时值为

$$f_0 = 4B_0^2 S_0 \times 10^5 = 4B_m^2 \sin^2\omega t S_0 \times 10^5$$
$$= 4B_m^2 S_0 \times 10^5 \left(\frac{1 - \cos 2\omega t}{2}\right) = F_m\left(\frac{1 - \cos 2\omega t}{2}\right) \tag{6-13}$$

式中，$F_m = 4B_m^2 S_0 \times 10^5$ 为电磁吸力的最大值（单位为 N）。

由式（6-13）可见，交流电磁铁吸力的瞬时值在零与最大值 F_m 之间以两倍电源频率脉动，如图 6-10 所示。这样就会引起衔铁的颤动，产生噪声，也会导致机械磨损，降低电磁铁的使用寿命。为了消除这种现象，可如图 6-11a 在铁心的部分端面上嵌装一分磁环（或称短路环）。于是在分磁环中便产生感应电流，以阻碍磁通的变化，使在磁极两部分中的磁通 Φ_1 与 Φ_2 之间产生一相位差，如图 6-11b 所示，因而磁极各部分的吸力也就不会同时降为零，这就可消除衔铁的颤动，除去噪声。

电磁吸力在一个周期内的平均值（单位为 N）为

$$F = \frac{1}{T}\int_0^T f_0 \mathrm{d}t = \frac{1}{2}F_m = 2B_m^2 S_0 \times 10^5 \text{N} \tag{6-14}$$

根据铁心线圈的理论，在交流电磁铁的励磁线圈中会产生自感电动势。如果略去线圈的电阻和漏感抗，则励磁电压与自感电动势之间的关系为

$$U \approx E = 4.44fN\Phi_\mathrm{m}$$

可见，当外加电压的有效值不变时，主磁通的最大值也几乎不变。只要外加电压的有效值不变，衔铁吸合前后，吸力的平均值并不像直流电磁铁那样有很大的变化。但是，衔铁吸合前磁阻大，吸合后磁阻小，因而，吸合前的磁动势要比吸合后的磁动势大，即励磁电流在衔铁吸合前大，吸合后小。由于交流电磁铁有上述特点，当线圈通电后，要防止衔铁受阻卡住或吸合不紧的情况发生，否则会由于电流过大而烧毁线圈。

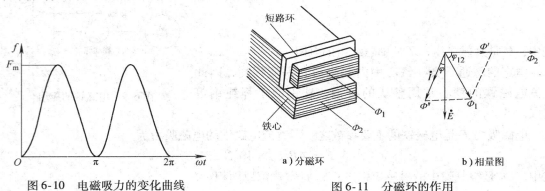

图 6-10　电磁吸力的变化曲线　　　　　a) 分磁环　　　　　　b) 相量图

图 6-11　分磁环的作用

交流电磁铁的铁心和衔铁是用硅钢片叠装而成，以减少磁滞和涡流损耗。

思 考 题

1. 磁路与电路有什么区别？

2. 空心线圈的电感是常数，而铁心线圈的电感不是常数，为什么？如果线圈的尺寸、形状和匝数相同，有铁心和没有铁心时，哪个电感大？铁心线圈的铁心在达到磁饱和与尚未达到磁饱和状态时，哪个电感大？

3. 如果铁心线圈中通过直流电流，是否有铁损？

6.2　变压器

变压器是一种静止的电气设备，具备变换电压、电流和阻抗的作用，因此，它的应用极为广泛。在电力系统中，变压器用来将某一电压幅值的交流电变为同频率的另一电压幅值的交流电。通常，电力系统采用高压输电以节省输电材料及减小线路的功率损耗。在发电厂先用变压器升高电压，当电能输送到目的地后，再用变压器降低电压，以适应用电设备的需要。这种完成输送电能的变压器统称为电力变压器。有些场合，由于电流太大，不能直接用电流表测量，这时必须采用电流互感器，将大电流变为小电流，然后进行测量。像电流互感器之类用于各种测量装置的变压器，称为仪用变压器。在无线电和电子线路中，变压器除用来变换电压、电流之外，还常用来变换阻抗，实现阻抗匹配，如收音机中的输出变压器。此外，尚有自耦变压器、互感器及各种专用变压器（用于电焊、电炉及整流等）。变压器的种类很多，但是它们的基本构造和工作原理是相同的。

6.2.1　变压器的构造

变压器一般结构如图 6-12 所示，它是由铁心和绕组构成。变压器常见的结构型式有两类：心式变压器和壳式变压器。如图 6-12a 所示，心式变压器的特点是绕组包围铁心，这种变压器用铁量较少，构造简单，绕组的安装和绝缘比较容易，因此多用于容量较大的变压器中。如图 6-12b 所示，壳式变压器的特点是铁心包围绕组，这种变压器用铜量较少，多用于小容量的变压器。

铁心是变压器的磁路部分，为了提高磁路的磁导率和降低铁心损耗，铁心通常用厚度为 0.2～0.5mm 的硅钢片叠成。绕组是变压器的电路部分，它是由圆形或矩形截面的导线绕成一定形状的线圈。通常，电压高的绕组称为高压绕组，电压低的绕组称为低压绕组。低压绕组靠近铁心放置，而高压绕组则置于外层。

变压器除了有完成电磁感应的基本部分——铁心和绕组之外，较大容量的还具有冷却设备、保护装置以及高压套管等几部分。大容量变压器通常都是三相变压器。

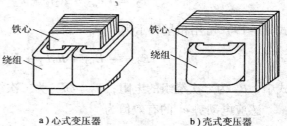

a）心式变压器　　　　　　b）壳式变压器

图 6-12　变压器的结构

6.2.2　变压器的工作原理

图 6-13 所示的是变压器的原理图。为了便于分析，我们将高压绕组和低压绕组分别画在两边。与电源相连的称为一次绕组，与负载相连的称为二次绕组。一次、二次绕组的匝数分别为 N_1 和 N_2。

当一次绕组接上交流电压 u_1 时，一次绕组中便有电流 i_1 通过。一次绕组的磁动势 $N_1 i_1$ 产生的磁通绝大部分通过铁心而闭合，从而在二次绕组中感应出电动势。如果二次绕组接有负载，那么二次绕组中就有电流 i_2 通过。二次绕组的磁动势 $N_2 i_2$ 也产生磁通，其绝大部分也通过铁心

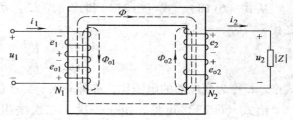

图 6-13　变压器的原理图

而闭合。因此，铁心中的磁通是一个由一次、二次绕组的磁动势共同产生的合成磁通，它称为主磁通，用 Φ 表示。主磁通穿过一次绕组和二次绕组而在其中感应出的电动势分别为 e_1 和 e_2。此外，一次、二次绕组的磁动势还分别产生漏磁通 $\Phi_{\sigma 1}$ 和 $\Phi_{\sigma 2}$，漏磁通仅与各自绕组相连，从而在各自的绕组中分别产生漏磁电动势 $e_{\sigma 1}$ 和 $e_{\sigma 2}$。

下面分别讨论变压器的电压变换、电流变换及阻抗变换。

1. 电压变换

根据基尔霍夫电压定律，对一次绕组电路可列出电压方程

$$u_1 = -e_1 - e_{\sigma 1} + R_1 i_1 = -e_1 + L_{\sigma 1}\frac{\mathrm{d}i_1}{\mathrm{d}t} + R_1 i_1 \tag{6-15}$$

通常一次绕组上所加的是正弦电压 u_1，则在正弦电压作用的情况下，式（6-15）可用相量表示为

$$\dot{U}_1 = -\dot{E}_1 - \dot{E}_{\sigma 1} + R_1\dot{I}_1 = -\dot{E}_1 + jX_1\dot{I}_1 + R_1\dot{I}_1 \tag{6-16}$$

式中，R_1 为一次绕组的电阻；$X_1 = \omega L_{\sigma 1}$ 为一次绕组的感抗，即漏磁感抗，是由漏磁通产生的。

由于一次绕组的电阻 R_1 和感抗 X_1 较小，因而它们两端的电压降也较小，与主磁电动势 e_1 比较起来可以忽略不计。则有

$$\dot{U}_1 \approx -\dot{E}_1 \tag{6-17}$$

感应电动势 e_1 的有效值为

$$E_1 = 4.44fN_1\Phi_m \approx U_1 \tag{6-18}$$

同理，对二次绕组电路可列出电压方程

$$e_2 = -e_{\sigma2} + R_2i_2 + u_2 = L_{\sigma2}\frac{di_2}{dt} + R_2i_2 + u_2 \tag{6-19}$$

式（6-19）可用相量表示为

$$\dot{E}_2 = -\dot{E}_{\sigma2} + R_2\dot{I}_2 + \dot{U}_2 = jX_2\dot{I}_2 + R_2\dot{I}_2 + \dot{U}_2 \tag{6-20}$$

式中，R_2 为二次绕组的电阻；$X_2 = \omega L_{\sigma2}$ 为二次绕组的感抗；$\dot{U}_2$ 为二次绕组的端电压。

感应电动势 e_2 的有效值为

$$E_2 = 4.44fN_2\Phi_m \tag{6-21}$$

在变压器空载时，由于 $I_2 = 0$，则

$$E_2 = U_{20} \tag{6-22}$$

式中，U_{20} 是空载时二次绕组的端电压。

从式（6-18）、式（6-21）和式（6-22）可得出一次绕组的电压与二次绕组的电压之比

$$\frac{U_1}{U_{20}} \approx \frac{E_1}{E_2} = \frac{N_1}{N_2} = K \tag{6-23}$$

式中，K 称为变压器的电压比，亦即一次、二次绕组的匝数比。

由式（6-23）可见，由于一次、二次绕组的匝数 N_1 和 N_2 不相等，故 E_1 和 E_2 的大小是不等的，因此输入电压 U_1 和输出电压 U_{20} 的大小也是不等的。当输入电压，即电源电压一定时，只要适当选取一次、二次绕组的匝数，就可将电源电压变为所需要的不同的输出电压值。

2. 电流变换

由式（6-18）可见，当电源电压 U_1 和频率 f 不变时，Φ_m 也近于常数，这说明，铁心中主磁通的最大值在变压器空载或有载时是基本恒定的，即铁心中的主磁通几乎与负载无关。因此，有载时产生主磁通的一次、二次绕组的合成磁动势 $N_1i_1 + N_2i_2$ 应该和空载时产生主磁通的一次绕组的磁动势 N_1i_0 近似相等，即

$$N_1i_1 + N_2i_2 \approx N_1i_0 \tag{6-24}$$

式（6-24）用相量表示为

$$N_1\dot{I}_1 + N_2\dot{I}_2 \approx N_1\dot{I}_0 \tag{6-25}$$

变压器的空载电流 i_0 是励磁电流，其值很小，常可忽略。于是式（6-25）可写成

$$N_1\dot{I}_1 \approx -N_2\dot{I}_2 \tag{6-26}$$

由式（6-26）可知，一次、二次绕组的电流关系为

$$\frac{\dot{I}_1}{\dot{I}_2} \approx -\frac{N_2}{N_1} = -\frac{1}{K} \tag{6-27}$$

其有效值之比为

$$\frac{I_1}{I_2} \approx \frac{N_2}{N_1} = \frac{1}{K} \tag{6-28}$$

式（6-28）表明，变压器一次、二次绕组的电流之比近似等于它们的匝数比的倒数。这是变压器的另一个基本关系，它反映了变压器具有电流变换的功能。变压器一次、二次绕组之间虽无直接的电的联系，但它们之间存在磁的耦合，而使一次绕组电流随二次绕组电流变化。

变压器的额定电流 I_{1N} 和 I_{2N} 是指按规定工作方式（长时连续工作或短时工作或间歇工作）运行时一次、二次绕组允许通过的最大电流，它们是根据绝缘材料允许的温度确定的。二次绕组的额定电压是指一次绕组加上额定电压时二次绕组的空载电压。由于变压器有内阻抗压降，所以二次绕组的空载电压一般较满载时的电压高 5% ~ 10%。二次绕组的额定电压与额定电流的乘积称为变压器的额定容量（视在功率），即

$$S_N = U_{2N}I_{2N} \approx U_{1N}I_{1N}（单相） \tag{6-29}$$

式中，S_N 为视在功率（单位是 VA），称为"容量"，与输出功率（单位是 W）不同。

3. 阻抗变换

变压器除能起变换电压和变换电流的作用外，它还有变换负载阻抗的作用，以实现阻抗匹配。

根据上述一次、二次绕组电压、电流的关系，可以得出

$$\frac{U_1}{I_1} = \frac{\dfrac{N_1}{N_2}U_2}{\dfrac{N_2}{N_1}I_2} = \left(\frac{N_1}{N_2}\right)^2 \frac{U_2}{I_2} = K^2 Z_2$$

令

$$Z_1 = \frac{U_1}{I_1}$$

则

$$Z_1 = K^2 Z_2 \tag{6-30}$$

式中，Z_1 是一次绕组等效阻抗，或者称为变压器转移阻抗，即负载阻抗通过变压器转移到其输入端口的等效阻抗。

变压器的这种阻抗变换作用，常用于电子线路的功率放大级中，使负载（如扬声器）能获得较大的功率。

由式（6-16）和式（6-20）可以看出，当电源电压 U_1 不变时，变压器负载后，二次绕组电压 U_2 将随二次绕组电流 I_2 的变化而有所变化。当电源电压 U_1 和负载功率因数 $\cos\varphi_2$ 为常数时，U_2 随 I_2 的变化关系如图 6-14 所示，$U_2 = f(I_2)$ 称为变压器的外特性曲线。对电阻性和电感性负载而言，电压 U_2 随电流 I_2 的增加而下降。

变压器从空载到额定负载，二次绕组电压变化程度与空载电压的比值，称为电压变化率，即

$$\Delta U(\%) = \frac{U_{20} - U_2}{U_{20}} \times 100\% \tag{6-31}$$

在一般变压器中，由于其电阻和漏磁感抗均甚小，电压变化率是不大的，一般在5%以内。

例6-2 在图6-15中，交流信号源的电动势 $E = 120V$，内阻 $R_0 = 800\Omega$，负载电阻 $R_L = 8\Omega$。1）当 R_L 折算到原边的等效电阻 $R'_L = R_0$ 时，求变压器的匝数比和信号源输出的功率；2）当将负载直接与信号源连接时，信号源输出多大的功率？

解

1）变压器的匝数比为

$$\frac{N_1}{N_2} = \sqrt{\frac{R'_L}{R_L}} = \sqrt{\frac{800}{8}} = 10$$

信号源的输出功率为

$$P = \left(\frac{E}{R_0 + R'_L}\right)^2 R'_L = \left(\frac{120}{800 + 800}\right)^2 \times 800\,W = 4.5\,W$$

2）当将负载直接接在信号源上时

$$P = \left(\frac{120}{800 + 8}\right)^2 \times 8\,W = 0.176\,W$$

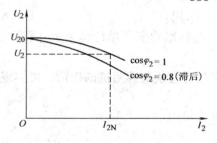

图 6-14 变压器的外特性

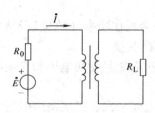

图 6-15 例 6-2 图

6.2.3 变压器的损耗与效率

和交流铁心线圈一样，变压器在运行中存在两种功率损耗，即铁损 ΔP_{Fe} 和铜损 ΔP_{Cu}。

铁损是交变的主磁通在铁心中产生的磁滞损耗 ΔP_h 和涡流损耗 ΔP_e 之和，即 $\Delta P_{Fe} = \Delta P_h + \Delta P_e$。变压器在运行时，虽然它的负载经常在变化，但由于一次绕组电压的数值和频率都不变，主磁通基本不变，所以铁损也基本上保持不变，因此铁损又称为不变损耗。

铜损是一次、二次绕组电流流过其绕组时在绕组上产生的损耗之和，即 $\Delta P_{Cu} = \Delta P_{Cu1} + \Delta P_{Cu2}$，当负载变化时，铜损也发生变化，故铜损又称为可变损耗。

变压器的总损耗为

$$\Delta P = \Delta P_{Fe} + \Delta P_{Cu}$$

变压器的效率是指输出功率 P_2 与输入功率 P_1 之比，即

$$\eta = \frac{P_2}{P_1} \times 100\% = \frac{P_2}{P_2 + \Delta P} \times 100\% \tag{6-32}$$

式中，$P_1 = U_1 I_1 \cos\varphi_1$，$P_2 = U_2 I_2 \cos\varphi_2$；$\varphi_1$、$\varphi_2$ 分别是一次绕组电压与电流、二次绕组电压与电流的相位差。

通常，变压器的损耗很小，故效率很高，小功率变压器效率为70% ~ 85%，一般都在85%左右，大型变压器效率可达98% ~ 99%。

例 6-3 一变压器容量为 10kVA，铁损为 280W，满载铜损为 340W。求下列情况下变压器的效率：1）在满载情况下向功率因数为 0.9（滞后）的负载供电；2）在 75% 负载下向功率因数为 0.8（滞后）的负载供电。

解

1）变压器输出功率

$$P_2 = U_2 I_2 \cos\varphi_2 = 10 \times 10^3 \times 0.9\text{W} = 9 \times 10^3\text{W}$$

效率为

$$\eta = \frac{P_2}{P_2 + \Delta P} = \frac{9 \times 10^3}{9 \times 10^3 + 280 + 340} = 0.936 = 93.6\%$$

2）在 75% 额定负载情况下

$$P_2 = 0.75 U_2 I_2 \cos\varphi_2 = 0.75 \times 10 \times 10^3 \times 0.8\text{W} = 6 \times 10^3\text{W}$$

铜损为

$$0.75^2 \times 340\text{W} = 191\text{W}$$

效率为

$$\eta = \frac{P_2}{P_2 + \Delta P} = \frac{6 \times 10^3}{6 \times 10^3 + 191 + 280} = 0.927 = 92.7\%$$

6.2.4 三相变压器

变换三相电压的变压器称为三相变压器。常用的三相心式变压器的绕组如图 6-16 所示，它有三个铁心柱，每个铁心柱都绕着同一相的两个或者两个以上的线圈，其中接电源的绕组称为一次绕组，接负载的绕组称为二次绕组，如图 6-16 所示。三相变压器高压绕组的始端和末端分别用大写字母 A_1、B_1、C_1 和 A_2、B_2、C_2 来表示。低压绕组的始端和末端则分别用小写字母 x_1、y_1、z_1 和 x_2、y_2、z_2 来表示。在我国，大部分三相电力变压器都做成心式结构，其铁心如图 6-17 所示。

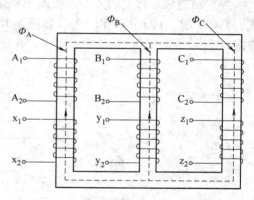

图 6-16 三相变压器的绕组与磁路

三相变压器的工作原理和单相变压器是相同的。如图 6-16 所示，根据电磁感应原理，当交流电压加到一次绕组后，该绕组中的电流就产生励磁作用，在铁心中产生交变的磁通，该磁通不仅穿过一次绕组，同时也穿过二次绕组，分别在两个绕组中引起感应电动势。这时如果二次绕组与外电路的负载接通，便有交流电流流出，输出电能。

三相变压器铭牌上给出的额定电压和额定电流是指高压侧和低压侧线电压和线电流的额定值，容量（或称为额定功率）是指三相视在功率的额定值。

三相变压器的高低压绕组可以分别接成 Y 形或 D 形。绕组的联结方式按国家标准的规定采用下列方式进行表示：

Y——高压绕组无中性线的星形联结；

Y0——高压绕组有中性线的星形联结；

D——高压绕组采用三角形联结；

y——低压绕组无中性线的星形联结；

y₀——低压绕组有中性线的星形联结；

d——低压绕组采用三角形联结。

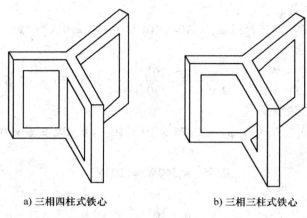

a) 三相四柱式铁心　　　　　　　b) 三相三柱式铁心

图6-17　三相心式变压器的铁心

为了制造和运行上的方便，我国国家标准对三相电力变压器规定了以下5种标准联结方式：Yy0、Yd、Y0d、Yy 和 Y0y。如图6-18所示，列举了三相变压器常用的 Yy0 和 Yd 联结方式。

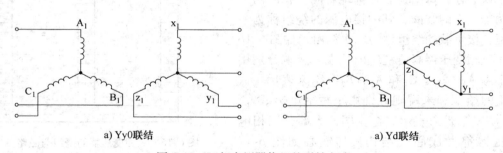

a) Yy0联结　　　　　　　　　　　　a) Yd联结

图6-18　三相变压器绕组的联结方式

6.2.5　变压器绕组的极性

变压器在使用中有时需要将绕组串联以提高电压，或将绕组并联以增大电流，但必须注意绕组的正确连接。例如，一台变压器的一次绕组有相同的两个绕组，如图6-19a所示。假定每个绕组的额定电压为110V，当接到220V的电源上时，应将两绕组的异极性端串联，如图6-19b所示；接到110V的电源上时，应将两绕组的同极性端并联，如图6-19c所示。如果连接错误，譬如串联时将2和4两端连在一起，将1和3两端接电源，此时两个绕组的磁动势就相互抵消，铁心中不产生磁通，绕组中也就没有感应电动势，绕组中将流过很大的电流，将变压器烧毁。

为了正确连接，在线圈上标以记号"●"。标有"●"号的两端称为同极性端（或同名端），图6-19中的1和2是同极性端，当然3和4也是同极性端。当电流从两个线圈的同极性端流入（或流出）时，产生的磁通方向相同；或者当磁通变化（增大或减小）时，在同极性端感应电动势的极性也相同。在图 6-19 中，绕组中的电流是增加的，故感应电动势 e 的极性（或方向）如图 6-19 所示。

应该指出，只有额定电流相同的绕组才能串联，额定电压相同的绕组才能并联，否则，即使极性连接正确，也将使其中某一绕组过载。

如果将其中一个线圈反绕，如图 6-20 所示，则 1 和 4 两端应为同极性端。串联是应将 3 和 4 两端连在一起。可见，同极性端的标定，还与线圈的绕向有关。

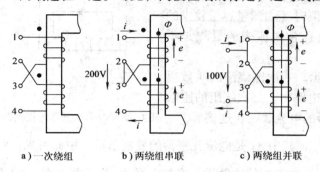

a）一次绕组   b）两绕组串联   c）两绕组并联

图 6-19   变压器绕组极性

图 6-20   一个线圈反绕

6.2.6   特殊变压器

1. 自耦变压器

自耦变压器只有一个线圈，其二次绕组是一次绕组的一部分，所以它的特点是一次、二次绕组之间不仅有磁的耦合，而且还有电的直接联系。

图 6-21a 是实验室中常用的一种可调式自耦变压器，又称调压器，其电路如图 6-21b 所示。若在一次绕组加上电压 U_1，则二次绕组电压为 U_2，且

$$\frac{U_1}{U_2} = \frac{N_1}{N_2} = K$$

使用时只要转动手柄，即可改变输出电压的大小。

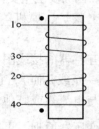

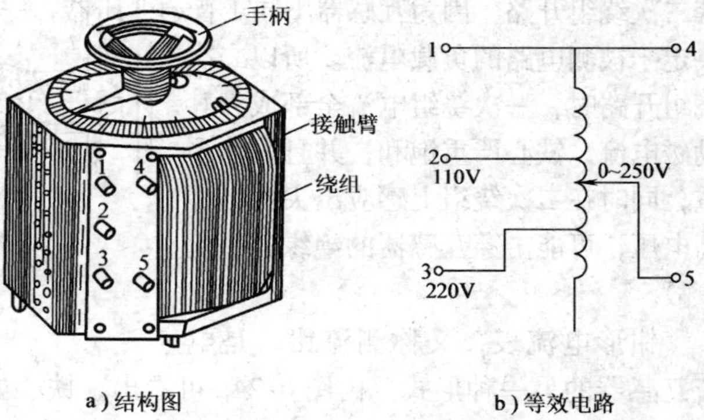

a）结构图   b）等效电路

图 6-21   自耦变压器

2. 电压互感器

电压互感器一般是一个降压变压器。它的工作原理与普通变压器空载状态相似。有些电压互感器的二次绕组有几个抽头，在使用时可以按需要选用一种绕组匝数，与一次绕组组成不同匝数比。

电压互感器使用时，一次绕组并联接在被测电压的线路上，二次绕组接测量仪表，如图 6-22 所示，其中 $U_2 = U_1/K$，在互感器中 K 称为电压比（也称转换倍率）。

常用的电压互感器二次绕组的额定电压为 100V。互感器的额定容量是二次绕组的输出容量，一般为几十 VA ~ 几百 VA。为了工作安全，电压互感

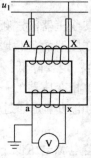

图 6-22   电压互感器的接线图

器的铁心和二次绕组及外壳需接地，以防止当绕组间的绝缘损坏时二次绕组上有高压出现。同时，在运行中严禁二次绕组短路，否则将产生比额定电流大几百倍甚至几千倍的短路电流，烧坏互感器。

3. 电流互感器

电流互感器是一种将大电流变换为小电流的变压器，工作原理同普通变压器的负载情况相似。它主要是用来扩大测量交流电流的量程。因为要测量交流电路的大电流时（如测量容量较大的电动机、工频炉、焊机等的电流时），通常电流表的量程是不够的。

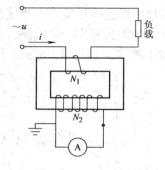

电流互感器的接线图如图 6-23 所示。一次侧绕组的匝数很少（只有一匝或几匝），它串联在被测电路中。二次绕组的匝数较多，它与电流表或其他仪表及继电器的电流线圈相连接。

图 6-23　电流互感器的接线图

根据变压器原理，可得到 $I_2 = \dfrac{1}{K_1} I_1$，其中 K_1 是电流互感器的变换系数。由此可见，利用电流互感器可将大电流变换为小电流。电流表的读数乘上变换系数 K_1 即为被测的大电流值 I_1。通常电流互感器二次绕组的额定电流都规定为 5A。

为了工作安全，电流互感器的二次绕组、铁心和外壳应接地，同时电流互感器在运行中严禁二次绕组开路。因为互感器不同于普通变压器，一次绕组电流不取决于二次绕组的电流，而决定于被测电路的负载电流。所以二次绕组开路时，一次绕组电流全部成为其励磁电流，铁心严重饱和，并且发热严重，同时在二次绕组上感应出尖峰脉冲高电压，可能击穿互感器的绝缘，引起事故。

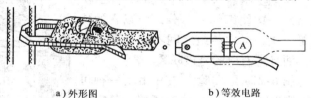

a）外形图　　　　　b）等效电路

图 6-24　钳形电流表

钳形电流表，又称测流钳，是电流互感器的另一种形式。由图 6-24a 可看出，铁心如同一个钳子，用弹簧压紧。测量时将钳口分开，纳入被测导线，而后闭合。这时该导线就是一次绕组，二次绕组绕在铁心上并与电流表接通如图 6-24b 所示，从安培表读出待测导线的电流数值。

思 考 题

1. 某变压器额定频率为 50Hz，在 25Hz 的交流电路中，能否正常工作？

2. 变压器的负载增加时，其一次绕组中电流怎样变化？铁心中主磁通怎样变化？输出电压是否一定要降低？

3. 单相变压器的一、二次绕组之间有磁的耦合关系，但无电的直接联系。一次侧从电源吸收的电功率是通过什么途径传送到二次侧的？二次侧所接负载的大小又是如何反映到一次侧的？

4. 若电源电压低于变压器的额定电压，变压器的输出功率应如何适当调整？若负载不变会引起什么后果？

6.3　三相异步电动机

电动机的作用是将电能转换为机械能。现代各种生产机械都广泛应用电动机来驱动。按电流种类的不同，电动机可分为交流电动机和直流电动机两大类。交流电动机又分为异步电动机和同步电动机，直流电动机按照励磁方式的不同分为他励、并励、串励和复励4种。

异步电动机构造简单，运行可靠，维护方便，效率较高，价格低廉，所以异步电动机，特别是三相异步电动动，在工农业生产及日常生活中应用最广。它被广泛地用来驱动各种金属切削机床、起重机、锻压机、传送带、铸造机械、功率不大的通风机及水泵等。

异步电动机起动性能和调速性能较差，功率因数较低，因此，对要求起动转矩大，或者要求调速范围大而且平滑调速的生产机械，如电气牵引机械、龙门刨床等，均采用直流电动机。同步电动机主要应用于功率较大、不需调速、长期工作的各种生产机械，如压缩机、水泵、通风机等。单相异步电动机常用于功率不大的电动工具和某些家用电器中。除上述动力用电动机外，在自动控制系统和计算装置中还用到各种控制电机。本节主要讨论三相异步电动机。

6.3.1　三相异步电动机的构造

三相异步电动机分成两个基本部分：定子（固定部分）和转子（旋转部分）。三相异步电动机的构造如图6-25所示，电动机的定子是由机座和装在机座内的铁心以及安放在铁心槽内的三相定子绕组组成。机座是用铸铁或铸钢制成的，铁心是由互相绝缘的硅钢片叠成的。铁心的内圆周表面冲有槽（见图6-26），对称三相绕组是用绝缘铜线或铝线先绕制成三组线圈，然后嵌放在槽中，再按一定规则连接而成。三相绕组可连接成星形，亦可连接成三角形。电动机机座两侧有端盖，中心装有轴承，用以支撑转子旋转。

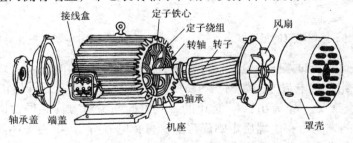

图6-25　三相异步电动机的构造

转子主要由转子铁心和转子绕组构成。转子铁心的外表有槽（见图6-26），槽内安放转子绕组。三相异步电动机的转子根据构造上的不同分为两种型式：笼型和绕线转子型。转子铁心是圆柱状，也用硅钢片叠成，外表面冲有槽。铁心装在转轴上，轴上加机械负载。笼型转子的结构如图6-27所示，在转子铁心的槽中放置铜条或铝条，两端用端环连接。或者在槽中浇铸铝液，铸成一笼型，这样便可以用比较便宜的铝来代替铜，同时制造也快。因此，目前中小型笼型电动机的转子很多是铸铝的。笼型电动机由于构造简单、价格低廉、工作可靠、使用方便，就成为生产上应用得最广泛的一种电动机。

6.3.2　三相异步电动机的工作原理

1. 旋转磁场

三相异步电动机的定子铁心中放有三相对称绕组 U_1U_2、V_1V_2 和 W_1W_2，三相定子绕组在空间彼此相隔 120°。设将三相绕组连接成星形，接在三相电源上，如图 6-28 所示，定子绕组中便有三相对称电流产生

$$i_U = I_m \sin\omega t$$
$$i_V = I_m \sin(\omega t - 120°)$$
$$i_W = I_m \sin(\omega t + 120°) \tag{6-33}$$

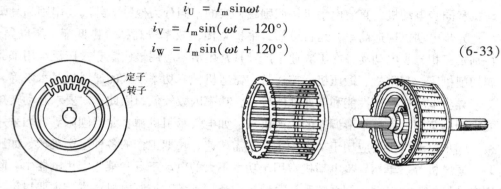

图 6-26　定子与转子的铁心　　　　　　　　　　图 6-27　笼型转子

其波形如图 6-29 所示。在一个周期内任选几个时刻，如，$\omega t = 0°$、$\omega t = 60°$ 及 $\omega t = 90°$ 来分析定子磁场的变化。

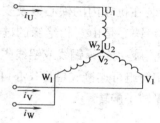

图 6-28　定子三相绕组的星形联结

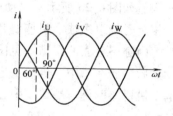

图 6-29　三相对称电流

设绕组始端到末端的方向为电流的参考方向。在 $\omega t = 0°$ 的时刻，由式（6-33）及图 6-29 可知，定子绕组中的电流方向如图 6-30a 所示。这时 $i_U = 0$；i_V 是负的，其方向与参考方向相反，即自 V_2 流入，V_1 流出；i_W 是正的，其方向与参考方向相同，即自 W_1 流入，W_2 流出。定子磁场的方向由右手螺旋定则确定。将每相电流所产生的磁场相加，便得出三相电流的合成磁场，合成磁场的方向标在图 6-30a 中。

图 6-30b 所示的是 $\omega t = 60°$ 时定子绕组中电流的方向和三相电流的合成磁场的方向，这时的合成磁场已在空间转过了 60°。同理可得在 $\omega t = 90°$ 时的三相电流合成磁场，它比 $\omega t = 60°$ 时的合成磁场在空间又转过了 30°，如图 6-30c 所示。

由此可见，异步电动机的磁场是由对称三相电流产生的。当对称三相电流通入定子的对称三相绕组时，它们共同产生的合成磁场是随电流的交变在空间连续旋转的，称为旋转磁场。

三相异步电动机的极数就是旋转磁场的极数。旋转磁场的极数和三相绕组的安排有关。在上述图 6-30 的情况下，每相绕组只有一个线圈，绕组各始端在空间相差 120°空间角，则产生的旋转磁场具有一对极，即 $p = 1$，p 称为磁极对数。

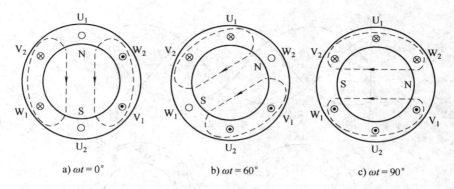

a) $\omega t = 0°$　　　　　　b) $\omega t = 60°$　　　　　　c) $\omega t = 90°$

图 6-30　三相电流产生的旋转磁场（一对磁极）

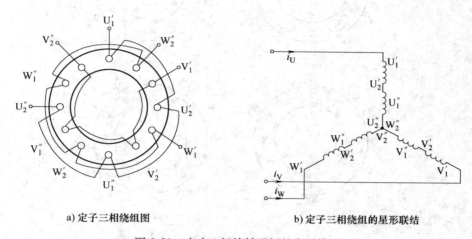

a) 定子三相绕组图　　　　　　b) 定子三相绕组的星形联结

图 6-31　产生 4 极旋转磁场的定子绕组

如将定子每相绕组改为由两个线圈串联，如图 6-31a、b 所示，绕组各始端在空间相差 60°空间角，在这样的三相绕组中通入三相电流后，如图 6-32 所示，产生的旋转磁场具有两对磁极，即 $p=2$。

由图 6-30 及图 6-32 可见，当电流随时间交变时，合成磁场在空间旋转，旋转磁场的转速与磁场的极对数相关。在一对磁极，即 $p=1$ 时，电流变化一个周期，旋转磁场在空间转动一周。若电流的频率为 f_1，则旋转磁场的转速为 $n_0 = 60f_1$。此时，旋转磁场的转速 n_0 称为同步转速。

当旋转磁场有两对磁极，即 $p=2$ 时，电流变化一个周期，旋转磁场在空间只转过 180°，为一对磁极旋转磁场（$p=1$）时的一半。此时，同步转速为 $n_0 = 60f_1/2$。同理可知，具有三对磁极 $p=3$ 的旋转磁场，当电流变化一个周期，磁场旋转 120°，因此旋转磁场的同步转速为 $n_0 = 60f_1/3$。

由此推知，当旋转磁场具有 p 对磁极时，磁场的同步转速为

$$n_0 = \frac{60f_1}{p} \tag{6-34}$$

因此，旋转磁场的同步转速 n_0 决定于电流频率 f_1 和磁场的极对数 p，而后者又决定于三相绕组的安排情况。在我国，工频 $f_1 = 50\text{Hz}$，于是由式（6-34）可得出对应于不同极对数 p 的旋转磁场转速 n_0，见表 6-3。

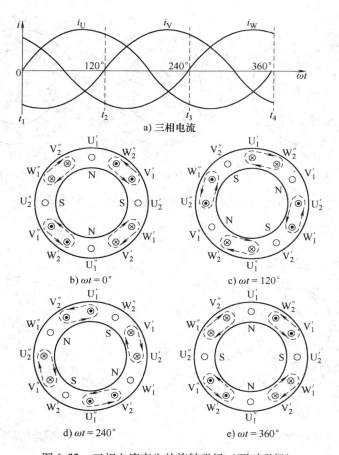

图 6-32　三相电流产生的旋转磁场（两对磁极）

表 6-3　不同磁极对数的同步转速

p	1	2	3	4	5	6	7	8
$n_0/\text{r} \cdot \min^{-1}$	3000	1500	1000	750	600	500	428	375

　　观察图 6-30 中各瞬时磁场变化，可以看出旋转磁场是沿着 U→V→W 方向旋转的，即按顺时针方向旋转。如果将同三相电源连接的三根导线中的任意两根（例如 V 和 W）对调位置，即电动机三相绕组的 V 相与 W 相互换，则磁场按逆时针方向旋转。由此可见，旋转磁场的转向是由三相电流的相序决定的。

　　2. 工作原理

　　图 6-33 是三相异步电动机工作原理示意图。如果在定子三相绕组中通入三相电流，则定子内部产生一个方向为顺时针、转速为 n_0 的旋转磁场。这时转子导体与旋转磁场之间存在着相对运动，因而在转子导体中产生感应电动势，可以用右手定则[⊖]确定其感应电动势的方向。由于转子绕组是闭合的，于是，感应电动势在转子导体中产生感应电流。转子导体中的感应电流与旋转磁场相互作用产生电磁力 F，其方向用左手定则[⊜]确定。电磁力 F 作用在

⊖　右手定则：伸开右手，使大拇指与其余四指垂直，并且都与手掌在同一平面内。设想将右手放入磁场中，使磁力线垂直穿入手心，大拇指指向导线运动方向，则其余四指所指的方向为导线中感应电流的方向。

⊜　左手定则：伸开左手，使大拇指与其余四指垂直，并且都与手掌在同一平面内。设想将左手放入磁场中，使磁力线垂直穿入手心，其余四指指向电流方向，则大拇指所指的方向就是磁场对电流作用力的方向。

转子上形成电磁转矩，使转子转动，由图6-33可见，转子顺旋转磁场的旋转方向转动。异步电动机的定子和转子之间只有磁的耦合而无电的联系，能量的传递依靠电磁感应作用，故这种异步电动机又被称为感应电动机。

由上面的分析还可以看出，异步电动机转子的转速 n 总是小于同步转速 n_0。如果两者相等 $n = n_0$，则转子与旋转磁场之间就不存在相对运动，转子导体中便不会产生感应电动势和电流，因而就不会产生电磁转矩驱使转子旋转，这就是把这种电动机取名为异步电动机的原因。

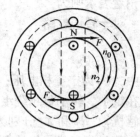

图6-33 异步电动机
工作原理示意图

用转差率 s 来表示转子转速 n 与同步转速 n_0 相差的程度，即

$$s = \frac{n_0 - n}{n_0} \times 100\% \qquad (6\text{-}35)$$

转差率是异步电动机的一个重要的物理量。当电动机起动瞬间，$n = 0$，则 $s = 1$，这时转差率最大。随着 n 的增大，s 不断减小，转子转速愈接近磁场转速，则转差率愈小。由于三相异步电动机的额定转速与同步转速相近，所以它的转差率很小。通常异步电动机在额定负载时的转差率为 $1\% \sim 9\%$。

例6-4 有一台三相异步电动机，其额定转速 $n = 1460\text{r/min}$。试求电动机在额定负载时的转差率（电源频率 $f_1 = 50\text{Hz}$）。

解 由于异步电动机的额定转速接近而略小于同步转速，因此同步转速应对应于磁极对数 $p = 2$ 时的同步转速

$$n_0 = \frac{60f_1}{p} = \frac{60 \times 50}{2}\text{r/min} = 1500\text{r/min}$$

因此，额定负载时的转差率为

$$s = \frac{n_0 - n}{n_0} \times 100\% = \frac{1500 - 1460}{1500} \times 100\% \approx 2.7\%$$

6.3.3 转矩和机械特性

1. 电路分析

异步电动机的定子绕组和转子绕组之间只有磁的耦合，而无电的联系，能量的传递依靠电磁感应作用，这与变压器一次、二次绕组之间的电磁关系相似。从电磁关系看，定子绕组相当于变压器的一次绕组，而转子绕组通常短接，相当于二次绕组。图6-34为异步电动机每相电路图。

当定子绕组接上三相电源电压时，则有三相电流通过。定子三相电流产生旋转磁场，其磁通通过定子和转子铁心而闭合。这磁场不仅在转子每相绕组中要感应出电动势，并由此产生电流，而且在定子每相绕组中也要感应出电动势。此外，还有漏磁通在定子绕组和转子绕组中产生漏磁电动势。定子和转子每相绕组的匝数分别为 N_1 和 N_2。根据对变压器的一次、二次绕组电路的分析方法，可以写出异步电动机定子和转子电路中一相的电压平衡方程式。

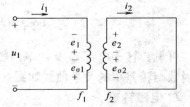

图6-34 三相异步电动机的每相电路图

对于定子电路　　$u_1 = R_1 i_1 + (-e_{\sigma 1}) + (-e_1) = R_1 i_1 + L_{\sigma 1}\dfrac{\mathrm{d}i_1}{\mathrm{d}t} + (-e_1)$

用相量表示则为

$$\dot{U}_1 = -\dot{E}_1 + R_1\dot{I}_1 + jX_1\dot{I}_1 \tag{6-36}$$

对于转子电路

$$\dot{E}_2 = R_2\dot{I}_2 + jX_2\dot{I}_2 \tag{6-37}$$

式中，$\dot{U}_1$ 为定子相电压；$\dot{I}_1$、$\dot{I}_2$ 分别为定子、转子的相电流；$\dot{E}_1$、$\dot{E}_2$ 为旋转磁场主磁通分别在定子、转子每相绕组中的感应电动势；R_1 和 X_1 分别为定子每相绕组的电阻和感抗（漏磁感抗）；R_2 和 X_2 分别为转子每相绕组的电阻和感抗（漏磁感抗）。

若忽略定子绕组的电阻和漏感抗，则可得

$$\dot{U}_1 \approx -\dot{E}_1 \tag{6-38}$$

或

$$E_1 = 4.44f_1 N_1 \Phi_{\mathrm{m}} \approx U_1 \tag{6-39}$$

式中，Φ_{m} 是通过每相绕组的磁通最大值，在数值上它等于旋转磁场的每极磁通；f_1 是 e_1 的频率。

在变压器中，一次、二次绕组是相对静止的，所以它们的电流频率相同，就是电源频率。而异步电动机中转子与定子是有相对运动的，所以转子电流的频率 f_2 随转子转速的不同而改变，即

$$f_2 = \frac{p(n_0 - n)}{60} = \frac{n_0 - n}{n_0}\frac{pn_0}{60} = sf_1 \tag{6-40}$$

转子电动势 $\dot{E}_2$ 的有效值为

$$E_2 = 4.44f_2 N_2 \Phi_{\mathrm{m}} = 4.44sf_1 N_2 \Phi_{\mathrm{m}} = sE_{20} \tag{6-41}$$

式中，E_{20} 为转子静止（即 $n = 0$、$s = 1$）时转子绕组的感应电动势，$E_{20} = 4.44f_1 N_2 \Phi_{\mathrm{m}}$。

转子感抗 X_2 与转子频率 f_2 有关，即

$$X_2 = 2\pi f_2 L_{\sigma 2} = sX_{20} \tag{6-42}$$

式中，$X_{20} = 2\pi f_1 L_{\sigma 2}$ 为转子静止，即 $n = 0$，$s = 1$ 时转子绕组的感抗。

由以上各式可知，转子频率 f_2、转子电动势 E_2 及转子感抗 X_2 都与转差率 s 相关，并由式（6-37），可得出转子每相电路的电流及转子电路的功率因数的表达式为

$$I_2 = \frac{E_2}{\sqrt{R_2^2 + X_2^2}} = \frac{sE_{20}}{\sqrt{R_2^2 + (sX_{20})^2}} \tag{6-43}$$

$$\cos\varphi_2 = \frac{R_2}{\sqrt{R_2^2 + X_2^2}} = \frac{R_2}{\sqrt{R_2^2 + (sX_{20})^2}} \tag{6-44}$$

可见，转子电流 I_2 及功率因数 $\cos\varphi_2$ 亦与转差率 s 相关，亦即与转速 n 相关。电流、功率因数与转差率的关系曲线如图6-35所示。

2. 电磁转矩

电动机的电磁转矩是由转子的载流导体与旋转磁场相互作用而产生的。转子载流导体所受的电磁力则与旋转磁场主磁通 Φ_{m} 及转子电流 I_2 成正比。可见，电磁转矩 T 与主磁通 Φ_{m}、电流 I_2 成正比。

转子电路既有电阻还有漏电抗，所以转子电流 I_2 可以分解为有功分量 $I_2\cos\varphi_2$ 和无功分

量 $I_2\sin\varphi_2$ 两部分。因为电磁转矩 T 决定着电动机输出机械功率（有功功率）的大小，所以只有电流的有功分量 $I_2\cos\varphi_2$ 才能产生电磁转矩。故异步电动机的电磁转矩为

$$T = K_T\Phi_m I_2\cos\varphi_2 \qquad (6\text{-}45)$$

式中，K_T 是与电动机结构有关的常数。

由式（6-39）可得

$$\Phi_m = \frac{E_1}{4.44f_1N_1} \approx \frac{U_1}{4.44f_1N_1} \qquad (6\text{-}46)$$

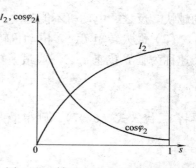

图 6-35 转子电流 I_2 及功率因数 $\cos\varphi_2$ 与转差率 s 的关系曲线

将式（6-43）、式（6-44）、式（6-46）及 $E_{20} = 4.44f_1N_2\Phi_m$ 代入式（6-45），得出转矩的另一表示式

$$T = K\frac{sR_2U_1^2}{R_2^2 + (sX_{20})^2} \qquad (6\text{-}47)$$

式中，K 是与电动机结构有关的常数。

由式（6-47）可见，转矩 T 与定子每相电压 U_1 的平方成正比，所以电源电压的波动对电动机转矩的影响很大。此外，转矩 T 还与转差率 s 及转子电阻 R_2 相关。

3. 机械特性

电动机的机械特性，就是指电动机的转速 n 与转矩 T 之间的关系，即 $n = f(T)$。在一定的电源电压 U_1 和转子电阻 R_2 之下，转矩与转差率的关系曲线 $T = f(s)$（见图 6-36），或转速与转矩的关系曲线 $n = f(T)$（见图 6-37），称为电动机的机械特性曲线。

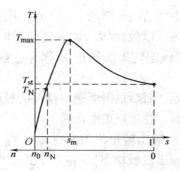

图 6-36 三相异步电动机的 $T = f(s)$ 曲线

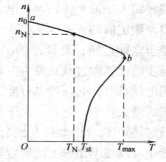

图 6-37 三相异步电动机的 $n = f(T)$ 曲线

研究机械特性的目的是为了分析电动机的运行性能。在机械特性曲线上，讨论下面几个特殊的转矩：

（1）起动转矩 T_{st} 电动机转速 $n = 0$（$s = 1$），即电动机刚起动时，电动机的转矩称为起动转矩 T_{st}。只要把 $s = 1$ 代入式（6-47），即可得起动转矩

$$T_{st} = K\frac{R_2U_1^2}{R_2^2 + X_{20}^2} \qquad (6\text{-}48)$$

由式（6-48）可见，T_{st} 与 U_1 及 R_2 有关。当电源电压 U_1 降低时，起动转矩会减小（见图 6-38）。当转子电阻 R_2 适当增大时，起动转矩会增大（见图 6-39）。

只有当电动机起动转矩大于负载转矩 T_L 时，电动机才能起动，而且起动转矩越大，起

动越快。反之，电动机不能起动。

（2）最大转矩 T_{max} 电动机转矩的最大值，称为最大转矩或临界转矩。这时，电动机的转速称为临界转速 n_c，对应最大转矩的转差率为临界转差率 s_m，它由 $dT/ds = 0$ 求得，即

$$s_m = \frac{R_2}{X_{20}} \tag{6-49}$$

再将 s_m 代入式（6-47），则得最大转矩

$$T_{max} = K\frac{U_1^2}{2X_{20}} \tag{6-50}$$

由式（6-49）、式（6-50）可见，T_{max} 与 U_1^2 成正比，而与转子电阻 R_2 无关；s_m 与 R_2 有关，R_2 愈大，s_m 也愈大。

上述关系表示在图 6-38 和图 6-39 中。

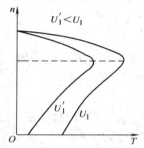

图 6-38 改变电源电压时的机械特性

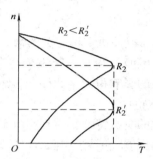

图 6-39 改变转子电阻时的机械特性

当负载转矩大于最大转矩时，电动机就要停车，发生所谓闷车现象。闷车后，电动机的电流立即增至额定值的 6 ~ 7 倍，将引起电动机严重过热，以致烧毁。如果过载时间较短，电动机不至于立即过热，是容许的。电动机最大转矩与额定转矩的比值 λ 称为过载系数。一般三相异步电动机的过载系数为 1.8 ~ 2.2。

在选用电动机时，必须考虑可能出现的最大负载转矩，而后根据所选电动机的过载系数算出电动机的最大转矩，它必须大于最大负载转矩。否则，就要重选电动机。

（3）额定转矩 T_N 电动机在额定负载下稳定运行时的输出转矩称为额定转矩 T_N。电动机的额定转矩可以根据铭牌上的额定转速和额定功率（输出机械功率），应用下式求得

$$T_N = 9550\frac{P_2}{n} \tag{6-51}$$

式中，P_2 为电动机轴上输出的机械功率，单位为 kW（千瓦），转速的单位为 r/min（转/分），则转矩的单位为 N·m（牛·米）。

通常三相异步电动机都工作在图 6-37 所示特性曲线的 ab 段。当负载转矩增大（譬如车床切削时的背吃刀量加大，起重机的起重量加大）时，在最初瞬间电动机的转矩 $T < T_L$，所以它的转速 n 开始下降。随着转速的下降，由图 6-37 可见，电动机的转矩增加了，因为这时 I_2 增加的影响超过 $\cos\varphi_2$ 减小的影响（见图 6-35）。当转矩增加到 $T = T_L$ 时，电动机在新的稳定状态下运行，这时转速较前为低。但是 ab 段比较平坦，当负载在空载与额定值之间变化时，电动机的转速变化不大。这种特性称为硬的机械特性。三相异步电动机的这种硬特性非常适用于一般金属切削机床。

6.3.4 三相异步电动机的铭牌数据

要正确使用电动机，必须要看懂铭牌。今以 Y132M-4 型电动机为例，来说明铭牌上各个数据的意义。

三相异步电动机		
型号 Y132M-4	功 率 7.5kW	频 率 50Hz
电压 380V	电 流 15.4A	接 法 △
转速 1440r/min	绝缘等级 B	工作方式 连续
年 月 编号		××电机厂

此外，它的主要技术数据还有：功率因数 0.85，效率 87%。

1. 型号

为了适应不同用途和不同工作环境的需要，电动机制成不同的系列，每种系列用各种型号表示。

型号说明，例如

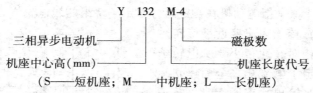

异步电动机的产品名称代号及其汉字意义摘录于表 6-4 中。

表 6-4　异步电动机产品名称代号

产品名称	新代号	汉字意义	老代号
异步电动机	Y	异	J，JO
绕线转子异步电动机	YR	异绕	JR，JRO
防爆型异步电动机	YB	异爆	JB，JBS
高起动转矩异步电动机	YQ	异起	JQ，JQO

小型 Y、Y-L 系列笼型异步电动机是取代 JO 系列的新产品，封闭自扇冷式。Y 系列定子绕组为铜线，Y-L 系列为铝线。电动机功率是 0.55~90kW。同样功率的电动机，Y 系列比 JO 系列体积小，质量轻，效率高。

2. 接法

这是指定子三相绕组的接法。一般笼型电动机的接线盒中有 6 根引出线，标有 U_1、V_1、W_1、U_2、V_2、W_2，其中：U_1、U_2 是第一相绕组的两端；V_1、V_2 是第二相绕组的两端；W_1、W_2 是第三相绕组的两端。

如果 U_1、V_1、W_1 分别为三相绕组的始端（头），则 U_2、V_2、W_2 是相应的末端（尾）。

这六个引出线端在接电源之前，相互间必须

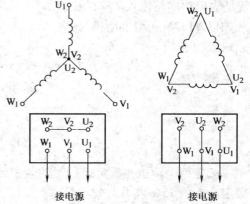

图 6-40　定子绕组的星形和三角形联结

正确连接。连接方法有星形（Y）联结和三角形（△）联结两种（见图 6-40）。通常三相异步电动机中，3kW 及 3kW 以下的电动机有两种不同的接法，如电压为 220/380V，接法为

△/丫；自 4kW 以上者，连接成三角形。本例中 Y132M - 4 型电动机额定功率是 7.5kW，故只有三角形一种接法。

3. 电压

铭牌上所标的电压值是指电动机在额定运行时定子绕组上应加的线电压值。一般规定电动机的电压不应高于或低于额定值的 5%。

当电压高于额定值时，磁通将增大（因 $U_1 \approx 4.44f_1N_1\Phi_m$）。若所加电压较额定电压高出较多，这将使励磁电流大大增加，电流大于额定电流，使绕组过热。同时，由于磁通的增大，铁损（与磁通平方成正比）也就增大，使定子铁心过热。但常见的是电压低于额定值。这时引起转速下降，电流增加。如果在满载或接近满载的情况下，电流的增加将超过额定值，使绕组过热。还必须注意，在低于额定电压下运行时，和电压平方成正比的最大转矩 T_{max} 会显著地降低，这对电动机的运行也是不利的。

三相异步电动机的额定电压有 380V、3000V 及 6000V 等多种。

4. 电流

铭牌上所标的电流值是指电动机在额定运行时定子绕组的线电流值。

当电动机空载时，转子转速接近于旋转磁场的转速，两者之间相对转速很小，所以转子电流近似为零，这时定子电流几乎全为建立旋转磁场的励磁电流。当输出功率增大时，转子电流和定子电流都随着相应增大，如图 6-41 中 $I_1 = f(P_2)$ 曲线所示。

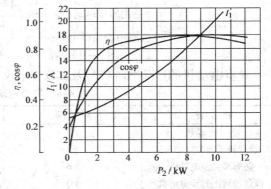

图 6-41　三相异步电动机工作特性曲线

5. 功率与效率

铭牌上所标的功率值是指电动机在额定运行时轴上输出的机械功率值。输出功率与输入功率不等，其差值等于电动机本身的损耗功率，包括铜损、铁损及机械损耗等。所谓效率 η 就是输出功率与输入功率的比值。

如以 Y132M-4 型电动机为例：

输入功率

$$P_1 = \sqrt{3}U_1I_1\cos\varphi = \sqrt{3} \times 380 \times 15.4 \times 0.85 \, \text{kW} = 8.6 \, \text{kW}$$

输出功率

$$P_2 = 7.5 \, \text{kW}$$

效率

$$\eta = \frac{P_2}{P_1} \times 100\% = \frac{7.5}{8.6} \times 100\% = 87\%$$

一般笼型电动机在额定运行时的效率约为 72% ~ 93%。$\eta = f(P_2)$ 曲线如图 6-41 所示，在额定功率的 75% 左右时效率最高。

6. 功率因数

因为电动机是电感性负载，定子相电流比相电压滞后一个 φ 角，$\cos\varphi$ 就是电动机的功率因数。

三相异步电动机的功率因数较低，在额定负载时为 0.7 ~ 0.9，而在轻载和空载时更低，空载时只有 0.2 ~ 0.3。因此，必须正确选择电动机的容量，防止"大马拉小车"，并力求缩短空载的时间。

$\cos\varphi = f(P_2)$ 曲线如图 6-41 所示。

7. 转速

由于生产机械对转速的要求不同，需要生产不同磁极数的异步电动机，因此有不同的转速等级。最常用的是 4 个极的（$n_0 = 1500\text{r/min}$）。

8. 绝缘等级

绝缘等级是按电动机绕组所用的绝缘材料在使用时容许的极限温度来分级的。所谓极限温度，是指电机绝缘结构中最热点的最高容许温度。技术数据见表 6-5。

表 6-5　各绝缘等级的极限温度

绝缘等级	A	E	B	F	H
极限温度/℃	105	120	130	155	180

9. 工作方式

电动机的工作方式分为 8 类，用字母 $S_1 \sim S_8$ 分别表示。常用的三种工作方式为

连续工作方式（S_1）；

短时工作方式（S_2），分 10min，30min，60min，90min 共 4 种；

断续周期性工作方式（S_3），其周期由一个额定负载时间和一个停止时间组成，额定负载时间与整个周期之比称为负载持续率。标准持续率有 15%、25%、40%、60% 几种，每个周期为 10min。

例 6-5　有一 Y225M-4 型三相异步电动机，其额定数据如下表所示。试求：1）额定电流 I_N；2）额定转差率 s_N；3）额定转矩 T_N、最大转矩 T_{max}、起动转矩 T_{st}。

功率/kW	转速/r · min⁻¹	电压/V	效率(%)	功率因数	I_{st}/I_N	T_{st}/T_N	T_{max}/T_N
45	1480	380	92.3	0.88	7.0	1.9	2.2

解　1）4 ~ 100kW 的电动机通常都是 380V，三角形联结。

$$I_N = \frac{P_2}{\sqrt{3}\eta U\cos\varphi} = \frac{45\times10^3}{\sqrt{3}\times380\times0.88\times0.923}\text{A} = 84.2\text{A}$$

2）由已知 $n = 1480\text{r/min}$ 可知，电动机是四极的，即 $p = 2$，$n_0 = 1500\text{r/min}$。所以

$$s_N = \frac{n_0-n}{n_0}\times100\% = \frac{1500-1480}{1500}\times100\% = 1.3\%$$

3）

$$T_N = 9550\frac{P_2}{n} = 9550\times\frac{45}{1480}\text{N}\cdot\text{m} = 290.4\text{N}\cdot\text{m}$$

$$T_{max} = \left(\frac{T_{max}}{T_N}\right)T_N = 2.2\times290.4\text{N}\cdot\text{m} = 638.9\text{N}\cdot\text{m}$$

$$T_{st} = \left(\frac{T_{st}}{T_N}\right)T_N = 1.9\times290.4\text{N}\cdot\text{m} = 551.8\text{N}\cdot\text{m}$$

思 考 题

1. 三相异步电动机在一定负载下运行时，如电源电压降低，电动机的转矩、电流及转速有何变化？

2. 三相异步电动机在正常运行时，如果转子突然被卡住，试问这时电动机的电流有何变化？对电动机有何影响？

3. 三相异步电动机在额定状态附近运行，当1）负载增大；2）电压升高；3）频率增大时，试分别说明其转速和电流作何变化？

4. 频率为 $60Hz$ 的三相异步电动机，若接在 $50Hz$ 的电源上使用，电动机的同步转速为多少？电动机会发生何种现象？

5. 为什么三相异步电动机不能在最大转矩 T_{max} 处或接近最大转矩处运行？

6.4 三相异步电动机的起动、调速与制动

为了更好、更高效地使用电动机，除根据生产机械的负载特性选择合适的电动机外，还要考虑到三相异步电动机的起动、调速与制动，这些问题往往影响到生产机械的工作效率和产品质量，具有重要的实际意义。

6.4.1 三相异步电动机的起动

电动机从接上电源开始运转起，一直加速到稳定运转状态的过程称为起动过程。由于电动机总是与生产机械连接在一起组成电力拖动机组，所以电动机应满足以下两项要求。

1）起动时，起动转矩要足够大。只有足够大的起动转矩，才能使机组起动，并缩短起动时间。如果起动转矩过小，就不能在满载下起动，应设法提高。但有时起动转矩如果过大，会使传动机构（譬如齿轮）受到冲击而损坏，所以又应设法减小。

2）起动时，起动电流不能太大。过大的起动电流虽不至引起电动机的过热，但将使供电线路产生较大的电压降，从而影响接在同一电网上的其他用电设备的正常工作。

当异步电动机接上电源的一瞬间，由于 $n=0$，$s=1$，因而转子电路中的感应电动势和电流都很大。转子电流的增大将引起定子电流的增大。如果不采取任何措施，笼型异步电动机的起动电流约为额定电流的 $5~7$ 倍。起动电流虽大，但由于转速较低时，$\cos\varphi$ 很低，所以起动转矩却不很大，只有额定转矩的 $1~2$ 倍。

由上述可知，异步电动机起动时的主要缺点是起动电流较大。为了减小起动电流（有时也为了提高或减小起动转矩），必须采用适当的起动方法。

笼型电动机的起动有直接起动和减压起动两种。

1. 直接起动

直接起动就是利用刀开关或接触器将电动机直接接到具有额定电压的电源上。这种起动方法虽然简单，但如上所述，由于起动电流较大，将使线路电压下降，影响负载正常工作。对不经常起动的异步电动机，其容量不超过电源容量的30%时允许直接起动；对于频繁起动的异步电动机，其容量不超过电源容量的20%时允许直接起动。如果动力和照明共用一台变压器，则要求电动机直接起动时所产生的电压降不应超过5%。二三十千瓦以下的异步电动机一般都是采用直接起动的。

2. 减压起动

如果电动机直接起动时所引起的线路电压降较大，必须采用减压起动，就是在起动时降低加在电动机定子绕组上的电压，以减小起动电流。减压起动虽然可以减小起动电流，但同时也减小了起动转矩，这是减压起动的不足之处。因此减压起动仅适用于空载或轻载情况下起动。常用的减压起动方法有星-三角换接起动和自耦变压器减压起动。

星-三角换接起动只适用于定子绕组在正常工作时是三角形联结的电动机，在起动时可把它连成星形，等到转速接近额定值时再换接成三角形。这样在起动时就把定子每相绕组上的电压降到正常工作电压的 $1/\sqrt{3}$，达到减压起动的目的，起动电路如图 6-42 所示。

起动时，把换接开关 Q_2 投向"起动"位置，然后把电源开关 Q_1 合上。这时，定子绕组为星形联结，定子绕组电压（相电压）与电源电压（线电压）的关系为

$$U_p = U_l/\sqrt{3}$$

即每相绕组上的起动电压只有额定电压的 $1/\sqrt{3}$，则定子绕组电流 $I_\curlyvee$（线电流）为

$$I_{l\curlyvee} = I_{p\curlyvee} = \frac{U_p}{|Z|} = \frac{U_l/\sqrt{3}}{|Z|} \tag{6-52}$$

待转速上升到接近额定转速时，再把 Q_2 投向"运行"位置。这时定子绕组为三角形联结，定子绕组电压（相电压）与电源电压（线电压）相等，即每相绕组上的电压为额定电压，则定子绕组电流为 $I_\triangle$（线电流）为

$$I_{l\triangle} = \sqrt{3}I_{p\triangle} = \frac{\sqrt{3}U_p}{|Z|} = \frac{\sqrt{3}U_l}{|Z|} \tag{6-53}$$

比较式（6-52）和式（6-53），可得

$$\frac{I_{l\curlyvee}}{I_{l\triangle}} = \frac{1}{3} \tag{6-54}$$

由此可知，减压起动时定子绕组电流为直接起动时的 1/3。

由于转矩和电压的平方成正比，所以起动转矩也减小到直接起动时的 $\left(\dfrac{1}{\sqrt{3}}\right)^2 = \dfrac{1}{3}$。因此，此方法只适用于空载和轻载时起动。

对于容量较大的或正常运行时接成星形而不能采用星-三角起动的笼型异步电动机，常采用自耦变压器起动。这种减压起动是利用三相固定抽头式自耦变压器，将电动机在起动过程中的端电压降低。自耦变压器一般每相备有三个抽头，抽头的电压分别为额定电压的 80%、60% 及 40%，根据对起动转矩的要求而选用。此种方法的接线如图 6-43 所示。起动时，先把 Q_2 投向"起动"位置，此时，电动机便在降低了的电压下起动。待电动机接近额定转速时，再把 Q_2 投向"运行"位置。这时，把全部电压（额定电压）加到定子绕组上，同时使自耦变压器脱离电源，起动过程结束。用这种方法起动，电网供给的起动电流将是直接起动时的 $1/K^2$（K 为自耦变压器电压比），起动转矩也将为直接起动时的 $1/K^2$。

例 6-6 在例 6-5 中，1）如果负载转矩为 510.2N·m，试问在 $U = U_N$ 和 $U' = 0.9U_N$ 两种情况下电动机能否起动？2）采用 丫-△ 换接起动时，求起动电流和起动力矩。又当负载转矩为额定转矩的 80% 和 50% 时，电动机能否起动？

解 1）在 $U = U_N$ 时，$T_{st} = 551.8N·m > 510.2N·m$，所以能够起动。

在 $U' = 0.9U_N$ 时，$T'_{st} = 0.9^2 \times 551.8 \text{N} \cdot \text{m} = 447 \text{N} \cdot \text{m} < 510.2 \text{N} \cdot \text{m}$，所以不能起动。

2) $\qquad I_{st\triangle} = 7I_N = 7 \times 84.2 \text{A} = 589.4 \text{A}$

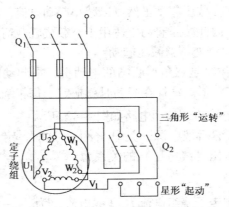

三角形"运转"

定子绕组

星形"起动"

图 6-42　星-三角换接起动线路图

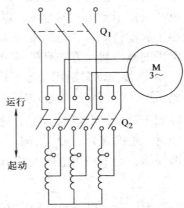

运行

起动

图 6-43　自耦变压器减压起动线路图

$$I_{st\curlyvee} = \frac{1}{3}I_{st\triangle} = \frac{1}{3} \times 589.4 \text{A} = 196.5 \text{A}$$

$$T_{st\curlyvee} = \frac{1}{3}T_{st\triangle} = \frac{1}{3} \times 551.8 \text{A} = 183.9 \text{N} \cdot \text{m}$$

在 80% 额定转矩时

$$\frac{T_{st\curlyvee}}{T_N \times 80\%} = \frac{183.9}{290.4 \times 80\%} = \frac{183.9}{232.3} < 1，\text{不能起动};$$

在 50% 额定转矩时

$$\frac{T_{st\curlyvee}}{T_N \times 50\%} = \frac{183.9}{290.4 \times 50\%} = \frac{183.9}{145.2} > 1，\text{可以起动}。$$

*3. 软起动器简介

当采用减压起动时，虽然限制了异步电动机起动电流的大小，是在减压起动过程完成后的分档投切和加全压的瞬间，仍将产生数倍额定电流的尖峰电流（即二次冲击电流），会对配电系统造成冲击，同时产生破坏性的动态转矩引起电机的机械振动，对转子、中间齿轮等机械设备非常有害，并使起动过程延长。采用软起动器可以有效地解决该问题。

软起动器可以在整个起动过程中使电动机电压逐渐升高，很好地控制起动电流，达到电动机平稳起动的目的，通常有限压起动和限流起动两种起动模式。软起动器可根据电动机负载的特性来调节起动过程中的各种参数，如限压值、限流值、起动时间等。软起动器与电动机的接线图如图 6-44 所示。

软起动器还具有软停车、智能控制和过电流、过电压、缺相等多种保护功能，适合所有的空载、轻载异步电动机使用。

6.4.2　三相异步电动机的调速

电动机的调速就是根据生产机械的需要，在同一负载转矩下调节其转速，以满足生产过程的要求。例如车床的主电动机随着工件与刀具不同、材料不同、加工工艺不同，需要有不同的转速，以保证工件的加工质量。如果采用

图 6-44　软起动器起动

电气调速，则可以简化机械变速机构。

电动机转速公式为

$$n = (1-s)n_0 = (1-s)\frac{60f_1}{p} \tag{6-55}$$

式（6-55）表明，改变转速有三种方法：改变电源频率 f_1、极对数 p 和转差率 s。前二者常用于笼型电动机调速，后者适用于绕线转子电动机调速。

1. 变频调速

近年来变频调速技术发展很快，目前主要采用如图 6-45 所示的变频调速装置，它主要由整流器和逆变器两大部分组成。整流器先将频率 f 为 50Hz 的三相交流电变换为直流电，再由逆变

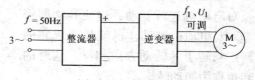

图 6-45　变频调速

器变换为频率 f_1 可调、电压有效值 U_1 也可调的三相交流电，供给三相笼型电动机。由此可得到电动机的无级调速，并具有硬的机械特性。

在 $f_1 < f_{1N}$，即低于额定转速调速时，应保持 U_1/f_1 的比值接近不变，也就是两者要成比例地同时调节，这时磁通 Φ_m 和转矩 T 也都近似不变，这是恒转矩调速。如果把转速调低时 $U_1 = U_{1N}$ 保持不变，在减 f_1 时磁通 Φ_m 则将增加，这就会使磁路饱和（电动机磁通一般设计在接近铁心磁饱和点），从而增加励磁电流和铁损，导致电动机过热，这是不允许的。

在 $f_1 > f_{1N}$，即高于额定转速调速时，应保持 $U_1 \approx U_{1N}$。这时磁通 Φ_m 和转矩 T 都将减小。转速增大，转矩减小，将使功率近于不变。这是恒功率调速。如果把转速调高时 U_1/f_1 的比值不变，在增加 f_1 的同时 U_1 也要增加。U_1 超过额定电压也是不允许的。

频率调节范围一般为 $0.5 \sim 320$Hz。

变频器用于驱动水泵、风机类负载的异步电动机，可以达到很好的节能效果，最多可以节能 30%，是我国重点推广的节能技术。

2. 变极调速

由式 $n_0 = 60f_1/p$ 可知，如果极对数 p 减小一半，则旋转磁场的转速 n_0 便提高一倍，转子转速 n 差不多也提高一倍，因此改变 p 可以得到不同的转速。极对数同定子绕组的接法有关。

图 6-46 所示的是定子绕组的两种接法。将 U 相绕组分成两个绕组：线圈 $U_1'U_2'$ 和 $U_1''U_2''$。图 6-46a 中是两个线圈串联，得出 $p=2$。图 6-46b 中是两个线圈反并联（头尾相连），得出 $p=1$。在换极时，一个线圈中的电流方向不变，而另一个线圈中的电流必须改变方向。

双速电动机在机床上用得较多，像某些镗床、磨床、铣床上都有。这种电动机的调速是有级的。

3. 变转差率调速

在绕线转子电动机的转子电路中接入一个调速电阻，接线如图 6-47 所示。改变电阻的大小，可以得到平滑调速。例如增大调速

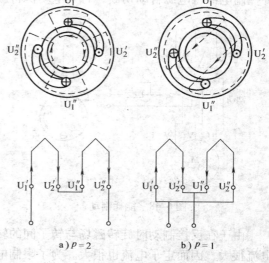

a) $p=2$　　　　　　b) $p=1$

图 6-46　变极调速

电阻时，转差率 s 增大，而转速 n 下降。这种调速方法设备简单，但电能损耗较大。在起重设备中这种调速方法较为多见。

6.4.3 三相异步电动机的制动

当生产机械需要停车时，如仅仅切断电动机的电源让其自由停车，则由于电动机本身及生产机械的惯性往往需要较长的时间。为了缩短辅助时间，提高生产率，必须对电动机进行制动，迫使其立即停车。对电动机制动，也就是要求它的转矩与转子的转动方向相反。这时的转矩称为制动转矩。

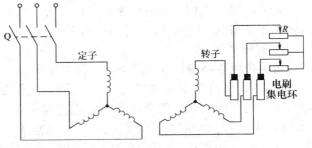

图 6-47 变转差率调速

异步电动机的制动方法有：能耗制动、反接制动和发电反馈制动（又称再生制动）。

1. 能耗制动

能耗制动就是在切断三相电源的同时，接通直流电源（见图6-48），使直流电流通入定子绕组，直流电流产生的磁场是静止的，而转子由于惯性继续在原方向转动。根据右手定则和左手定则不难确定这时的转子电流与静止磁场相互作用产生的转矩的方向，它与电动机转动的方向相反，称为制动转矩。在制动转矩作用下，电动机迅速停止旋转，随即切断直流电源。制动转矩的大小与直流电流的大小有关。直流电流的大小一般为电动机额定电流的 $0.5 \sim 1$ 倍。因为这种方法是用消耗转子的动能（转换为电能）来进行制动的，所以称为能耗制动。这种制动能量消耗小，制动平稳，但需要直流电源。在有些机床中采用这种制动方法。

2. 反接制动

如果异步电动机在运转中把它的任意两相电源接线对调（将 Q 投向制动位置），如图6-49所示，则电动机处于反接制动状态。两相电源接线对调后旋转磁场改变方向，这时电磁转矩的方向与转子原旋转方向相反，显然这个转矩是制动转矩。当转速降至接近零时，需利用某种控制电器将电源自动切断，否则电动机将反转。

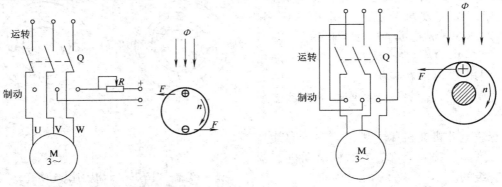

图 6-48 能耗制动 　　　　　　图 6-49 反接制动

由于在反接制动时旋转磁场与转子间的转速差 $(n_0' + n)$ 很大，所以在制动过程中转子电流很大，因而定子电流也很大。为了限制电流，对功率较大的电动机进行制动时必须在定子电路（笼型）或转子电路（绕线转子型）中接入电阻。

这种制动方法制动效果好，但能量损耗大，制动的准确度较差。在机床上这种制动也常被采用。

3. 发电反馈制动

当转子的转速 n 超过旋转磁场的转速 n_0 时，这时的转矩也是制动的（见图6-50）。当起重机快速下放重物时，就会发生这种情况。这时重物拖动转子，使其转速 $n > n_0$ 重物受到制动而等速下降。实际上这时电动机已转入发电机运行，将重物的位能转换为电能而反馈到电网里去。所以称为发电反馈制动。

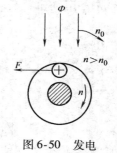

图6-50 发电反馈制动

另外，当将多速电动机从高速调到低速的过程中，也自然发生这种制动。因为刚将极对数 p 加倍时，磁场转速立即减半，但由于惯性，转子转速只能逐渐下降，因此就出现 $n > n_0$ 的情况。

思 考 题

1. 三相异步电动机在满载和空载下起动时，起动电流和起动转矩是否一样？

2. 如图6-49所示，在三相异步电动机进行反接制动时，开关 Q 已经投向制动位置，如果没有及时将电动机的电源断开，会发生什么现象？

6.5 单相异步电动机

单相异步电动机常用于功率不大的电动工具（如电钻、搅拌器等）和众多的家用电器（如洗衣机、电冰箱、电风扇、抽排油烟机等）。

下面介绍两种常用的单相异步电动机，它们都采用笼型转子，但定子有所不同。

6.5.1 电容分相式异步电动机

图6-51所示的是电容分相式异步电动机。在它的定子中放置一个起动绕组 V，它与工作绕组 U 在空间相隔90°。绕组 V 与电容器串联，使两个绕组中的电流在相位上近于相差90°，这就是分相。这样，在空间相差90°的两个绕组，分别通有在相位上相差90°（或接近90°）的两相电流，也能产生旋转磁场。

设两相电流为

$$i_U = I_{Um} \sin\omega t$$
$$i_V = I_{Vm} \sin(\omega t + 90°)$$

它们的正弦曲线如图6-52所示。我们只要回忆一下三相电流是如何产生旋转磁场的，从图6-53中就可理解两相电流所产生的合成磁场也是在空间旋转的。在这旋转磁场的作用下，电动机的转子就转动起来。在接近额定转速时，有的借助离心力的作用将开关 S 断开（在起动时是靠弹簧使其闭合的），以切断起动绕组。有的采用起动继电器的常开触点切断起动绕组。也有在电动机运行时不断开起动绕组（或仅切除部分电容）以提高功率因数和增大转矩。

改变电容 C 的串联位置，可使单相异步电动机反转。在图6-54中，将开关 S 合在位置1，电容 C 与 V 绕组串联，电流 i_V 较 i_U 超前近90°；当将 S 切换到位置2，电容 C 与 U 绕组串联，i_U 较 i_V 超前近90°。这样就改变了旋转磁场的转向，从而实现电动机的反转。洗衣机中的电动机就是由定时器的转换开关来实现这种自动切换的。

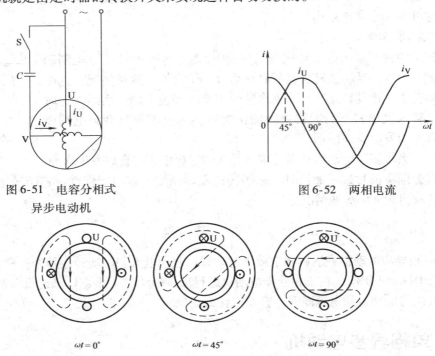

图 6-51　电容分相式　　　　　图 6-52　两相电流
　　　　　异步电动机

图 6-53　两相电流旋转磁场

6.5.2　罩极式异步电动机

　　罩极式单相异步电动机的结构如图 6-55 所示。单相绕组绕在磁极上，在磁极的约 1/3 部分套一短路铜环。

　　在图 6-56 中，$\varPhi_1$ 是励磁电流 i 产生的磁通，$\varPhi_2$ 是 i 产生的另一部分磁通（穿过短路铜环）和短路铜环中的感应电流所产生的磁通的合成磁通。由于短路环中的感应电流阻碍穿过短路环磁通的变化，使 $\varPhi_1$ 和 $\varPhi_2$ 之间产生相位差，$\varPhi_2$ 滞后于 $\varPhi_1$。当 $\varPhi_1$ 达到最大值时，$\varPhi_2$ 尚小；而当 $\varPhi_1$ 减小时，$\varPhi_2$ 才增大到最大值。这相当于在电动机内形成一个向被罩部分移动的磁场，它便使笼型转子产生转矩而起动。

　　罩极式单相异步电动机结构简单，工作可靠，但起动转矩较小，常用于对起动转矩要求不高的设备中，如风扇、吹风机等。

　　最后顺便讨论关于三相异步电动机的单相运行问题。三相电动机接到电源的三根导线中，由于某种原因断开了一线，就成为单相电动机运行。如果在起动时就断了一线，则不能起动，只听到嗡嗡声。这时电流很大，时间长了，电动机就被烧坏。如果在运行中断了一线，则电动机仍将继续转动。若此时还带动额定负载，则势必超过额定电流。时间一长，也会使电动机烧坏。这种情况往往不易察觉（特别在无过载保护的情况下），在使用三相异步电动机时必须注意。

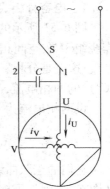

图 6-54　实现正反
　　　转的电路

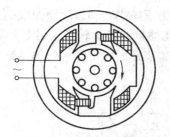

图 6-55　罩极式单相异步
电动机的结构图

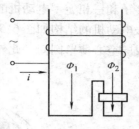

图 6-56　罩极式电动机
的移动磁场

思 考 题

1. 单相异步电动机为什么要有起动绕组？简述电容分相式异步电动机的起动原理。

2. 如何使单相异步电动机反转？简述其工作原理。

3. 三相异步电动机断了一根电源线后，为什么不能起动？如果在运行时断了一根电源线，为什么能继续转动？这两种情况对电动机有何影响？

* 6.6　控制电机

随着自动控制系统和计算装置的不断发展，在普通电机的基础上发展了多种具有特殊性能的小功率电机。它们在自动控制系统和计算装置中分别作为执行元件、检测元件和解算元件，这类电机统称为控制电机。控制电机与普通的旋转电机在工作原理上无本质差别。但普通电机追求起动和运行状态性能指标，而控制电机着重于特性的高精度和快速响应，同时还具有重量轻、体积小、耗电少及运行可靠等特点。例如电子手表中用的步进电动机，直径只有 6mm，长度约为 4mm，耗电不到 $1\mu W$，重量只有十几克。

控制电机的类型很多，在本书中只讨论常用的几种：伺服电动机、测速发电机和步进电动机。各种控制电机有各自的控制任务，例如：伺服电动机将电压信号转换为转矩和转速以驱动控制对象；测速发电机将转速转换为电压，并传递到输入端作为反馈信号；步进电动机将脉冲信号转换为角位移或线位移。

前面几节所讲的各种电机，都是作为动力来使用的，其主要任务是能量的转换。而本节所讲的各种控制电机的主要任务是转换和传递控制信号，能量的转换是次要的。

控制电机在自动控制系统中是必不可少的，其应用不胜枚举。例如：火炮和雷达的自动定位，舰船方向舵的自动操纵，飞机的自动驾驶，机床加工过程的自动控制，炉温的自动调节，以及各种控制装置中的自动记录、检测和解算等等，都要用到各种控制电机。

6.6.1　交流伺服电动机

在自动控制系统中，伺服电动机用来驱动控制对象，它是把输入的电压信号变换成转轴的角位移或角速度输出。输入电压称为控制信号或控制电压。伺服电动机按其使用的电源性质，分为直流伺服电动机和交流伺服电动机两大类。

交流伺服电动机就是两相异步电动机。它的定子上装有两个绕组：一个是励磁绕组；另一个是控制绕组。它们在空间相隔 90°。交流伺服电动机的转子分两种：笼型转子和杯形转子。笼型转子和三相笼型电动机的转子结构相似，只是为了减小转动惯量而做成细长形。杯形转子伺服电动机的结构如图 6-57 所示。为了减小转动惯量，杯形转子通常是用铝合金或铜合金制成的空心薄壁圆筒。此外，空心杯形转子内放置固定的内定子，目的是减小磁路的磁阻。

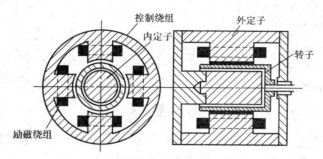

图 6-57 杯形转子伺服电动机的结构图

图 6-58a 是交流伺服电动机的接线图。励磁绕组与电容 C 串联后接到交流电源上，其电压为 $\dot{U}$。控制绕组常接在电子放大器的输出端，控制电压 $\dot{U}_2$ 即为放大器的输出电压。

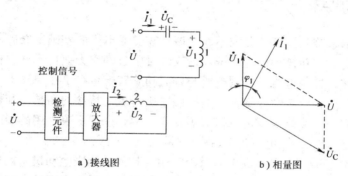

图 6-58 交流伺服电动机的接线图和相量图

励磁绕组串联电容 C 的目的，是为了分相而产生两相旋转磁场。适当选择电容 C 的数值，可使励磁电流 $\dot{I}_1$ 超前于电压 $\dot{U}$，并使励磁电压 $\dot{U}_1$ 与电源电压 $\dot{U}$ 之间有 90° 或近于 90° 的相位差（见图 6-58b）。而控制电压 $\dot{U}_2$ 与电源电压 $\dot{U}$ 有关，两者频率相等，相位相同或相反。因此，$\dot{U}_2$ 和 $\dot{U}_1$ 也是频率相等，相位差基本上也是 90°。两个绕组中产生的电流 $\dot{I}_1$ 和 $\dot{I}_2$ 的相位差也应近于 90°。这样，就和单相异步电动机电容分相起动的情况相似。在空间相隔 90° 的两个绕组，分别通入在相位上相差 90° 的两个电流，便产生两相旋转磁场，在这旋转磁场作用之下，转子便转动起来。杯形转子和笼型转子转动的原理是一样的，因为杯形转子可视作由无数并联的导体条组成。

当电源电压 $\dot{U}$ 为一常数而信号控制电压 $\dot{U}_2$ 的大小变化时，转子的转速相应变化。控制电压大，电动机转得快；控制电压小，电动机转得慢。当控制电压反相时，旋转磁场和转子也都反转。由此控制电动机的转速和转向。在运行时如果控制电压变为零，电动机立即停转。

图 6-59 是交流伺服电动机在不同控制电压下的机械特性曲线，U_2 为额定控制电压。由图可见：在一定负载转矩下，控制电压愈高，则转速也愈高；在一定控制电压下，负载增加，转速下降。此外，由于转子电阻较大，机械特性曲线陡降较快，特性很软，不利于系统的稳定。

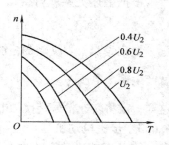

图 6-59　在不同的控制电压下的机械特性曲线 $n = f(T)$，$U_1 = $ 常数

交流伺服电动机的输出功率一般是 $0.1 \sim 100W$，其电源频率有 $50Hz$ 和 $400Hz$ 等多种。

6.6.2　测速发电机

测速发电机是将机械转速变换为与转速成正比的电压信号的微型电机。在自动控制系统和模拟计算装置中，作为检测元件、解算元件和角加速度信号元件等。

测速发电机有交流和直流两种，本书只介绍交流测速发电机。

交流测速发电机分同步式和异步式两种。异步式测速发电机的结构和杯形转子伺服电动机相似。它的定子上有两个绕组，其中一个是加有额定交流电压的励磁绕组，另一个是电压输出绕组，这两个绕组在空间相隔 $90°$，其原理图如图 6-60 所示。在分析时，杯形转子可视作由无数并联的导体条组成，和笼型转子一样。

在测速发电机静止时，将励磁绕组接到交流电源上，励磁电压为 $\dot{U}_1$，其值一定。这时在励磁绕组的轴线方向产生一个交变脉动磁通，其幅值设为 Φ_1。由于这脉动磁通与输出绕组的轴线垂直，故输出绕组中并无感应电动势，输出电压为零。

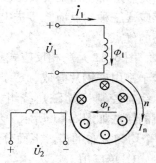

当测速发电机由被测转动轴驱动而旋转时，就有电压 $\dot{U}_2$ 输出。输出电压 $\dot{U}_2$ 和励磁电压 $\dot{U}_1$ 的频率相同，$\dot{U}_2$ 的大小和发电机的转速 n 成正比。通常测速发电机和伺服电动机同轴相连，通过发电机的输出电压就可测量或调节电动机的转速。

图 6-60　交流测速发电机的原理图

测速发电机的输出电压是其转速的线性函数，这是它的主要特性。其原理如下所述：

当发电机旋转时，在励磁绕组轴线方向的脉动磁通 Φ_1（见图 6-60），由

$$U_1 \approx 4.44 f_1 N_1 \Phi_1$$

可知，Φ_1 正比于 U_1。

除此以外，杯形转子在旋转时切割 Φ_1 而在转子中感应出电动势 E_r 和相应的转子电流 I_r，E_r 和 I_r 与磁通 Φ_1 及转速 n 成正比，即

$$I_r \propto E_r \propto \Phi_1 n$$

转子电流 I_r 也要产生磁通 Φ_r，两者也成正比，即

$$\Phi_r \propto I_r$$

磁通 Φ_r 与输出绕组的轴线一致，因而在其中感应出电动势，两端就有一个输出电压 U_2。U_2 正比于 Φ_r，即

$$U_2 \propto \Phi_r$$

根据上述关系就可得出

$$U_2 \propto \Phi_1 n \propto U_1 n$$

上式表明，当励磁绕组加上电源电压 $\dot{U}_1$，测速发电机以转速 n 转动时，它的输出绕组中就产生输出电压 $\dot{U}_2$，$\dot{U}_2$ 的大小与转速 n 成正比。当转动方向改变，$\dot{U}_2$ 的相位也改变 $180°$。这样，就将转速信号转换为电压信号。输出电压 $\dot{U}_2$ 的频率等于电源频率 f_1，与转速无关。

6.6.3 步进电动机

步进电动机是一种将电脉冲控制信号变换成角位移或直线位移的控制电机。在数字控制系统中它作为执行元件。专用电源供给步进电动机电脉冲，每输入一个脉冲，步进电动机就转动或前进一步，所以它又称为脉冲电动机。步进电动机的转速和线速度仅与脉冲频率成正比，不受电压波动和负载变化的影响。电动机每输入固定的脉冲数就转动一周，而且在正常情况下误差不会长期积累，所以步进电动机精确度高，调速范围大。步进电动机结构简单，起动、制动、反转灵活，特别是当电动机停转时，若某些相仍保持通电状态，则电动机还具有自锁能力。步进电动机广泛应用于数字控制系统中。

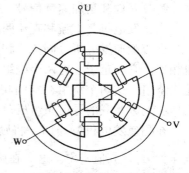

图 6-61　反应式步进电动机的结构示意图

步进电动机种类繁多，按运动方式分为旋转式和直线式两类。通常使用的旋转型步进电动机分为反应式、永磁式和感应式三种。反应式步进电动机具有惯性小、反应快和速度高的优点。

图 6-61 是三相反应式步进电动机的结构示意图。定子、转子都由硅钢片叠成，定子装有均匀分布的 6 个磁极；磁极上绕有控制（励磁）绕组。两个相对的磁极组成一相，绕组的接法如图 6-61 所示。步进电动机转子上没有绕组，为了分析方便起见，假定转子具有 4 个均匀分布的齿。下面分别介绍单三拍、六拍和双三拍工作时的基本工作原理。

1. 单三拍

设 U 相首先通电（V、W 两相不通电），产生 U_1-U_2 轴线方向的磁通，并通过转子形成闭合回路。这时 U_1、U_2 极就成为电磁铁的 N、S 极。在磁场的作用下，转子总是力图转到磁阻最小的位置，也就是要转到转子的齿对齐 U_1、U_2 极的位置（见图 6-62a）。接着 V 相通电（U、W 两相不通电），转子便顺时针方向转过 $30°$，它的齿和 V_1、V_2 极对齐（见图 6-62b）。随后 W 相通电（U、V 两相不通电），转子又顺时针方向转过 $30°$，它的齿和 W_1、W_2 极对齐（见图 6-62c）。不难理解，当脉冲信号一个一个发来，如果按 U→V→W→U…… 的顺序轮流通电，则电动机转子便顺时针方向一步一步地转动。每一步的转角为 $30°$（称为步矩角）。电流换接三次，磁场旋转一周，转子前进了一个齿距角（转子 4 个齿时为 $90°$）。如果按 U→W→V→U…… 的顺序通电，则电动机转子便逆时针方向转动。这种通电方式称为单三拍方式。

2. 六拍

设 U 相首先通电，转子齿和定子 U_1、U_2 极对齐（见图 6-63a）。然后在 U 相继续通电的情况下接通 V 相。这时定子 V_1、V_2 极对转子齿 2、4 有磁拉力，使转子顺时针方向转动，但是 U_1、U_2 极继续拉住齿 1、3。因此，转子转到两个磁拉力平衡时为止。这时转子的位置

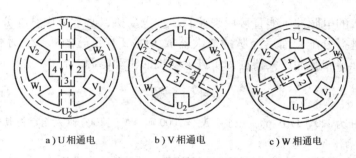

a）U相通电　　　b）V相通电　　　c）W相通电

图6-62　单三拍通电方式时转子的位置

如图6-63b 所示，即转子从图6-63a 的位置顺时针方向转过了15°。接着 U 相断电，V 相继续通电。这时转子齿2、4 和定子 V₁、V₂ 极对齐（见图6-63c），转子从图6-63b 的位置又转过了15°。而后接通 W 相，V 相继续通电，这时转子又转过了15°，其位置如图6-63d 所示。这样，如果按 U→U，V→V→V，W→W→W，U→U……的顺序轮流通电，则转子便顺时针方向一步一步地转动，步距角为15°。电流换接6次，磁场旋转一周，转子前进了一个齿距角。如果按 U→U，W→W→W，V→V→V，U→U……的顺序轮流通电，则转子便逆时针方向转动。这种通电方式称为六拍方式。

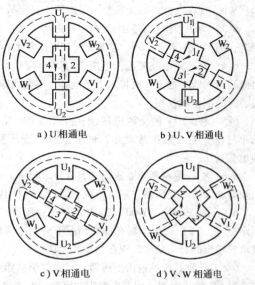

a）U相通电　　　b）U、V相通电

c）V相通电　　　d）V、W相通电

图6-63　六拍通电方式时转子的位置

3. 双三拍

如果每次都是两相通电，即按 U→U，V→V，W→W，U→U，V→……的顺序通电，则称为双三拍方式。从图6-63b 和图6-63d 可见，步距角也是30°。

由上述可知，采用单三拍和双三拍方式时，转子走3步前进了一个齿距角，每走一步前进了三分之一齿距角；采用六拍方式时，转子走6步前进了一个齿距角，每走一步前进了六分之一齿距角。因此步距角 θ 可用下式计算：

$$\theta = \frac{360°}{Z_r m}$$

式中，Z_r 是转子齿数；m 是运行拍数。

实际上，一般步进电动机的步距角不是30°或15°，而最常见的是3°或1.5°。由上式可知，转子上不只4个齿而有40个齿。为了转子齿要和定子齿对齐，两者的齿宽和齿距必须相等。因此，定子上除了6个极以外，在每个极面上还有5个和转子齿一样的小齿。步进电动机的结构图如图6-64 所示。

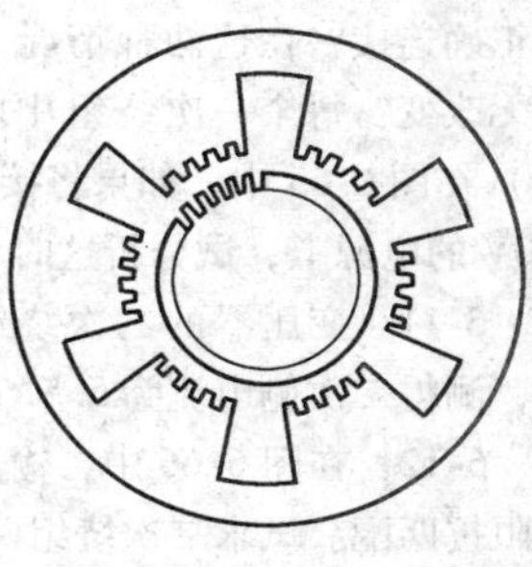

图6-64　三相反应式步进
电动机的结构图

由上面介绍可以看出，步进电动机具有结构简单、维护方便、精确度高、起动灵敏、停车准确等性能。此外，步进电动机的转速决定于电脉冲频率，并与频率同步。

根据指令输入的电脉冲不能直接用来控制步进电动机，必须采用脉冲分配器先将电脉冲按通电工作方式进行分配，而后经脉冲放大器放大到具有足够的功率，才能驱动电动机工作，其中脉冲分配器和脉冲放大器称为步进电动机的驱动电源。

习　题

6-1　有一台电压为 220V/110V 的变压器，$N_1 = 2000$ 匝，$N_2 = 1000$ 匝。能否将其匝数减为 400 匝和 200 匝以节省铜线？为什么？

6-2　有一交流铁心线圈，接在 $f = 50$Hz 的正弦电源上，在铁心中得到磁通的最大值为 $\Phi_m = 2.25 \times 10^{-3}$Wb。现在此铁心上再绕一个线圈，其匝数为 200。当此线圈开路时，求其两端电压。

6-3　为了求出铁心线圈的铁损，先将它接在直流电源上，测得线圈的电阻为 1.75Ω；然后接在交流电源上，测得电压 $U = 120$V，功率 $P = 70$W，电流 $I = 2$A。试求铁损和线圈的功率因数。

6-4　将一铁心线圈接入电压为 100V，频率为 50Hz 的交流电源上，其电流 $I_1 = 5$A，$\cos\varphi_1 = 0.7$。若将此线圈的铁心抽出，再接入上述电源，则此线圈中的电流 $I_2 = 10$A，$\cos\varphi_2 = 0.05$。试求：此线圈具有铁心时的铜损和铁损。

6-5　将 220V 的交流电压加在变压器的一次绕组上，在其二次绕组上接一个标有"6V，3.6W"的小灯泡，它可以正常发光，试求：(1) 变压器的一次、二次绕组的匝数比；(2) 变压器一次绕组的电流。

6-6　有一单相照明变压器，容量为 10kVA，电压为 3300V/220V。今欲在二次绕组接上 60W、220V 的白炽灯，如果要变压器在额定情况下运行，这种电灯可接多少个？并求一次、二次绕组的额定电流。

6-7　某 50kVA，6000V/230V 的单相变压器，求：(1) 变压器的电压比；(2) 高压绕组和低压绕组的额定电流；(3) 当变压器在满载情况下向功率因数为 0.85 的负载供电时，测得二次绕组端电压为 220V，试求它输出的有功功率、视在功率和无功功率。

6-8　某收音机的输出变压器，一次绕组的匝数为 230，二次绕组的匝数为 80，原配接 8Ω 的扬声器，现改用 4Ω 的扬声器。问二次绕组的匝数应改为多少？

6-9　SJL 型三相变压器的铭牌数据如下：$S_N = 180$kVA，$U_{1N} = 10$kV，$U_{2N} = 400$V，$f = 50$Hz，联结方式为 Yy0。已知每匝线圈感应电动势为 8.889V。试求：(1) 一、二次绕组每相匝数；(2) 电压比；(3) 一次、二次绕组的额定电流。

6-10　图 6-65 所示的变压器有两个相同的绕组，每个绕组的额定电压为 110V。二次绕组的电压为 6.3V。(1) 试问当电源电压在 220V 和 110V 两种情况下，一次绕组的 4 个接线端应如何正确连接？在这两种情况下，二次绕组两端电压及其中电流有无改变？每个一次绕组中的电流有无改变？（设负载一定）(2) 在图 6-65 中，如果将接线端 2 和 4 相连，而将 1 和 3 接在 220V 的电源上，试分析这时将发生什么情况？

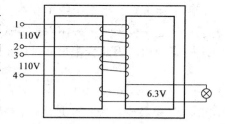

图 6-65　题 6-10 图

6-11　变压器的二次绕组电压为 20V，在接有电阻性负载时，测得二次侧电流为 5.5A，变压器的输入功率为 132W，试求变压器的效率和损耗。

6-12　在图 6-66 中，输出变压器的二次绕组有中间抽头，以便接 8Ω 或 3.5Ω 的扬声器，两者都能达到阻抗匹配。试求二次绕组两部分的匝数之比。

6-13　图 6-67 所示电源变压器，一次绕组有 550 匝，接在 220V 电压。二次绕组有两个：一个电压 36V，负载 36W；另一个电压 12V，负载 24W。两个都是纯电阻负载时，求一次电流 I_1 和两个二次绕组的匝数。

6-14　求如图 6-68 所示电路 ab 两端之间的戴维南等效电路。设 $u_S = 24\sqrt{2}\sin(100t)$V，图中变压器为理想变压器。

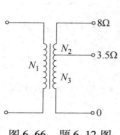

图 6-66　题 6-12 图

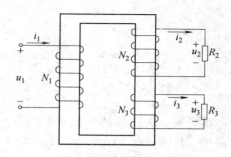

图 6-67　题 6-13 图

6-15　有台三相异步电动机，其额定转速为 1470r/min，电源频率为 50Hz。（a）起动瞬间，（b）转子转速为同步转速的 2/3 时，（c）转差率为 2%，在 3 种情况下，试求：（1）定子旋转磁场对定子的转速；（2）定子旋转磁场对转子的转速；（3）转子旋转磁场对定子的转速；（4）转子旋转磁场对定子旋转磁场的转速。

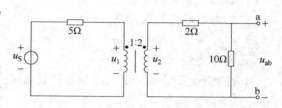

图 6-68　题 6-14 图

6-16　有一台 4 极、50Hz、1425r/min 的三相异步电动机，转子电阻 $R_2 = 0.02\Omega$，感抗 $X_{20} = 0.08\Omega$，$E_1/E_{20} = 10$，当 $E_1 = 200$V 时，试求：（1）电动机起动初始瞬间（$n = 0$，$s = 1$）转子每相电路的电动势 E_{20}、电流 I_{20} 和功率因数 $\cos\varphi_{20}$；（2）额定转速时的 E_2、I_2 和 $\cos\varphi_2$。比较在上述两种情况下转子电路的各个物理量（电动势、频率、感抗、电流及功率因数）的大小。

6-17　某 4 极三相异步电动机的额定功率为 30kW，额定电压为 380V，三角形联结，频率为 50Hz。在额定负载下运行时，其转差率为 2%，效率为 90%，线电流为 57.5A，试求：（1）旋转磁场对转子的转速；（2）额定转矩；（3）电动机的功率因数。

6-18　已知 Y132S-4 型三相异步电动机的额定技术数据如下：

功率	转速	电压	效率	功率因数	I_{st}/I_N	T_{st}/T_N	T_{max}/T_N
5.5kW	1440r/min	380V	85.5%	0.84	7	2.2	2.2

电源频率为 50Hz。试求额定状态下的转差率 s_N，电流 I_N 和转矩 T_N 以及起动电流 I_{st}、起动转矩 T_{st} 和最大转矩 T_{max}。

6-19　Y180L-4 型电动机的额定功率为 22kW，额定转速为 1470r/min，额定频率为 50Hz，最大电磁转矩为 314.6N·m。试求电动机的过载系数？

6-20　某 4.5kW 三相异步电动机的额定电压为 380V，额定转速为 950r/min，过载系数为 1.6。试求：（1）T_N、T_{max}；（2）当电压下降至 300V 时，能否带额定负载运行？

6-21　三相异步电动机额定数据如下：$P_N = 10$kW，$n_N = 1460$r/min，电压 220/380V，$\eta_N = 0.868$，$\cos\varphi = 0.88$，$T_{st}/T_N = 1.5$，$I_{st}/I_N = 6.5$。试求：（1）额定电流；（2）用星形 – 三角形换接起动时的起动电流。

6-22　Y160L-4 型三相异步电动机的额定频率为 30kW，额定电压为 380V，△形联结，额定频率为 50Hz，额定转速为 1470r/min，效率为 90%，线电流为 57.5A，$I_{st}/I_N = 7$，$T_{st}/T_N = 1.2$，如果采用自耦变压器减压起动，而且电动机的起动转矩为额定转矩的 85%，试求：（1）自耦变压器的电压比；（2）电动机的起动电流和线路上的起动电流各为多少？

6-23　某三相笼型异步电动机，已知 $P_N = 300$kW，$U_N = 380$V，$I_N = 527$A，定子采用 Y 形联结，$n_N = 1475$r/min，$I_{st}/I_N = 6.7$，$T_{st}/T_N = 1.5$，$T_{max}/T_N = 2.5$，车间变电站允许的最大冲击电流为 1800A，生产机械要求的起动转矩不小于 1000N·m，试选择适当的起动方法。

第7章 电气控制与可编程序控制器

本章提要 继电接触器控制电路与可编程序控制器（PLC）均可实现电动机的起动、正、反转、制动控制，并可实现较复杂的工业过程的自动控制。

本章主要讨论以下内容：

1) 各种低压电器简介。
2) 继电接触器控制电路。
3) PLC 原理及编程方法。
4) 简单实例。

本章的重点及难点 继电接触器控制系统主电路及控制电路设计方法，可编程序控制器的程序设计方法。

7.1 概述

电器对电能的生产、输送、分配与应用起着控制、调节、检测和保护的作用，在电力输配电系统和电力拖动自动控制系统中应用极为广泛。随着电子技术、自动控制技术和计算机应用技术的迅猛发展，一些电气元器件可能被电子电路所取代。但是由于电气元器件本身也朝着新的领域扩展，例如：电气元件性能的提高；新型电气元器件的产生；机、电、仪一体化电气元器件的实现；电气元器件应用范围的扩展等，而且有些电气元器件有其特殊性，因此电气元器件是不可能完全被取代的，以继电器、接触器等工业电器为基础的电器控制技术仍具有相当重要的地位。另一方面，可编程序控制器是计算机技术与继电接触器控制技术相结合的产物，可编程序控制器的输入、输出与低压电器密切相关，因此掌握继电接触器控制技术也是学习和掌握可编程序控制器应用技术所必需的基础。

可编程序控制器简称 PLC⊖，它是在继电接触器控制的基础上，结合先进的微型计算机控制技术发展起来的一种新型的工业控制器。相对于继电接触器控制系统的机械触点多、接线复杂、可靠性低、功耗高、通用性和灵活性也较差，日益满足不了现代化生产过程复杂多变的控制要求等缺点，PLC 具有工作可靠、功能完善、组合灵活、编程简单、功耗低、使用方便等优点，是实现机电一体化的重要控制工具，已被广泛地应用于国民经济的各个控制领域。它的应用深度和广度已成为一个国家工业先进水平的重要标志。

PLC 是以中央处理器为核心，综合了计算机和自动控制等先进技术发展起来的一种工业控制器。国际电工委员会（IEC）对它作了如下定义："可编程序控制器是一种数字运算的电子系统装置，专为在工业现场应用而设计。它采用可编程序的存储器，用来在其内部存储执行逻辑运算、顺序控制、定时/计数和算术运算等操作的指令，并通过数字式或模拟式的

⊖ PLC 是英文 Programmable Logic Controller 的缩写，后因其功能已超出逻辑控制的范围，故改称 Programmable Controller（PC）。但易与个人计算机（Personal Computer）混淆，故仍沿用 PLC 作为可编程序控制器的缩写。

输入和输出，控制各种类型的机械或生产过程。可编程序控制器及其有关设备都应按易于与工业控制器系统连成一个整体和易于扩充其功能的原则进行设计。"

本章只为初学者提供继电接触器控制及 PLC 的基础知识，重点是简单程序编制，重在应用。

7.2 常用低压电器

7.2.1 电气元器件的分类

电气元件的品种规格繁多，功能及用途也很广泛，为了系统地掌握，必须加以分类。

1. 按工作电压等级分类

（1）高压电器　用于交流电压 1200V、直流电压 1500V 及以上电路中的电器，例如高压断路器、高压隔离开关、高压熔断器等。

（2）低压电器　用于交流 50Hz(或 60Hz)、额定电压 1200V 以下及直流额定电压 1500V 以下的电路内起通断、保护、控制或调节作用的电器，例如接触器、继电器等。

2. 按动作原理分类

（1）手动电器　通过人的操作发出动作指令的电器，例如刀开关、按钮等。

（2）自动电器　产生电磁吸力而自动完成动作指令的电器，例如接触器、继电器、电磁阀等。

3. 按用途分类

（1）控制电器　用于各种控制电路和控制系统的电器，例如接触器、继电器、电动机起动器等。

（2）配电电器　用于电能的输送和分配的电器，例如高压断路器、低压断路器等。

（3）主令电器　用于自动控制系统中发送动作指令的电器，例如按钮、转换开关等。

（4）保护电器　用于保护电路及用电设备的电器，例如熔断器、热继电器等。

（5）执行电器　用于完成某种动作或传送功能的电器，例如电磁铁、电磁离合器等。

7.2.2 常用低压电器

1. 开关

用来接通或断开电路的电器叫开关，开关有刀开关、按钮、行程开关和组合开关等，这些都是一般常用的，如图 7-1 所示。小容量简易设备多用刀开关（见图 7-1a）。图 7-1b 所示组合开关也叫转换开关，常用作接通和断开电源，还可以直接起动和停止小容量笼型电动机或使电动机正反转，也可以切换各种自动控制电路。图 7-1c 所示按钮的作用是接通或断开控制电路，从而控制电动机或其他电器设备的运行。图 7-1d 为按钮的结构图。将按钮帽按下时，下面一对常开静触点被动触点接通，使某一控制电路接通，而上面一对原来闭合的常闭静触点则被断开，可用来断开另一控制电路。松开按钮时在弹簧的作用下它将自动恢复到原来位置，即自动复位，常闭触点闭合，常开触点仍旧断开。按钮的种类很多，就触点来说，有具有一对常开和一对常闭的，也有具有两对常开或两对常闭的，也有同时具有两对常开和两对常闭的。行程开关也称位置开关，主要用于检测工作机械的位置，发出命令以控制其运动方向或行程长短。行程开关按结构分为机械结构的接触式有触点行程开关和电器结构的非接触式接近开关。接触式行程开关靠移动物体碰撞行程开关的操动头而使行程开关的常开触点接通和常闭触点分断，从而实现对电路的控制作用。

2. 交流接触器

交流接触器用来接通或断开电动机或其他电器设备的主电路，是继电接触控制电路中的主要器件之一。交流接触器是利用电磁吸力来工作的，主要由电磁铁和触点两部分组成，图7-2是交流接触器的结构图。当线圈不通电时，衔铁在弹簧的作用下处于最上边位置，也就是使接触器处于释放状态。这时，它的所有常开触点断开。

当线圈接上额定电压时，衔铁被吸合，这时接触器处于动作状态，它的所有常开触点闭合，常闭触点断开。当线圈再次断电时，衔铁在弹簧的作用下恢复释放状态。由此可见，只要把接触器的常开触点接到电动机的主电路中去，利用接触器线圈的通电、断电就可以起动或停止电动机。

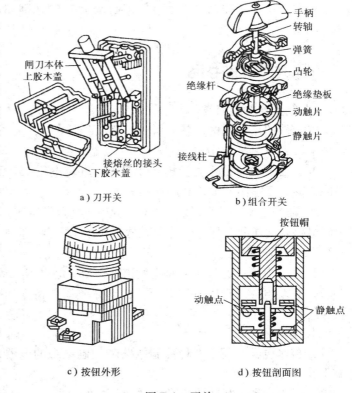

a) 刀开关 b) 组合开关

c) 按钮外形 d) 按钮剖面图

图7-1　开关

根据用途不同，接触器的触点有主触点和辅助触点之分。主触点能通过较大电流，接在电动机的主电路中，较大容量的主触点通常都有灭弧装置。辅助触点只能通过较小的电流，只接在控制电路中。一般主触点都是常开的，有3对或4对，辅助触点有常开的也有常闭的，它的数目多少不等，最多的有6对，即3对常开触点和3对常闭触点。

在选用接触器时，应注意线圈的额定电压、触点的额定电流以及触点的数量。

3. 中间继电器

如果要用一个按钮同时控制几个电动机电路时，则要用另一种电器，中间继电器。这种电器和接触器的构造相似，但它有一排触点，这些触点是为了控制电路中

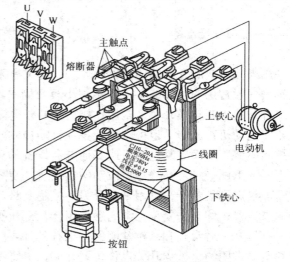

图7-2　交流接触器的结构图

的较小电流而设置的。

图 7-3 是带有 4 对常开触点和两对常闭触点的多触点中间继电器的示意图，当电流通过线圈时，该中间继电器能同时接通 4 条电路和断开两条电路。在选用中间继电器时，主要考虑电压等级和触点（常开和常闭）数量。

4. 热继电器

热继电器是依靠电流的热效应而动作的。它的原理图如图 7-4 所示。热元件是一段电阻不大的电阻丝，接在电动机的主电路中。电动机正常运行时，常闭触点闭合。当电动机过载后，其电流超过额定电流，发热元件因流过过大的电流而发热，双金属片受热，由于下层金属的膨胀系数大于上层的，因而双金属片向上弯曲。这时，扣板在弹簧的作用下将常闭触点断开，利用这个触点，去切断接触器线圈电路，从而断开电动机的主电路，实现了保护作用。要使热继电器的常闭触点复位。必须按下复位按钮，这种触点称为保持触点。

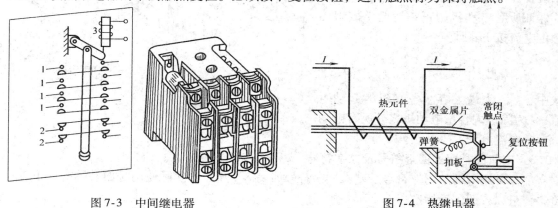

图 7-3　中间继电器　　　　　　　　图 7-4　热继电器

双金属片温度上升到使其向上弯曲，需要一定时间，故热继电器不能作短路保护，因为发生短路时必须立即切断电路。但用它对电动机作长期过载保护却非常合适。在电动机起动时或短时过载时，热继电器不会动作，这就避免了电动机不必要的停车。

热继电器的主要技术数据是整定电流。当通过热元件的电流达到整定电流的 1.2 倍时，热继电器在 20min 内动作。通常按照使整定电流与电动机额定电流一致的原则选用热继电器。

5. 时间继电器

当继电器感应元件接受外界信号后，经过设定的延时时间才使执行部分动作的继电器称为时间继电器。时间继电器按延时的方式可分为通电延时型、断电延时型和带瞬动触点的通电（或断电）延时型继电器等，相应的时间继电器触点分为常开延时闭合触点、常闭延时断开触点、常开延时断开触点和常闭延时闭合触点 4 类。

时间继电器按工作原理可分为空气阻尼式、电动式和电子式等。

6. 熔断器

熔断器是最简便而有效的短路保护电器。它的主要部件是熔体。熔体是用电阻率较高的易熔合金制成，例如铅锡合金丝和青铅合金丝等，也可用截面很小的铜丝制成。线路在正常工作情况下，熔断器不应熔断。在发生短路或严重过载时，熔断器应立即熔断。熔断器的结构型式很多，常见的有插入式、管式和螺旋式 3 种，如图 7-5 所示。

对于照明线路，应使熔体的额定电流等于或稍大于电路的实际工作电流，即

$$I_N \geqslant I \tag{7-1}$$

对于一台电动机，则按下式估算：

$$I_N \geqslant \frac{I_{st}}{a} \tag{7-2}$$

式中，I_{st} 为电动机起动电流；a 为熔断器的短时发热过载系数，a 可取 $1.6 \sim 2.5$，电动机不经常起动时，a 取上限，经常起动时，a 取下限。

对于几台电动机合用的熔断器熔体，则既要保证最大容量电动机的起动，又要保证所有电动机的正常运行，故熔体额定电流按下式计算：

$$I_N = \frac{I_{smax} + I}{2.5} \tag{7-3}$$

式中，I_{smax} 为最大容量电动机的起动电流；I 为除最大容量电动机之外所有电动机额定电流之和。

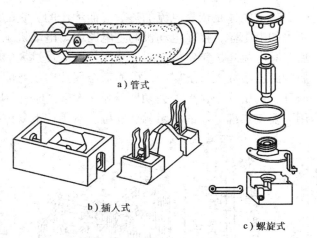

a）管式

b）插入式

c）螺旋式

图 7-5　熔断器

7.2.3　电气图常用的图形符号及文字符号

部分常用电器的图形符号及基本文字符号如表 7-1 所示，实际使用时如果需要更详细的资料，可以查阅国家标准。

表 7-1　电气图常用图形符号与文字符号

名称	图形符号	文字符号	名称	图形符号	文字符号	名称	图形符号	文字符号
一般三极电源开关		QK	熔断器		FU		线圈	
低压断路器		QF	起动	E-\		主触点		
行程开关	常开触点	ST	按钮	停止	E-7 SB	接触器	常开辅助触点	KM
	常闭触点							
	复合触点			复合	E-7		常闭辅助触点	

名称	图形符号	文字符号	名称	图形符号	文字符号	名称	图形符号	文字符号
速度继电器 常开触点	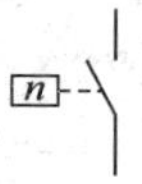	KV	热继电器 热元件	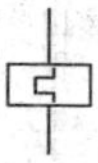	FR	转换开关		SA
速度继电器 常闭触点		KV	热继电器 常闭触点		FR	电磁铁		YA
时间继电器 线圈		KT	中间继电器线圈		KA	信号灯		HL
时间继电器 常开延时闭合触点		KT	电压继电器线圈	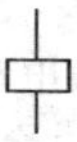	KU	直流电动机		M
时间继电器 常闭延时打开触点		KT	电流继电器线圈	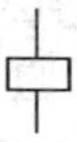	KI	三相异步电动机		M
时间继电器 常闭延时闭合触点		KT	常开触点		相应继电器符号	变压器	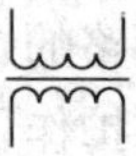	T
时间继电器 常开延时打开触点		KT	常闭触点		相应继电器符号			

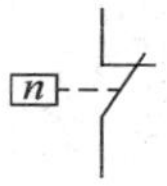

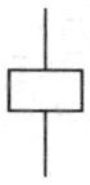

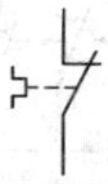

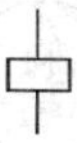

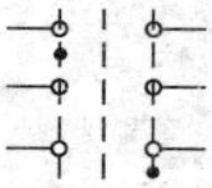

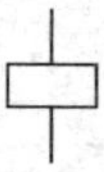

7.3 异步电动机继电接触器控制电路

7.3.1 起动、停止控制电路

笼型三相异步电动机的起动、停止控制电路是应用最广泛的、也是最基本的控制电路，主要有直接起动和减压起动两种方式。

1. 直接起动控制电路

一些控制要求不高的简单机械，如小型台钻、砂轮机、冷却泵等常采用开关直接控制电动机起动和停止，如图 7-6a 所示。图中熔断器 FU 用作电路的短路保护，开关 Q 可选刀开关、铁壳开关等。它适用于不频繁起动的小容量电动机，不能远距离控制和自动控制。如 Q 选为具有电动机保护用断路器则可实现电动机的过载保护并可不用熔断器 FU。

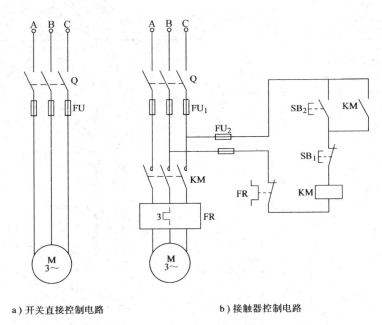

a) 开关直接控制电路   b) 接触器控制电路

图 7-6　三相笼型异步电动机直接起动、停止控制电路

图 7-6b 是采用接触器的电动机直接起动、停止控制电路。其中 Q 仅做分断电源用，电动机的起停由接触器 KM 控制。电路的工作原理是：合开关 Q，按下起动按钮 SB_2，接触器 KM 的线圈得电，其主触点闭合使电动机通电起动；与此同时并联在 SB_2 两端的自锁触点 KM 也闭合给自身的线圈送电，使得即使松开 SB_2 后接触器 KM 的线圈仍能继续得电以保证电动机工作。

要使电动机停止，按下停止按钮 SB_1，接触器 KM 线圈断电，其主触点断开使电动机停止工作，辅助触点断开解除自锁。

控制电路中的热继电器 FR 实现电动机的过载保护。熔断器 FU_1、FU_2 分别实现主电路与控制电路的短路保护，如果电动机容量小，可省去 FU_2。自锁电路在发生失电压或欠电压时起到保护作用，即当意外断电或电源电压跌落太大时接触器释放，因自锁解除，当电源电压恢复正常后电动机不会自动投入工作，防止意外事故发生。

2. 减压起动控制电路

较大容量的笼型异步电动机一般都采用减压起动的方式起动，具体实现的方案有：定子串电阻或电抗器减压起动、星-三角变换减压起动、自耦变压器减压起动、延边三角形减压起动等。

星-三角变换减压起动控制电路　图 7-7a 是星-三角变换减压起动电器控制电路的主电路，其主导思想是：让全压工作时为三角形联结的电动机在起动时将其定子绕组接成星形以降低电动机的绕组相电压，进而限制起动电流，当反映起动过程结束的定时器发出指令时再将电动机的定子绕组改接成三角形联结实现全压工作。图 7-7b 是一种控制电路。

容易看出，主电路中存在着一种隐患：如 KM_2 与 KM_3 的主触点同时闭合，则会造成电源短路，控制电路必须能够避免这种情况发生。图 7-7b 的控制电路似乎已经做到了这一点（时间继电器 KT 的延时动断触点和延时动合触点不会使 KM_3 和 KM_2 的线圈同时得电），其实不然。由于接触器的吸合时间和释放时间的离散性使得电路的工作状态存在不确定性。若将 KM_3 的动断辅助触点串联在 KM_2 的线圈控制电路中，则只有当 KM_3 的衔铁及触点释放完毕（动断辅助触点接通）后才允许 KM_2 得电，上述问题就可得到解决。对 KM_3 的线圈采用类似的方法，保证电路工作可靠。另外，在起动完成后时间继电器 KT 已无得电的必要，但图 7-7b 中 KT 在工作期间一直得电，浪费能源。改进后的控制电路如图 7-7c 所示。

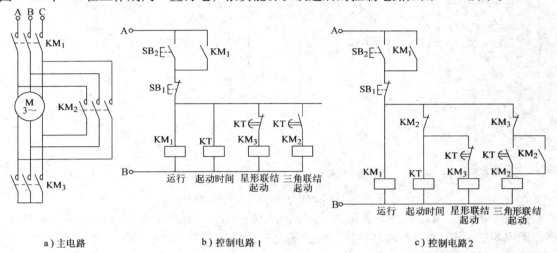

a）主电路　　　　　　b）控制电路1　　　　　　c）控制电路2

图 7-7　星-三角变换减压起动电器控制电路

7.3.2　正、反转控制电路

许多生产机械都有可逆运行的要求，由电动机的正反转来实现生产机械的可逆运行是很方便的。为满足大多数机床的主轴或进给运动的可逆运行要求，只需使拖动电动机可以两个方向运行就可以了。只要把电动机定子三相绕组所接电源任意两相对调，改变电动机的定子电源相序，就可改变电动机的转动方向。

如果用 KM_1 和 KM_2 分别完成电动机的正反向控制，那么由正转与反转起动电路组合起来就成了正反转控制电路。

1. 电动机正反转控制电路

从图 7-8 中的主电路部分可知，若 KM_1 和 KM_2 分别闭合，则电动机的定子绕组所接两相电源对调，结果电动机转向不同，关键要看控制电路部分如何工作。

图 7-8b 由相互独立的正转和反转起动控制电路组成，也就是说两者之间没有约束关系，可以分别工作。按下 SB_2，正转接触器 KM_1 得电工作；按下 SB_3，反转接触器 KM_2 得电工作；先后或同时按下 SB_2、SB_3，则 KM_1 与 KM_2 同时工作，但这时观察一下主电路可看出：两相电源供电电路被同时闭合的 KM_1 与 KM_2 的主触点短路，这是不能允许的。因此不能采用这种不能安全、可靠工作的控制电路。

图 7-8c 把接触器的动断辅助触点相互串联在对方的控制回路中，就使两者之间产生了制约关系：一方工作时切断另一方的控制回路，使另一方的起动按钮失去作用。接触器通过动断辅助触点形成的这种互相制约关系称为"联锁"或"互锁"。正转、反转接触器通过互锁避免了同时接通造成主电路短路的可能性。

在生产机械的控制电路中，这种联锁关系应用极为广泛。凡是有相反动作，如机床的工作台上下、左右移动；机床主轴电动机必须在液压泵电动机工作后才能起动；主轴电动机起动后工作台才能移动等，都需要类似的联锁控制。

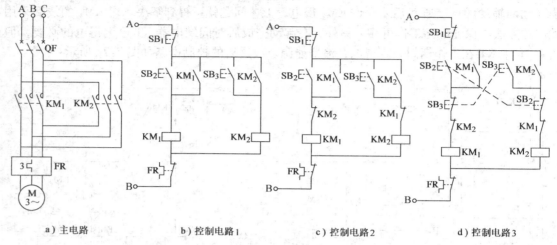

a) 主电路　　　　　b) 控制电路1　　　　c) 控制电路2　　　　d) 控制电路3

图7-8　三相异步电动机正反转控制电路

在图7-8c 中，正、反转切换的过程中间要经过"停"，显然操作不方便。图7-8d 利用复合按钮 SB_2、SB_3 就可直接实现由正转变成反转，反之亦然。

显然，采用复合按钮也可起到联锁作用。这是由于按下 SB_2 时，KM_2 线圈回路被切断，只有 KM_1 可得电动作。同理可分析 SB_3 的作用。

在图7-8d 中如取消两接触器间的互锁触点，只用按钮进行联锁，是不可靠的。在实际工作中可能出现这种情况，由于负载短路或大电流的长期作用，接触器的主触点被强烈的电弧"烧焊"在一起，或者接触器的动作机构失灵，使衔铁卡住总是处在吸合状态，这都可能使主触点不能断开，这时如果另一接触器线圈通电动作，其主触点正常闭合就会造成电源短路事故。采用接触器动断辅助触点进行互锁，不论什么原因，只要一个接触器的触点（主触点与辅助触点在机械上保证动作一致）是吸合状态，它的互锁动断触点（此时处于断开状态）就必然将另一接触器线圈电路切断，这就能避免事故的发生。所以，采用复合按钮后，接触器辅助动断触点的互锁仍是必不可少的。

2. 正反转自动循环电路

图7-9 是机床工作台往返循环的控制电路。实质上是用行程开关来自动控制电动机正反转的。组合机床、龙门刨床、铣床的工作台常用这种电路实现往返循环。

ST_1、ST_2、ST_3、ST_4 为行程开关，按要求安装在固定的位置上。其实这是按一定的行程用撞块压行程开关，代替了人工按钮。

按下正向起动按钮 SB_2，接触器 KM_1 得电动作并自锁，电动机正转使工作台前进。当运行到 ST_2 位置时，撞块压下 ST_2，ST_2 动断触点使 KM_1 断电，但 ST_2 的动合触点使 KM_2 得电动作并自锁，电动机反转使工作台后退。当工作台运动到右端点撞块压下 ST_1 时，使 KM_2 断电，KM_1 又得电动作，电动机又正转使工作台前进，这样可一直循环下去。

SB_1 为停止按钮。SB_2 与 SB_3 为不同方向的复合起动按钮。之所以用复合按钮，是为了满足改变工作台方向时，不按停止按钮可直接操作。行程开关 ST_3 与 ST_4 安装在极限位置，当由于某种故障，工作台到达 ST_1（或 ST_2）位置，未能切断 KM_1（或 KM_2）时，工作台将

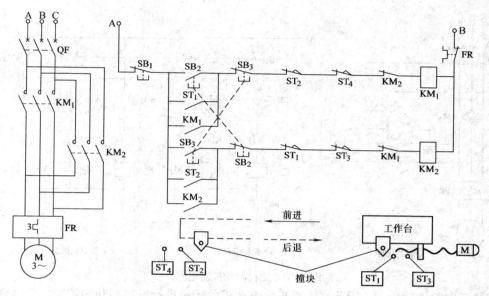

图 7-9 机床工作台往返循环的控制电路

继续移动到极限位置，压下 ST_3（或 ST_4），此时最终把控制回路断开，使电动机停止，避免工作台由于越出允许位置所导致的事故。因此 ST_3、ST_4 起限位保护作用。

7.3.3 电动机制动控制电路

许多生产机械，如万能铣床、卧式镗床、起重机械等，都要求能迅速停车或准确定位。这就要求对电动机进行制动，强迫其迅速停车。制动停车的方式有两大类：机械制动和电气制动。机械制动采用机械抱闸、液压或气压制动；电气制动有反接制动、能耗制动、电容制动等，其实质是使电动机产生一个与转子原来的转动方向相反的制动转矩。

1. 能耗制动控制电路

能耗制动是在三相笼型异步电动机切断三相电源的同时，给定子绕组接通直流电源，在转速为零时再将其切除。这种制动方法，实质上是把转子原来储存的机械能转变为电能，在制动的过程中这些电能又被消耗在转子回路的电阻上，所以称作能耗制动。

图 7-10 中用变压器 TC 和整流器 VR 为制动提供直流电源，KM_2 为制动用接触器。主电路相同，但实现控制的策略可能有多种。图 7-10b 采用手动控制：要停车时按下 SB_1 按钮，到制动结束时放开。电路简单，但操作不便。图 7-10c 中使用了时间继电器 KT，根据电动机带负载后制动过程所用时间的长短设定 KT 的定时值，就可实现制动过程的自动控制。

能耗制动的特点是制动作用的强弱与通入直流电流的大小和电动机的转速有关，在同样的转速下电流越大制动作用越强，电流一定时转速越高制动力矩越大。一般取直流电流为电动机空载电流的 3~4 倍，过大会使定子过热。可调节整流器输出端的可变电阻器 RP，得到合适的制动电流。

2. 反接制动控制电路

反接制动实质上是改变电动机定子绕组中的三相电源相序，产生与转子转动方向相反的转矩，因而起制动作用。

反接制动过程为：停车时，首先切换三相电源，当电动机的转速下降接近零时，及时断开电动机的反接电源。因为在电动机的转速下降到零时如不及时切除反接电源，则电动机就

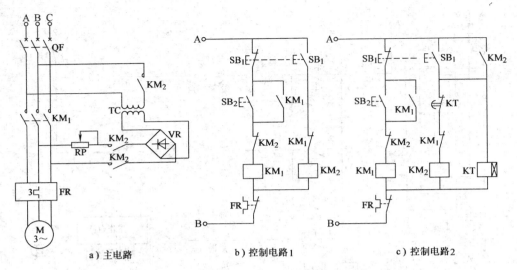

图 7-10　能耗制动控制电路

要从零速反向起动运行了。因此，需要根据电动机的转速进行反接制动的控制，此时要用速度继电器做检测元件（用时间继电器间接反映制动过程很难准确停车，因负载转矩等的变化将影响减速过程的时间长短）。

图 7-11b、c 都为反接制动的控制电路。

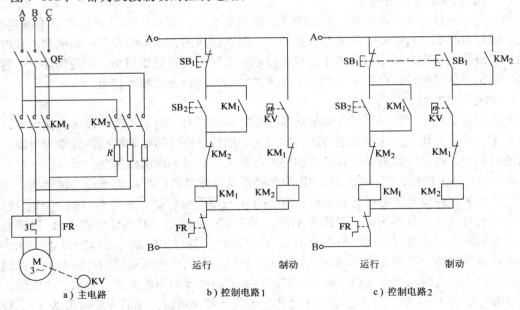

图 7-11　反接制动的控制电路

图 7-11b 的电路存在这样一个问题：在停车期间，如为调整工件需用手转动机床主轴时，速度继电器的转子也将随着转动，一旦达到速度继电器的动作值，其动合触点就将闭合，接触器 KM_2 得电动作，电动机接通电源发生制动作用，不利于调整工作。电路图 7-11c 解决了这个问题。控制电路中停止按钮使用了复合按钮 SB_1，并在其动合触点上并联了 KM_2 的自锁触点。这样当用手转动电动机轴时，虽然 KV 的动合触点闭合，但只要不按停止按钮

SB_1，KM_2 就不会得电，电动机也就不会反接于电源；只有按 SB_1 时 KM_2 才能得电，制动电路才能接通。

反接制动时，旋转磁场的相对速度很大，定子电流也很大，因此制动效果显著。但在制动过程中有冲击，对传动部件不利，能量消耗较大，故用于不太经常起、制动的设备，如铣床、镗床、中型车床主轴的制动。

能耗制动与反接制动相比较，具有制动准确、平稳、能量消耗小等优点。但制动力较弱，特别是在低速时尤为突出。另外它还需要直流电源。故适用于要求制动准确、平稳的场合，如磨床、龙门刨床及组合机床的主轴定位等。

7.4 PLC 的结构和工作原理

7.4.1 PLC 的主要功能、结构及各部分作用

1. 主要功能

PLC 的主要功能有开关逻辑控制、定时/计数控制、步进控制、数据处理（包括数据传送、比较、移位、数制转换、算术运算和逻辑运算等操作）、过程控制、运动控制、通信联网、监控、数字量与模拟量的转换等。

2. PLC 的结构及各部分的作用

PLC 的类型繁多，功能和指令系统也不尽相同，但其结构和工作原理则大同小异，一般由主机、输入/输出接口、电源、编程器、扩展接口和外围设备接口等几个主要部分构成，如图 7-12 所示。如果把 PLC 看作一个系统，外围的各种开关信号或模拟信号均为输入变量，它们经输入接口寄存到 PLC 内部的数据存储器中，而后经逻辑运算或数据处理以输出变量的形式送到输出接口，从而控制输出设备。

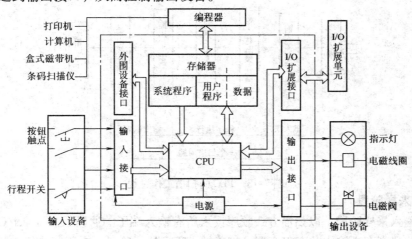

图 7-12　PLC 的硬件系统结构图

（1）主机　主机部分包括中央处理器（CPU）、系统程序存储器和用户程序及数据存储器。

CPU 是 PLC 的核心，它主要用来运行用户程序，监控输入/输出接口状态，作出逻辑判断和进行数据处理。即取进输入变量，完成用户指令规定的各种操作，将结果送到输出端，

并响应外围设备（如编程器、打印机、条码扫描仪等）的请求以及进行各种内部诊断等。

PLC 的内部存储器有两类：一类是系统程序存储器，主要存放系统管理和监控程序及对用户程序作编译处理的程序，系统程序已由厂家固定，用户不能更改，另一类是用户程序及数据存储器，主要存放用户编制的应用程序及各种暂存数据、中间结果等。

（2）输入/输出（I/O）接口　I/O 接口是 PLC 与输入/输出设备连接的部件。输入接口接受输入设备（如控制按钮、行程开关、传感器、光电开关等）的控制信号。输出接口是将经主机处理过的结果通过输出电路去驱动输出设备（如接触器、电磁阀、指示灯等）。I/O 接口电路一般采用光电耦合电路，以减少电磁干扰。这是提高 PLC 可靠性的重要措施之一。

（3）电源　PLC 的电源是指为 CPU、存储器、I/O 接口等内部电子电路工作所配备的直流开关稳压电源。I/O 接口电路的电源相互独立，以避免或减小电源间的干扰。通常也为输入设备提供直流电源。

（4）编程器　编程器也是 PLC 的一种重要的外围设备，用于手持编程。用户可以用它输入、检查、修改、调试程序或用它监视 PLC 的工作情况。除手持编程器外，还可将 PLC 和计算机连接，并利用专用的工具软件进行编程或监控。

（5）输入/输出扩展接口　I/O 扩展接口用于将扩充外围输入/输出端子数的扩展单元与基本单元（即主机）联接在一起。

（6）外围设备接口　此接口可将编程器、打印机、条码扫描仪等外围设备与主机相连，以完成相应操作。

7.4.2　PLC 的工作原理

PLC 的工作过程与继电器控制系统相比有本质上的区别，继电器控制系统是同时执行所有程序，而 PLC 是采用"顺序扫描、不断循环"的方式进行工作的。PLC 对用户程序的循环扫描过程，一般分为三个阶段进行，即输入采样阶段、程序执行阶段和输出刷新阶段，如图 7-13 所示。

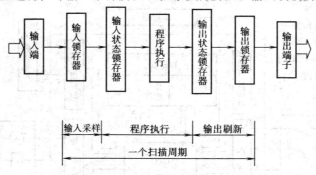

图 7-13　PLC 的扫描工作过程

1. 输入采样阶段

PLC 在输入采样阶段，以扫描方式顺序读入所有输入端子的通断状态（ON/OFF）或输入数据，并将此状态存入输入状态寄存器，接着转入程序执行阶段。在程序执行期间，即使输入状态发生变化，输入状态寄存器的内容也不会改变，这些变化只能在一个工作周期的输入采样阶段才被读入。

2. 程序执行阶段

PLC 在程序执行阶段，按用户程序指令存放的先后顺序扫描执行每条指令，所需的执行条件可从输入状态寄存器和当前输出状态寄存器中读入，经过相应的运算和处理后，其结果再写入输出状态寄存器中。所以输出状态寄存器中的内容随着程序的执行而改变。

3. 输出刷新阶段

在所有指令执行完毕后，输出状态寄存器中的所有输出继电器的通断状态（ON/OFF），在输出刷新阶段转存到输出锁存电路，再驱动输出线圈，这就是 PLC 的实际输出。

PLC 重复地执行上述三个阶段，每重复一次的时间就是一个工作周期（或称扫描周期）。工作周期的长短与用户程序长短有关。

以上的输入/输出方式称为成批输入/输出方式，或称为刷新方式。

7.4.3 PLC 的主要技术指标

1. I/O 点数

这是指 PLC 的外部输入和输出端子数。一般将一路开关量信号叫做一个点，输入点数和输出点数的总和叫做 PLC 的总点数。这是一项重要技术指标。通常小型机有几十个点，中型机有几百个点，大型机超过千点。

2. 用户程序存储容量

用户程序存储容量衡量 PLC 所能存储用户程序的多少。在 PLC 中，程序指令是按"步"存储的，一"步"占用一个地址单元，一条指令有的往往不止一"步"。一个地址单元一般占两个字节（约定 16 位二进制数为一个字，即两个 8 位的字节）。如一个内存容量为 1000 步的 PLC 其内存为 2kB。

3. 扫描速度

这是指扫描 1000 步用户程序所需的时间，以 ms/千步为单位。有时也可用扫描一步指令的时间计，如 μs/步。

4. 指令系统条数

PLC 具有基本指令和高级指令，指令的种类和数量越多，其软件功能越强。

5. 编程元件的种类和数量

编程元件是指输入继电器、输出继电器、辅助继电器、定时器、计数器、状态器、数据寄存器及指针等，其种类和数量的多少关系到编程是否方便灵活，也是衡量 PLC 硬件功能强弱的一个指标。

PLC 内部这些继电器的作用和继电接触器控制系统中的继电器十分相似，也有"线圈"和"触点"。但它们不是"硬"继电器，而是 PLC 存储器的存储单元。当写入该单元的逻辑状态为"1"时，则表示相应继电器的线圈接通，其常开触点闭合常闭触点断开。所以，PLC 内部的继电器称为"软"继电器。

各种编程元件的代表字母、数字编号及点数因机型不同而有差异。现以三菱 FX_{2N} 系列 PLC 为例，其常用编程元件的编号范围与功能说明如表 7-2 所列。

表 7-2　FX_{2N}-48MR 编程元件的编号范围与功能说明

元件名称	代表字母	编号范围	功能说明
输入继电器	X	X000 ~ X027　共 24 点	接收外部输入设备的信号
输出继电器	Y	Y000 ~ Y027　共 24 点	输出程序执行结果给外部输出设备
辅助继电器	M	M0 ~ M499　共 500 点	在程序内部使用，不能提供外部输出
状态继电器	S	S0 ~ S999　共 1000 点	在步进梯形指令中用于表示各种状态
定时器	T	T0 ~ T255　共 256 点	延时定时继电器，其触点在程序内部使用
计数器	C	C0 ~ C255　共 256 点	计数控制，其触点在程序内部使用
数据寄存器	D	D0 ~ D8255　共 8256 点	存储、处理数值数据，进行各种控制

此外，不同 PLC 还有其他一些指标，如输入/输出方式、特殊功能模块种类、自诊断、监控、主要硬件型号、工作环境及电源等级等。

7.4.4 PLC 的主要特点

1. 可靠性高，抗干扰能力强

PLC 采用大规模集成电路和计算机技术；对电源采取屏蔽，对 I/O 接口采取光电隔离；在软件方面定期进行系统状态及故障检测。而这些都是继电接触器控制系统所不具备的。

2. 功能完善，编程简单，组合灵活，扩展方便

PLC 采用软件编制程序来实现控制要求。编程时使用的各种编程元件，都可以提供无数个常开触点和常闭触点。使编程方便、组合灵活。同时使整个控制系统的硬件结构大为简单，只须在外部端子上接上相应的输入输出信号线即可。在生产工艺流程改变或生产设备更新时，不必改变 PLC 的硬设备，只要改变程序即可。PLC 能在线修改程序，也能方便地扩展 I/O 点数。而继电接触器控制系统是通过各种电器和复杂的接线来实现某一控制要求的，功能专一，灵活性差。如要改变控制要求，必须重新设计，重新接线。

3. 体积小，质量轻，功耗低

PLC 结构紧密，体积小巧，易于装入机械设备内部，是实现机电一体化的理想控制设备。

7.5 PLC 的程序设计基础

PLC 的程序有系统程序和用户程序两种。系统程序类似微机的操作系统，用于对 PLC 的运行过程进行控制和诊断，对用户应用程序进行编译等，一般由厂家固化在存储器中，用户不能更改。用户程序是用户根据控制要求，利用 PLC 厂家提供的程序编制语言编写的应用程序。因此，程序设计就是编制用户程序。

7.5.1 PLC 的编程语言

PLC 的控制作用是通过执行用户程序实现的。因此用户应用特定的语言将控制要求用程序的形式表达出来。最常用的 PLC 的编程语言是梯形图语言和指令语句表语言（或称指令助记符语言），并且两者常常联合使用。

1. 梯形图

梯形图是一种从继电接触器控制电路图演变而来的图形语言。它是借助类似于继电器的常开触点、常闭触点、线圈以及串联与并联等术语和符号，根据控制要求连接而成的表示 PLC 输入和输出之间逻辑关系的图形，它既直观又易懂。

梯形图中通常用——| |——、——|/|——图形符号分别表示 PLC 编程元件的常开和常闭触点（或称接点）；用——○——表示它们的线圈。梯形图中编程元件的种类用图形符号及标注的字母或数字加以区别。

图 7-14a 是用 PLC 控制的笼型电动机直接起动（其继电接触器控制电路见图 7-6）的梯形图。图中 X001 和 X002 分别表示 PLC 输入继电器的常闭和常开触点，它们分别与图 7-6b 中的停止按钮 SB$_1$ 和起动按钮 SB$_2$ 相对应。Y001 表示输出继电器的线圈和常开触点它与图 7-6 中的接触器 KM 相对应。

几点说明：

1）如前所述，梯形图中的继电器不是物理继电器，而是 PLC 存储器的一个存储单元。当写入该单元的逻辑状态为"1"时，则表示相应继电器的线圈接通，其常开触点闭合，常闭触点断开。

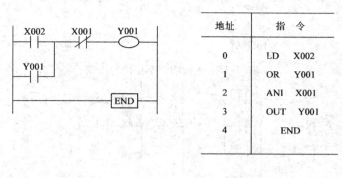

a）梯形图　　　　　　　　　　b）指令语句表

图7-14　笼型电动机直接起动控制

2）梯形图按从左到右、自上而下的顺序排列。每一逻辑行（或称梯级）起始于左母线，然后是触点的串、并联连接，最后是线圈与右母线相连。

3）梯形图中每个梯级流过的不是物理电流，而是"概念电流"。从左流向右，其两端没有电源。这个"概念电流"只是用来形象地描述用户程序执行中满足线圈接通的条件。

4）输入继电器用于接收外部输入信号（例如图 7-14a 中，按下起动按钮 SB$_2$ 时，输入继电器接通，其常开触点 X002 就闭合）而不能由 PLC 内部其他继电器的触点来驱动。因此梯形图中只出现输入继电器的触点，而不出现其线圈。输出继电器输出程序执行结果给外部输出设备。当梯形图中的输出继电器线圈接通时，就有信号输出，但不是直接驱动输出设备，而要通过输出接口的继电器、晶体管或晶闸管才能实现。

输出继电器的触点也可供内部编程使用。

2. 指令语句表

指令语句表是一种用指令助记符（如图 7-14b 中的 LD、OR 等）来编制 PLC 程序的语言，它类似于计算机的汇编语言。若干条指令组成的程序就是指令语句表。指令的详细介绍见本节后面内容。

图 7-14b 是笼型电动机直接起动控制的指令语句表。

7.5.2 PLC 的程序设计原则和方法

1. 编程原则

1）PLC 编程元件的触点在编制程序时的使用次数是无限制的。

2）梯形图的每一逻辑行（梯级）皆起始于左母线，终止于右母线。各种元件的线圈接于右母线；任何触点不能放在线圈的右边与右母线相连；线圈一般也不允许直接与左母线相连。正确的和不正确的接线如图 7-15 所示。

3）编制梯形图时，应尽量做到"上重下轻、左重右轻"以符合"从左到右、自上而下"的执行程序的顺序，并易于编写指令语句表。图 7-16 所示的是合理的和不合理的接线。

4）在梯形图中应避免将触点画在垂直线上，这种桥式梯形图无法用指令语句编程，应

180

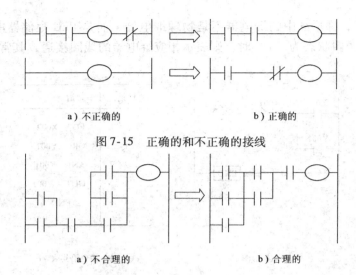

a）不正确的　　　　　　　　　　　b）正确的

图 7-15　正确的和不正确的接线

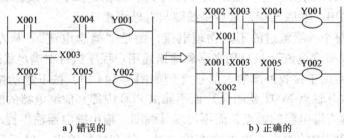

a）不合理的　　　　　　　　　　　b）合理的

图 7-16　合理的和不合理的接线

改画成能够编程的形式，如图 7-17 所示。

a）错误的　　　　　　　　　　　b）正确的

图 7-17　将无法编程的梯形图改画

5）应避免同一继电器线圈在程序中重复输出，否则将引起误操作。

6）外围输入设备常闭触点的处理。

图 7-18a 是电动机直接起动控制的继电接触器控制电路，其中停止按钮 SB₁ 是常闭触点。如用 PLC 来控制，则停止按钮 SB₁ 和起动按钮 SB₂ 是它的输入设备。在外部接线时，SB₁ 有两种接法。

照图 7-18b 的接法，SB₁ 仍接成常闭，接在 PLC 输入继电器的 X1 端子上，则在编制梯形图时，用的是常开触点 X1。因 SB₁ 闭合，对应的输入继电器接通，这时它的常开触点 X1 是闭合的。按下 SB₁，断开输入继电器，它才断开。

照图 7-18c 的接法，将 SB₁ 接成常开形式，则在梯形图中。用的是常闭触点 X1。因 SB₁ 断开时对应的输入继电器断开，其常闭触点 X1 仍然闭合。当按下 SB₁ 时，接通输入继电器，它才断开。

在图 7-18 的外部接线图中，输入端的交流电源是外接的，接在输入端子 N 和 L 上，输出端的交流电源也是外接的。"COM" 是两边各自的公共端子。

从图 7-18a 和 c 可以看出，为了使梯形图和继电接触器控制电路一一对应，PLC 输入设备的触点应尽可能地接成常开形式。

此外，热继电器 FR 的触点只能接成常闭的，通常不作为 PLC 的输入信号，而将其直接

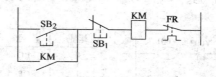

a）继电接触器控制电路

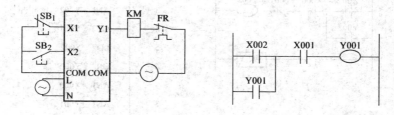

b）PLC 的外部接线图1

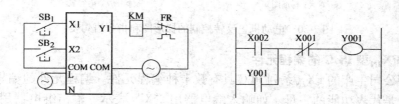

c）PLC 的外部接线图2

图 7-18　电动机直接起动控制电路

通断接触器线圈。

2. 程序设计方法

今以图 7-8 笼型电动机正反转控制电路为例来介绍用 PLC 控制的编程方法。

（1）确定 I/O 点数及其分配　停止按钮 SB$_1$、正转起动按钮 SB$_2$、反转起动按钮 SB$_3$ 这 3 个外部按钮须接在 PLC 的 3 个输入端子上，可分别分配为 X0、X1、X2 来接收输入信号，正转接触器线圈 KM$_1$ 和反转接触器线圈 KM$_2$ 须接在两个输出端子上，可分别分配为 Y1 和 Y2。共需用 5 个 I/O 点，如表 7-3 所示。

外部接线如图 7-19 所示。按下 SB$_2$，电动机正转；按下 SB$_3$，则反转。在正转时如要求反转，必须先按下 SB$_1$。自锁和互锁触点由内部的"软"触点实现，不占用 I/O 点。

表 7-3　I/O 点数及其分配

输　　入		输　　出	
SB1	X0	KM1	Y1
SB2	X1	KM2	Y2
SB3	X2		

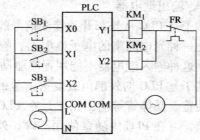

图 7-19　电动机正反转控制的外部接线图

（2）编制梯形图和指令语句表　本例的梯形图和指令语句表如图 7-20 所示。

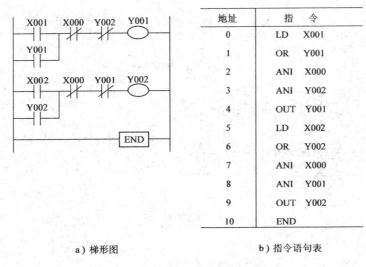

地址	指　　令
0	LD　X001
1	OR　Y001
2	ANI　X000
3	ANI　Y002
4	OUT　Y001
5	LD　X002
6	OR　Y002
7	ANI　X000
8	ANI　Y001
9	OUT　Y002
10	END

a）梯形图　　　　　　　　　　　　　　b）指令语句表

图 7-20　电动机正反转控制的梯形图和指令语句表

7.5.3　三菱 FX$_{2N}$ 型 PLC 的编程元件

日本三菱公司生产的 FX$_{2N}$ 系列 PLC 具有数十种编程元件。编程元件的编号分为两个部分：第一部分是代表功能的字母。如输入继电器用"X"表示、输出继电器用"Y"表示。第二部分为数字，数字为该类器件的序号。FX$_{2N}$ 系列 PLC 中输入继电器及输出继电器的序号为八进制，其余器件的序号为十进制。

编程元件的使用主要体现在程序中，一般地可认为编程元件和继电接触器的元件类似、具有线圈和常开常闭触点。而且触点的状态随着线圈的状态而变化，即当线圈被选中（通电）时，常开触点闭合，常闭触点断开，当线圈失去选中条件时，常闭接通，常开断开。和继电接触器器件不同的是，作为计算机的存储单元，从实质上来说，某个元件被选中，只是代表这个元件的存储单元置 1，失去选中条件只是这个存储单元置 0，由于元件只不过是存储单元，可以无限次地访问，可编程序控制器的编程元件可以有无数多个常开、常闭触点。和继电接触器元件不同的另一个特点是，作为计算机的存储单元，可编程序控制器的元件可以组合使用。在存储器中只占一位，其状态只有置 1 置 0 两种情况的元件称为位元件。使用位元件的组合表示数据的称为位组合元件及字元件。

1. 输入/输出继电器

输入端子是 PLC 从外部开关接受信号的窗口。在 PLC 内部，与 PLC 输入端子相连的输入继电器是一种光电隔离的电子继电器，有无数的电子常开触点和常闭触点，可在 PLC 内随意使用。这种输入继电器不能用程序驱动。

输出端子是 PLC 向外部负载发送信号的窗口。输出继电器的外部输出用触点（继电器触点，晶闸管、晶体管等输出元件）在 PLC 内与该输出端子相连，有无数的电子常开触点和常闭触点，可在 PLC 内随意使用。PLC 外部输出用触点，按照输出用软元件的响应滞后时间动作。FX$_{2N}$ 系列 PLC 的输入、输出继电器地址分配见表 7-4。FX$_{2N}$ 系列 PLC 的输入、输出继电器总点数不能超过 256 点。

表 7-4　FX$_{2N}$ 系列 PLC 的输入、输出继电器地址分配表

型号	FX$_{2N}$-16M	FX$_{2N}$-32M	FX$_{2N}$-48M	FX$_{2N}$-64M	FX$_{2N}$-80M	FX$_{2N}$-128M	扩展时
输入	X000 ~ X007 8 点	X000 ~ X017 16 点	X000 ~ X027 24 点	X000 ~ X037 32 点	X000 ~ X047 40 点	X000 ~ X077 64 点	X000 ~ X267 184 点
输出	Y000 ~ Y007 8 点	Y000 ~ Y017 16 点	Y000 ~ Y027 24 点	Y000 ~ Y037 32 点	Y000 ~ Y047 40 点	Y000 ~ Y077 64 点	Y000 ~ Y267 184 点

2. 辅助继电器

PLC 内有许多辅助继电器，这类辅助继电器的线圈与输出继电器一样，由 PLC 内的各种软元件的触点驱动。辅助继电器也有无数的电子常开和常闭触点，在 PLC 内可随意使用。但是，该触点不能直接驱动外部负载，外部负载的驱动要通过输出继电器进行。

FX$_{2N}$ 系列 PLC 的辅助继电器（M）分为一般用（M0 ~ M499）、停电保持用（M500 ~ M3071）和特殊用途（M8000 ~ M8255）辅助继电器。

如果在 PLC 运行过程中停电，输出继电器及一般用辅助继电器都断开。再运行时，除了输入条件为 ON（接通）的情况以外，都为断开状态。但是，根据控制对象的不同，也可能希望记忆停电前的状态，再运行时再现该状态。停电保持用辅助继电器（又称保持用继电器）就是用于上述目的。它利用 PLC 内装的备用电池或 EEPROM 进行掉电保持。FX$_{2N}$ 系列 PLC 内的一般用辅助继电器和部分停电保持用辅助继电器（M500 ~ M1023）的分配可通过外围设备的参数设定进行调整。

3. 状态器

状态器是对工序步进控制简易编程的重要软元件，经常与步进梯形指令结合使用。状态器与辅助继电器一样，有无数的电子常开和常闭触点，在顺控程序内可随意使用。此外，在不用于步进梯形指令时，状态器也可与辅助继电器一样在一般的顺控中使用。

FX$_{2N}$ 系列 PLC 的状态器（S）分为一般用（S0 ~ S499）、停电保持用（S500 ~ S899）和报警器用（S900 ~ S999），其中，S0 ~ S9 一般用于步进梯形图的初始状态，S10 ~ S19 一般用作返回原点的状态。供信号报警器用的状态器也属于停电保持型，它还可以作为诊断外部故障用的输出。通过外围设备参数的设定，可以改变一般用和停电保持型状态器的分配。

4. 定时器

定时器相当于继电器系统中的时间继电器，可在程序中用于延时控制。定时器累计 PLC 内 1ms、10ms、100ms 等的时钟脉冲，当达到所定的设定值时，输出触点动作。定时器除了占有自己编号的存储器位外，还占有一个设定值寄存器（字）和一个当前值寄存器（字）。设定值寄存器存储编程时赋值的计时时间设定值。当前值寄存器记录计时当前值。这些寄存器为 16 位二进制存储器。其最大值乘以定时器的计时单位值即是定时器的最大计时范围值。定时器满足计时条件开始计时，当前值寄存器则开始计数，当当前值与设定值相等时定时器动作，其常开触点接通，常闭触点断开，并通过程序作用于控制对象，达到时间控制的目的。

FX$_{2N}$ 系列 PLC 的定时器（T）有以下 4 种类型：

100ms 定时器：T0 ~ T199，200 点。定时范围：0.1 ~ 3276.7s；

10ms 定时器：T200 ~ T245，46 点。定时范围：0.01 ~ 327.67s；

1ms 累积型定时器：T246 ~ T249，4 点，执行中断保持。定时范围：0.001 ~ 32.767s；

100ms 累积型定时器：T250 ~ T255，6 点，定时中断保持，定时范围：0.1 ~ 3276.7s。

FX$_{2N}$ 系列 PLC 定时器设定值可以采用程序存储器内的常数（K）直接指定，也可以用数据寄存器（D）的内容间接指定。使用数据寄存器设定定时器设定值时，一般使用具有掉电保持功能的数据寄存器，这样在断电时不会丢失数据。不用作定时器的定时器编号，可以用作数值存储用数据寄存器。定时器的当前值也可通过应用指令等作为数值软元件使用。

5. 计数器

计数器在程序中用作计数控制。计数器分为内部信号计数器和外部信号计数器两类。内部计数器是对机内的元件的信号计数，由于机内元件信号的频率低于扫描频率，因而是低速计数器，也称普通计数器。对高于机器扫描频率的外部信号进行计数，需要用高速计数器。计数器累计内部或外部信号的脉冲数，当达到所定的设定值时，输出触点动作。计数器除了占有自己编号的存储器位外，还占有一个设定值寄存器和一个当前值寄存器。设定值寄存器存储编程时赋值的计数设定值。当前值寄存器记录计数当前值。

FX$_{2N}$ 系列 PLC 计数器（C）分为 16 位增计数器（一般用：C0 ~ C99；停电保持用：C100 ~ C199）、32 位增/减双向计数器（停电保持用：C200 ~ C219；特殊用：C220 ~ C234）以及 32 位增/减双向高速计数器（停电保持 C235 ~ C255 中的 6 点）。一般计数器和停电保持型计数器的分配可通过外围设备的参数设定进行调整。不用作计数器的计数器编号，可以用作数值存储用数据寄存器。

6. 数据寄存器

数据寄存器是存储数值数据的软元件，可以处理各种数值数据，利用它还可以进行各种控制。FX$_{2N}$ 系列 PLC 的数据寄存器（D）分为以下几种类型：

一般用：D0 ~ D199，200 点，通过参数设定可以变更为停电保持型。

停电保持用：D200 ~ D511，312 点，通过参数设定可以变更为非停电保持型。

停电保持专用：D512 ~ D7999，7488 点，无法变更其停电保持特性。根据参数设定可以将 D1000 以后的数据寄存器以 500 点为单位设置文件寄存器。

特殊用：D8000 ~ D8255，256 点。

变址寄存器：V0 ~ V7，Z0 ~ Z7，16 点。

7. 指针

FX$_{2N}$ 系列 PLC 的指针包括分支用指针（P）和中断用指针（I）。分支用指针的编号为 P0 ~ P127，用作程序跳转和子程序调用的编号，其中 P63 专门用于结束跳转。中断用指针与应用指令 FNC03（IRET）中断返回、FNC04（EI）开中断和 FNC03（DI）关中断一起使用，有以下 3 种类型：

（1）输入中断用　与输入 X000 ~ X005 对应编号为 I00× ~ I05×，6 点。接收来自特定输入编号的输入信号，不受 PLC 扫描周期的影响，触发该输入型号，执行中断子程序。通过输入中断可以处理比扫描周期更短的信号，因而可在顺控程序中作为必要的优先处理或短时脉冲处理控制中使用。

（2）定时器中断　编号为 I6××、I7××、I8××，3 点。在各指定的中断循环时间（10 ~ 99ms）执行中断子程序。在需要有别于 PLC 运算周期的循环中断处理控制中使用。

（3）计数器中断　编号为 I010～I060，6 点。根据 PLC 内置高速计数器的比较结果，执行中断子程序，用于利用高速计数器优先处理计数结果的控制。

7.5.4　三菱 FX_{2N} 型 PLC 的指令系统

三菱 FX_{2N} 系列 PLC 的指令系统由基本指令、步进指令和应用指令组成；多达 300 余条。这里主要介绍一些最常用的基本指令。

1. LD、LDI、OUT 指令

LD：取指令，用于从左母线开始的常开触点。

LDI：取反指令，用于从左母线开始常闭触点。

OUT：输出指令，用于驱动线圈。

它们的用法如图 7-21 所示。

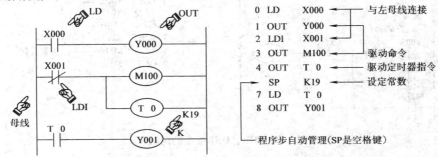

图 7-21　LD、LDI、OUT 指令应用举例

指令使用说明：

LD、LDI 指令指令用于 X、Y、M、T、C 的与左母线相连的触点，还可与 ANB 或 ORB 块操作指令配合用于分支回路的起始处；OUT 指令用于输出继电器、辅助继电器、定时器、计数器等，不能用于输入继电器，通常也不能用于左母线；并列的 OUT 指令能多次连续使用。对定时器或计数器的线圈，使用 OUT 指令后，必须设定常数，可通过常数 K 直接指定或用数据寄存器编号间接指定。

2. AND、ANI 指令

AND："与"指令，用于与前一个触点串联的常开触点。

ANI："与非"指令，用于与前一个触点串联的常闭触点。

它们的用法如图 7-22 所示。

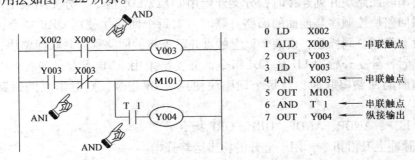

图 7-22　AND、ANI 指令的用法

指令使用说明：

AND、ANI 指令分别用于单个常开、常闭触点的串联，串联触点的数量不受限制，该指

令可以连续多次使用。如果有两个以上的触点并联连接，并将这种并联回路块与其他回路串联连接时，要采用后述的 ANB 指令。OUT 指令后，通过触点对其他线圈使用 OUT 指令实现纵接输出时，如果顺序不错，可以重复连续使用，否则必须使用后述的 MPS 指令。

3. OR、ORI 指令

OR："或"指令，用于一个常开触点与前一个触点的并联。

ORI："或非"指令，用于一个常闭触点与前一个触点的并联。

OR、ORI 指令的用法如图 7-23 所示。

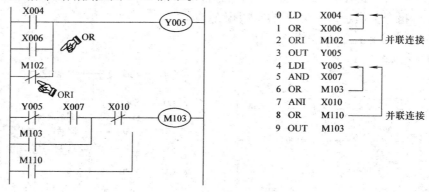

图 7-23　OR、ORI 指令的用法

指令使用说明；

OR、ORI 指令分别用于单个常开、常闭触点的并联，并联触点的数量不受限制，该指令可以连续多次使用。如果有两个以上的触点串联连接，并将这种串联回路块与其他回路并联连接时，要采用后述的 ORB 指令。

4. ORB、ANB 指令

ORB：电路块或指令，用于串联电路块的并联连接。

ANB：电路块与指令，用于并联电路块的串联连接。

ANB、ORB 指令的用法如图 7-24 所示。

指令使用说明：

ORB、ANB 指令都是不带软元件的独立指令。由两个以上触点串联连接的回路称为串联回路块，将串联回路块并列连接时，分支开始用 LD 或 LDI 指令，分支结束用 ORB 指令。若有多个串联回路块按顺序与前面的回路并联时，对每个回路块使用 ORB 指令，则对并联的回路个数没有限制。同样地，由两个以上触点并联连接的回路称为并联回路块，将并联回路块串联连接时，分支开始用 LD 或 LDI 指令，分支结束用 ANB 指令。若有多个并联回路块按顺序与前面的回路串联时，对每个回路块使用 ANB 指令，则对串联的回路个数没有限制。

5. LDP、LDF、ANDP、ANDF、ORP、ORF 指令

LDP：取脉冲上升沿指令，用于上升沿检出运算开始。

LDF：取脉冲下降沿指令，用于下降沿检出运算开始。

ANDP：与脉冲上升沿指令，用于上升沿检出串联连接。

ANDF：与脉冲下降沿指令，用于下降沿检出串联连接。

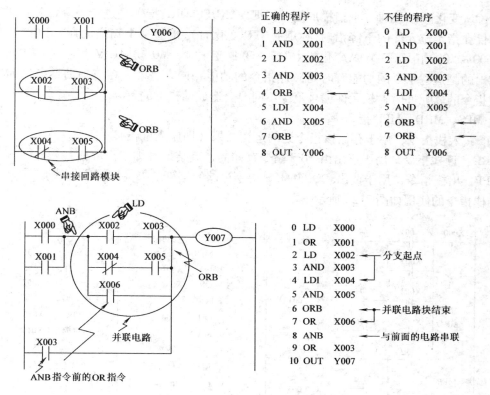

图 7-24 ANB、ORB 指令的用法

ORP：或脉冲上升沿指令，用于上升沿检出并联连接。

ORF：或脉冲下降沿指令，用于下降沿检出并联连接。

LDP、LDF、ANDP、ANDF、ORP、ORF 指令的用法如图 7-25 所示。

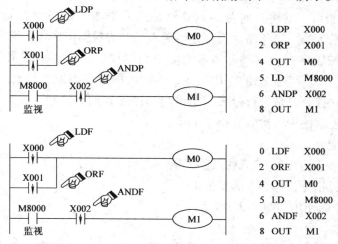

图 7-25 LDP、LDF、ANDP、ANDF、ORP、ORF 指令的用法

指令使用说明：

LDP、ANDP、ORP 指令是进行上升沿检出的触点指令，仅在指定位元件的上升沿时

（OFF→ON 变化时）接通一个扫描周期。LDF、ANDF、ORF 指令是进行下降沿检出的触点指令，仅在指定位元件的下降沿时（ON→OFF 变化时）接通一个扫描周期。如图 7-25 所示，X000 ~ X002 由 OFF→ON 变化或由 ON→OFF 变化时，M0 或 M1 仅接通一个扫描周期。需要指出的是这些指令的功能有时与脉冲指令的功能相同，另外，在将辅助继电器 M 指定为这些指令的软元件时，软元件编号范围不同，会造成动作上的差异。

6. MPS、MRD、MPP 指令

MPS：入栈指令，用于存储该指令处的运算结果（即压入堆栈）。

MRD：读栈指令，用于读出由 MPS 指令存储的运算结果（即读出堆栈）。

MPP：出栈指令，用于读出和清除 MPS 指令存储的运算结果（即弹出堆栈）。

堆栈指令的使用如图 7-26 所示。

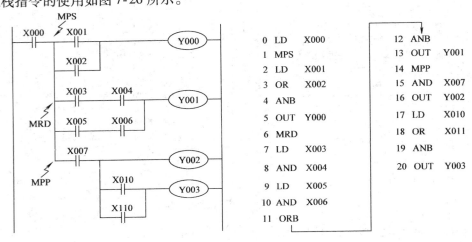

图 7-26　堆栈指令的使用

指令使用说明：

使用一次 MPS 指令，就将此时刻的运算结果送入堆栈的第一段存储。再使用 MPS 指令，又将中间结果送入第一段存储，而将先前送入存储的数据依次移到堆栈的下一段。使用 MPP 指令，各数据按顺序向上移动，将最上端的数据读出，同时该数据就从堆栈中消失。MRD 指令是读出最上端所存数据的专用指令，堆栈内的数据不发生移动。这些指令都是不带软元件编号的独立指令，是进行分支多重输出回路编程的方便指令。MPS 指令与 MPP 指令必须成对使用，连续使用的次数应小于 11。

7. MC、MCR 指令

MC：主控指令，用于公共串联触点的连接。

MCR：主控复位指令，即 MC 的复位指令。

MC、MCR 指令的使用如图 7-27 所示。

指令使用说明：

编程时，经常遇到多个线圈同时受一个或一组触点控制。若在每个线圈的控制电路中都串入同样的触点，将多占存储单元。应用主控触点可以解决这一问题。它在梯形图中与一般的触点垂直。它们是与母线相连的常开触点，是控制一组电路的总开关。如上图所示，输入 X000 接通时，执行从 MC 到 MCR 之间的指令，执行 MC 指令后，母线（LD、LDI）向 MC

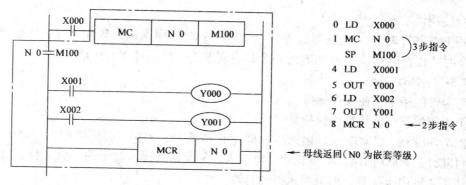

图 7-27　MC、MCR 指令的使用

触点后移动，将其返回到原母线的指令为 MCR。在 MC 指令内采用 MC 指令实现嵌套时，嵌套级 N 的编号按顺序增大（N0→N7）。在采用 MCR 指令将该指令返回时，则从编号大的嵌套级开始消除（N7→N0）。嵌套级最大为 8 级。

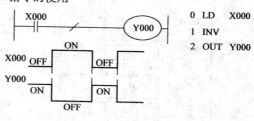

图 7-28　INV 指令的使用

8. INV 指令

INV 指令是将指令执行之前的运算结果取反，不需要指定软元件号，如图 7-28 所示。在图 7-28 中，当 X000 闭合时，Y000 断开；当 X000X 断开时，Y000 闭合。

9. PLS、PLF 指令

PLS：上升沿微分指令：当检测到触发信号上升沿时，线圈接通一个扫描周期。

PLF：下降沿微分指令：当检测到触发信号下降沿时，线圈接通一个扫描周期。

PLS、PLF 指令的使用如图 7-29 所示。

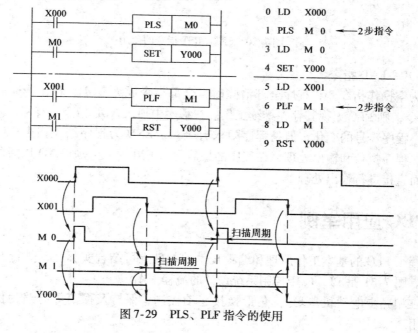

图 7-29　PLS、PLF 指令的使用

指令使用说明：

使用 PLS 指令时，仅在驱动输入为 ON 的一个扫描周期内，软元件 Y、M 动作。使用 PLF 指令时，仅在驱动输入为 OFF 的一个扫描周期内，软元件 Y、M 动作。

10. SET、RST 指令

SET 为置位指令，使操作保持。

RST 为复位指令，使操作保持复位。

如图 7-30 所示，X000 一旦接通后，即使它再断开，Y000 仍继续动作，X001 接通时，即使它再断开，Y000 仍保持不被驱动，对于 M、S 也是一样。对于同一软元件，SET、RST 可多次使用，顺序也随意，但最后执行的有效。

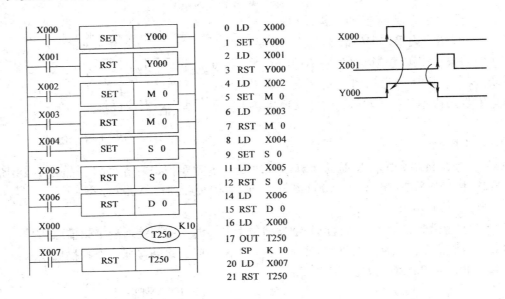

图 7-30　SET、RST 指令的使用

11. NOP、END 指令

NOP 为空操作指令。将程序全部清除时，全部指令成为 NOP。若在普通的指令之间加入 NOP 指令，则 PLC 无视其存在继续工作。在程序中加入 NOP 指令，有利于修改或增加程序时，减小程序步号的变化，但是程序要求有余量。END 为程序结束指令。PLC 反复进行输入处理、程序执行和输出处理，在程序的最后写入 END 指令，则 END 以后的其余程序不再执行，而直接进行输出处理。

7.6　PLC 应用举例

在掌握了 PLC 的基本工作原理和编程技术的基础上可结合实际问题进行 PLC 应用控制系统设计。图 7-31 是 PLC 应用控制系统设计的流程框图。

现以三相异步电动机星形-三角形换接起动控制、保持及振荡等电路为例，简单介绍 PLC 的应用。

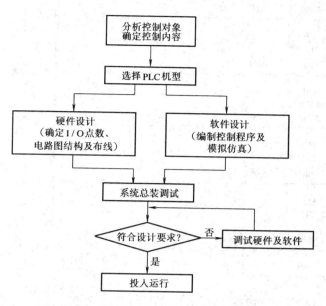

图 7-31　PLC 应用控制系统设计流程框图

7.6.1　三相异步电动机星形-三角形换接起动、正反转、点动控制

三相异步电动机星形-三角形换接起动、正反转和点动控制的继电器控制电路，已在前一节中作了介绍，本节拟采用 PLC 来实现这种控制。

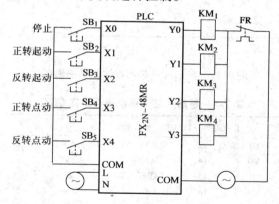

图 7-32　I/O 分配及硬件接线图

1. 输入/输出分配及硬件接线

图 7-32 为输入/输出分配及硬件接线图，输入端全用常开触点表示，当它们闭合时，梯形图中对应的常开触点闭合，常闭触点打开。

2. 设计梯形图

梯形图如图 7-33 所示。为便于编程梯形图对原控制电路作了少许修改。

3. 编制指令语句表

根据梯形图编制指令语句表就很容易了，星形－三角形换接起动指令表如表 7-5 所示。

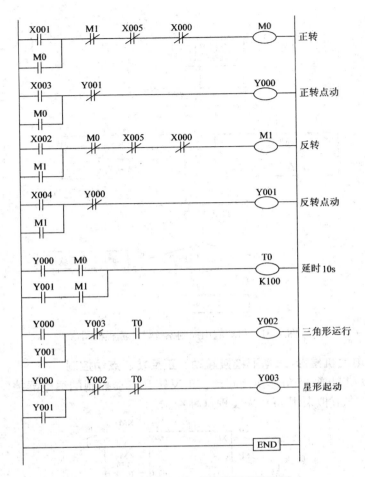

图 7-33　星形 – 三角形换接起动梯形图

表 7-5　星形 – 三角形换接起动指令表

地　址	指　令		地　址	指　令		地　址	指　令	
0	LD	X001	13	ANI	X005	25	OUT	T0
1	OR	M0	14	ANI	X000			K100
2	ANI	M1	15	OUT	M1	28	LD	Y000
3	ANI	X005	16	LD	X004	29	OR	Y001
4	ANI	X000	17	OR	M1	30	ANI	Y003
5	OUT	M0	18	ANI	Y000	31	AND	T0
6	LD	X003	19	OUT	Y001	32	OUT	Y002
7	OR	M0	20	LD	Y000	33	LD	Y000
8	ANI	Y001	21	AND	M0	34	OR	Y001
9	OUT	Y000	22	LD	Y001	35	ANI	Y002
10	LD	X002	23	AND	M1	36	ANI	T0
11	OR	M1	24	ORB		37	OUT	Y003
12	ANI	M0						

　　将梯形图（或程序）通过编程器的指令键或计算机送入 PLC，操作相应的按钮，就能实现对三相异步电动机的星形 – 三角形换接起动、正反转和点动控制。若电动机过载，对应

的 FR 使 PLC 立即停止，起到保护作用。

7.6.2 保持电路

如图 7-34 所示，将输入信号加以保持记忆。当 X000 接通一下，辅助继电器 M500 接通并保持，Y000 有输出。停电后再通电，Y000 仍有输出，只有 X001 接通，其常闭触点断开，才能使 M500 自保持清除，使 Y000 无输出。

7.6.3 延时断开电路

如图 7-35 所示，输入 X000 = ON 时，Y000 = ON，并且输出 Y000 的触点自锁保持

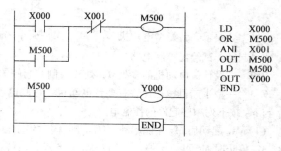

a) 梯形图   b) 指令表

图 7-34 保持电路

接通，输入 X000 = OFF 后，启动内部定时器 T0，定时 5s 后，定时器触点闭合，输出 Y000 断开。

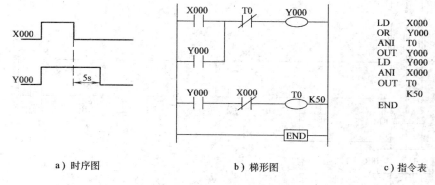

a) 时序图   b) 梯形图   c) 指令表

图 7-35 延时断开电路

7.6.4 振荡电路

图 7-36 是振荡电路的时序图、梯形图与语句表。当输入 X000 接通时，输出 Y000 闪烁，接通与断开交替运行，接通时间为 1s 由定时器 T0 设定，断开时间为 2s 由定时器 T1 设定。

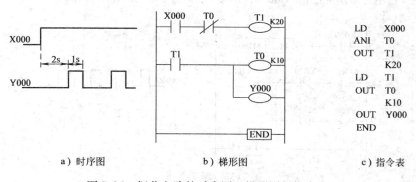

a) 时序图   b) 梯形图   c) 指令表

图 7-36 振荡电路的时序图、梯形图与指令表

习　　题

7-1　今要求 3 台笼型电动机 M_1、M_2、M_3 按照一定顺序起动，即 M_1 起动后 M_2 才可起动，M_2 起动后 M_3 才可起动。试绘出控制电路。

7-2　试设计一电动机的多处（3 处）控制其起停的控制电路（多处控制在大型生产机械中很常用）。

7-3　一台生产机械往往装有多台电动机，这些电动机又要求按一定的顺序起停。试设计两台电动机 M_1 与 M_2 按下列顺序起停的控制电路。

（1）M_1 起动后 M_2 才能起动，M_1、M_2 同时停止；（2）M_1 起动后 M_2 才能起动；M_1 停止时 M_2 也停止，M_2 停止时 M_1 可以不停止；（3）M_1 先起动，后停止，M_2 后起动，先停止。

7-4　试设计某机床主轴电动机的控制电路。要求：（1）能正反转；（2）正反转都能反接制动；（3）能点动；（4）能在两处起停。

7-5　图 7-37a、b 分别是两台异步电动机起停控制电路图，这两张图画得是否正确？为什么？

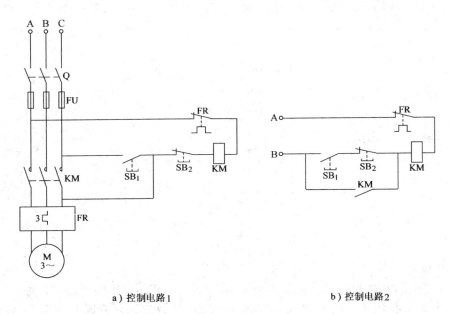

a）控制电路 1　　　　　　　　　　　　　　b）控制电路 2

图 7-37　题 7-5 图

7-6　图 7-38 所示为二分频电路的梯形图，试写出它的指令语句表并画出波形。

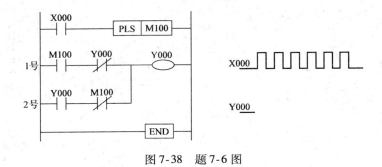

图 7-38　题 7-6 图

7-7　试画出下列指令语句表所对应的梯形图。

地　址	指　令	
0	LD	X000
1	OR	M100
2	ANI	X002
3	OUT	M100
4	OUT	Y001
5	LD	X003
7	OUT	T50
		K2550
10	OUT	Y002
11	LD	T50
12	OUT	T51
		K35
15	OUT	Y003
16	LD	X004
17	PLS	M101
19	LD	M101
20	RST	C60
22	LD	X005
23	OUT	C60
		K10
26	OUT	Y004

地　址	指　令	
0	LD	X000
1	AND	X001
2	LD	X002
3	ANI	X003
4	ORB	
5	LD	X004
6	AND	X005
7	LD	X006
8	AND	X007
9	ORB	
10	ANB	
11	LD	M101
12	AND	M102
13	ORB	
14	AND	M102
15	OUT	Y001
16	END	

7-8　某振荡电路的时序波形如图7-39所示，试画出实现该功能的梯形图。要求接通时间为2s，断开时间为1s。

7-9　试编制实现下述控制要求的梯形图。用一个开关 X000 控制三个灯 Y001、Y002、Y003 的亮灭：X000 闭合一次灯 1 点亮；闭合两次灯 2 点亮，闭合三次灯 3 点亮；再闭合一次三个灯全灭。

7-10　有 8 个彩灯排成一行，自左至右依次每秒有一个灯点亮（只有一个灯亮），循环三次后，全部灯同时点亮，3s 后全部灯熄灭。如此不断重复进行，试用 PLC 实现上述控制要求。

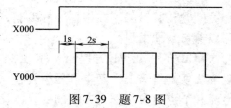

图 7-39　题 7-8 图

第8章　电路的计算机辅助分析

本章提要　本章简要介绍了电路计算机辅助分析的有关概念、电路方程的建立和求解方法以及常用的一种电路仿真软件——PSPICE。

8.1　电路方程的建立和求解方法

电路的计算机辅助分析是利用计算机作为辅助手段对电路进行分析。电路分析包括许多内容，其中有电阻电路分析（或直流电路分析）、正弦电流电路分析、线性动态电路分析、非线性电路分析等。

电路分析和设计的首要步骤就是将一个实际的电路用一整套数学方程来描述，因而电路的计算机辅助分析首先要解决如何用计算机自动地建立电路方程和求解电路方程。

利用计算机自动建立电路方程的方法很多，有节点法、改进节点法、表矩阵法和双图法等。这些方法在建立电路方程时所选择的变量性质和数量不同，因而方程的形式和数目也不相同。但是电路方程的建立都是从原始数据出发，以网络拓扑方程和元件支路特性方程为基础，经过方程变换而实现的。电路方程都以矩阵形式表达，清晰直观，易于在计算机中进行计算。

这里，我们只简单介绍表矩阵法（也称为节点列表法），主要介绍建立电路方程的一些有关问题，其目的不在于程序的编制，而是试图说明编制程序的一些思路。若读者感兴趣，可以参考其他书目。

KCL方程、KVL方程和VCR支路特性方程是描述电路拓扑及特性的三个基本方程。表矩阵法就是将这三个基本方程组合在一起，形成一个大型的矩阵方程。它把支路电压、支路电流和节点电位都作为方程的变量，比较直观，步骤简单，易于实现。

表矩阵法列方程的步骤如下：

1）由电路的拓扑信息建立其关联矩阵 A。

2）建立由关联矩阵 A 表示的 KCL 和 KVL 方程

KCL方程：
$$AI_b = 0 \tag{8-1}$$

KVL方程：
$$A^T V_n - U_b = 0 \tag{8-2}$$

式中，I_b 为支路电流向量；U_b 为支路电压向量；V_n 为节点电位向量。

3）建立各支路特性方程

支路特性方程的一般形式为
$$\begin{bmatrix} Y_b \\ K_2 \end{bmatrix} U_b + \begin{bmatrix} K_1 \\ Z_b \end{bmatrix} I_b = \begin{bmatrix} W_{b1} \\ W_{b2} \end{bmatrix} \tag{8-3}$$

式中，Y_b 为支路导纳矩阵；Z_b 为支路阻抗矩阵；K_1 和 K_2 为无量纲的常数矩阵，W_{b1} 和 W_{b2} 分别表示独立电流源、独立电压源以及初始条件对电容和电感的影响。

为了使表达式更加紧凑，可将上示简写为
$$Y_b U_b + Z_b I_b = W_b \tag{8-4}$$

现将电路中常用的二端元件在式（8-4）中所对应的 $\boldsymbol{Y}_b$，$\boldsymbol{Z}_b$ 和 $\boldsymbol{W}_b$ 的各元素值列于表 8-1 中。

表 8-1　支路特性方程表

元件	特性方程 $Y_b U_b + Z_b I_b = 0$	Y_b 值	Z_b 值	W_b 值
电阻	$U_n - R_b I_b = 0$	1	$-R_b$	0
电导	$G_b U_b - I_b = 0$	G_b	-1	0
电容	$sC_b U_b - I_b = C_b U_0$	sC_b	-1	$C_b U_0$
电感	$U_b - sL_b I_b = -L_b I_0$	1	$-sL_b$	$-L_b I_0$
电压源	$U_b = \boldsymbol{E}$	1	0	$\boldsymbol{E}$
电流源	$I_b = \boldsymbol{I}_s$	0	1	I_s

4) 将式（8-1）、式（8-2）和式（8-4）合并起来，即得到如下矩阵形式：

$$\begin{pmatrix} \boldsymbol{I} & \boldsymbol{0} & -\boldsymbol{A}^{\mathrm{T}} \\ \boldsymbol{Y}_b & \boldsymbol{Z}_b & \boldsymbol{0} \\ \boldsymbol{0} & \boldsymbol{A} & \boldsymbol{0} \end{pmatrix} \begin{pmatrix} \boldsymbol{U}_b \\ \boldsymbol{I}_b \\ \boldsymbol{V}_n \end{pmatrix} = \begin{pmatrix} \boldsymbol{0} \\ \boldsymbol{W}_b \\ \boldsymbol{0} \end{pmatrix} \tag{8-5}$$

这就是用表矩阵法列出的表矩阵方程组，它是非线性代数方程和非线性常微分方程的混合方程组。系数矩阵中各子矩阵均为方阵。对于电容和电感支路，算子 s 在频域分析中为 $j\omega$，在时域分析中为 $\mathrm{d}/\mathrm{d}t$。

如果电路网络中有 n 个独立节点，m 条支路，则表矩阵方程（8-5）是个 $(2m+n) \times (2m+n)$ 维的方程组。对多数电路，其支路数往往大于甚至远大于节点数，因此表矩阵方程组的维数常常很高。从式（8-5）中还可以看出，表矩阵方程组的系数矩阵中，除了 4 个零元素的子阵外，$\boldsymbol{Y}_b$、$\boldsymbol{Z}_b$ 和单位阵 $\boldsymbol{I}$ 都是大多数为零元素的子阵，因此系数矩阵是个十分稀疏的矩阵。

例 8-1　某电路及其拓扑图如图 8-1a、b 所示。列出该电路的表矩阵方程。

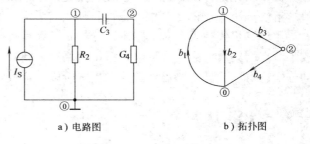

a) 电路图　　　　b) 拓扑图

图 8-1　例 8-1 电路及拓扑图

首先，由电路拓扑图建立关联矩阵 $\boldsymbol{A}$

$$\boldsymbol{A} = \begin{pmatrix} -1 & 1 & 1 & 0 \\ 0 & 0 & -1 & 1 \end{pmatrix}$$

根据元件支路特性方程建立 $\boldsymbol{Y}_b$ 和 $\boldsymbol{Z}_b$ 子矩阵为

$$\boldsymbol{Y}_b = \begin{pmatrix} 0 & & & 0 \\ & 1 & & \\ & & sC_3 & \\ & & & G_4 \end{pmatrix}, \quad \boldsymbol{Z}_b = \begin{pmatrix} 1 & & & \\ & -R_2 & & \\ & & -1 & \\ & & & -1 \end{pmatrix}$$

则表矩阵方程为

$$\begin{pmatrix} \boldsymbol{I} & \boldsymbol{0} & -\boldsymbol{A}^{\mathrm{T}} \\ \boldsymbol{Y}_{\mathrm{b}} & \boldsymbol{Z}_{\mathrm{b}} & \boldsymbol{0} \\ \boldsymbol{0} & \boldsymbol{A} & \boldsymbol{0} \end{pmatrix} \begin{pmatrix} \boldsymbol{U}_{\mathrm{b}} \\ \boldsymbol{I}_{\mathrm{b}} \\ \boldsymbol{V}_{\mathrm{n}} \end{pmatrix} = \begin{pmatrix} 1 & & & & & & & 1 & 0 \\ & 1 & & & & & & -1 & 0 \\ & & 1 & & & & & -1 & 1 \\ & & & 1 & & & & 0 & -1 \\ 0 & & & & 1 & & & & \\ 1 & & & & & -R_2 & & & \\ & & sC_3 & & & & -1 & & \\ & & & G_4 & & & & -1 & \\ & & & & -1 & 1 & 1 & 0 \\ & & & & 0 & 0 & -1 & 1 \end{pmatrix} \begin{pmatrix} U_{\mathrm{b1}} \\ U_{\mathrm{b2}} \\ U_{\mathrm{b3}} \\ U_{\mathrm{b4}} \\ I_{\mathrm{b1}} \\ I_{\mathrm{b2}} \\ I_{\mathrm{b3}} \\ I_{\mathrm{b4}} \\ V_1 \\ V_2 \end{pmatrix} = \begin{pmatrix} 0 \\ 0 \\ 0 \\ 0 \\ I_{\mathrm{S}} \\ 0 \\ 0 \\ 0 \\ 0 \\ 0 \end{pmatrix}$$

以上通过一个简单的实例说明如何根据输入的数据直接形成表矩阵法方程的思路。如果电路中有受控源、耦合电感、理想变压器等，只要相应改变输入数组的结构，仍然可以直接建立所需方程。显然，如果要建立其他形式的电路方程，形成的方法将随之改变。

线性代数方程的求解一般采用的有高斯消去法、LU 分解法、高斯-塞德尔迭代法、稀疏矩阵法等。对于动态电路的分析，要求解微分方程，常用的计算方法有梯形法、龙格-库塔法、基尔法等。可参阅有关书籍。

国内外有很多电路的机辅分析程序。为了便于使用者应用，这类程序往往只要求使用者将被分析电路的有关信息、进行哪种分析和需要的输出，按规定编写成一个输入文件，送入计算机中，让计算机执行。至于该程序是根据什么原理（包括使用的电路方程的形式，数值求解法等）编制的，其细节如何，使用者无需了解。

用计算机代替人工对电路进行分析和计算具有许多优点，它能处理大规模电路，如具有成千节点的集成电路、大型电力系统电路等。同时计算迅速，结果精确可靠。依靠计算机辅助分析还可以验证电路设计的正确性，所以计算机辅助分析是电路设计的重要组成部分。

8.2 PSPICE 简介

PSPICE 是由 SPICE 发展而来的用于微机系列的通用电路分析程序。

SPICE（Simulation Program with Integrated Circuit Emphasis）是由美国加州大学伯克利分校于 1972 年开发的电路仿真程序。随后，版本不断更新，功能不断增强和完善。1988 年 SPICE 被定为美国国家工业标准。目前微机上广泛使用的 PSPICE 是由美国 Micro Sim 公司开发并于 1984 年 1 月首次推出的。PSPICE 有工业版（Production version）和教学版（Evaluation version）之分，本书介绍 1986 年 8 月推出的 PSPICE6.3 版本（MlcroSim Evaluation Version 6.3，即教学版，有时也称为学生版）。它能进行电路分析、模拟电路分析、数字电路分析和模拟、数字混合电路分析。

PSPICE6.3 可以对众多元器件构成的电路进行仿真分析，这些元器件以符号、模型和封装三种形式分别存放在扩展名为 slb、lib 和 plb 共三种类型的库文件中。＊.slb 库中的元器件符号用于绘制电路图；＊.lib 库中的元器件模型用于电路仿真分析；＊.plb 库中的元器件封装形式用于绘制印制电路板图。在电路仿真分析中只用到前两个库。

8.2.1　PSPICE 功能简介

PSPICE6.3 可执行的主要分析功能如下：

1. 直流分析

包括电阻电路分析、电路的静态工作点分析、直流小信号传递函数值分析、直流扫描分析、直流小信号灵敏度分析。

在进行静态工作点分析时，电路中的电感全部短路，电容全部开路，分析结果包括电路每一节点的电压值和在此工作点下的有源器件模型参数值。这些结果以文本文件方式输出。

直流小信号传递函数值是电路在直流小信号下的输出变量与输入变量的比值，输入电阻和输出电阻也作为直流解析的一部分被计算出来。进行此项分析时，电路中不能有隔直电容。分析结果以文本方式输出。

直流扫描分析可做出各种直流转移特性曲线。输出变量可以是某节点电压或某支路电流，输入变量可以是独立电压源、独立电流源、温度、元器件模型参数和通用（Global）参数（在电路中用户可以自定义的参数）。

直流小信号灵敏度分析是分析电路各元件参数变化时，对电路特性的影响程度。灵敏度分析结果以归一化的灵敏度值和相对灵敏度形式给出，并以文本方式输出。

2. 交流小信号分析

包括频率响应分析和噪声分析。PSPICE 进行交流分析前，先计算电路的静态工作点，决定电路中所有非线性器件的交流小信号模型参数，然后在用户所指定的频率范围内对电路进行仿真分析。

频率响应分析能够分析传递函数的幅频响应和相频响应，亦即可以得到电压增益、电流增益、互阻增益、互导增益、输入阻抗、输出阻抗的频率响应。分析结果均以曲线方式输出。

PSPICE 用于噪声分析时，可计算出每个频率点上的输出噪声电平以及等效的输入噪声电平。噪声电平都以噪声带宽的平方根进行归一化。其单位是 $V/Hz^{1/2}$。

3. 瞬态分析

即时域分析，包括电路对不同信号的瞬态响应，时域波形经过快速傅里叶变换（FFT）后，可得到频谱图。通过瞬态分析，也可以得到数字电路的时序波形。

另外，PSPICE 可以对电路的输出进行傅里叶分析，得到时域响应的傅里叶分量（直流分量、各次谐波分量、非线性谐波失真系数等）。这些结果以文本方式输出。

4. 蒙特卡罗（Monte Carlo）分析和最坏情况（Worst Case）分析

蒙特卡罗分析是分析电路元器件参数在它们各自的容差（容许误差）范围内，以某种分布规律随机变化时电路特性的变化情况，这些特性包括直流、交流或瞬态特性。

最坏情况分析与蒙特卡罗分析都属于统计分析，所不同的是，蒙特卡罗分析是在同一次仿真分析中，参数按指定的统计规律同时发生随机变化，而最坏情况分析则是在最后一次分析时，使各个参数同时按容差范围内各自的最大变化量改变，以得到最坏情况下的电路特性。

8.2.2　PSPICE 中的电路描述

在运行于 Windows 环境下的 PSPICE 中，均采用图形方式描述被仿真的电路。即在 PSPICE 提供的绘图编辑器中画出电路图，并将其保存在扩展名为 sch 的图形文件（计算机自动生成扩展名）中。电路中用到的元器件、电源和信号源可从 PSPICE 提供的库中直接调用。

一个完整的电路，不仅包括电路的结构，而且还包含各元器件、信号源及电源的有关参数。电路的结构可以通过元器件符号以及它们之间的连线来描述；而参数则是在元件属性（Attributes）中描述的。描述一个元器件通常包括元器件符号名称、元器件在电路中的标号、元器件参数值等几部分内容。

由于有源器件的参数较多，它们不直接在属性中给出，而是用专门的模型（Model）来描述，属性中只给出它的模型名称。仿真时，PSPICE 从模型库中调出该元器件的参数值进行仿真。下面对电路元件的描述作进一步的介绍。

1. 电阻、电容和电感

在符号库（＊.slb）中分别用关键字 R、C 和 L 来标志电阻、电容和电感元件（PSPICE 中的元器件关键字见表 8-2）。在电路中以关键字开头，后跟长度不超过 8 个字符的字母或数字作为它们的标号，例如 R_2、C_e、L_5 等。它们的参数在元件属性的 VALUE 项中定义，例如，VALUE = 10k。另外，在 IC 项中还可以设置电容的初始电压和电感的初始电流。R、C 和 L 是不带模型的元件，因此，在做统计分析时必须将它们换成具有模型的元件，如 Rbreak、Cbreak 和 Lbreak 分别是带模型的电阻、电容和电感元件。

2. 有源器件

有源器件在符号库中的名称（NAME）通常以关键字开头，后跟长度不超过 8 个字符的字母或数字命名，如 Q2N2222 表示一种 NPN 型 BJT。74 系列的数字集成电路芯片以它们的型号作为元器件名称。

有源器件的参数均在它们的模型中描述。在 PSPICE 中是按器件类型（DEVICE-TYPE）来建立模型的，这些类型如表 8-2 所示。同一类型的器件有相同的模型结构，只是具体参数值有所不同。例如，Q2N2222 和 Q2N3904 均属 NPN 型 BJT。

表 8-2　PSPICE 中的器件类型

序　号	类 型 名 称	描述关键词	元器件类型
1	RES	R	电阻器
2	CAP	C	电容器
3	IND	L	电感器
4	D	D	二极管
5	NPN	Q	NPNBJT 三极管
6	PNP	Q	PNPBJT 三极管
7	LPNP	J	横向 PNPBJT 三极管
8	NJF	J	N 沟道 JFET
9	PJF	M	P 沟道 JFET
10	NMOS	M	N 沟道 MOSFET
11	PMOS	B	P 沟道 MOSFET
12	GASFET	K	GaAsFET
13	CORE	S	非线性磁心（变压器）
14	VSWITCH	W	电压控制开关
15	ISWITCH	N	电流控制开关
16	DINPUT	O	数字输入器件

（续）

序　号	类型名称	描述关键词	元器件类型
17	DOUTPUT	U	数字输出器件
18	UIO	U	数字输入、输出模型
19	UGATE	U	标准门
20	UTGATE	U	三态门
21	UEFF	U	边沿触发器
22	UGFF	U	门触发器
23	UWDTH	U	脉宽校验器
24	USUHD	U	复位和保持校验器
25	UDLY	U	数字延迟线

在模型库中，有源器件的模型名称（MODELNAME）与符号库中器件名称的命名方法类似。符号库（扩展名为 slb 的磁盘文件）与模型库（扩展名为 lib 的磁盘文件）是通过模型名称建立联系的。例如，Q2N2222、Q2N2222—X。

电路仿真的精度主要由元器件所选用的模型和模型参数来决定。PSPICE 中选用了较精确的模型，其模型参数也很多，在多数情况下，可以忽略其中许多参数。PSPICE 在分析时使用这些参数的默认值（default value 计算机自动给出的值）。

3. 信号源及电源

在电路描述中，信号源和电源是必不可少的。实际上，电源可以看作是一种特殊的信号源。在 PSPICE 中，信号源被分为两类：独立源和受控源。表 8-3 给出了几种主要独立源。在类型名前加 V 表示电压源，加 I 表示电流源。受控源共分为 4 类，如表 8-4 所示，它们可用来描述等效电路。

表 8-3　几种主要的独立电源

类型名	电源及信号源类型	应用场合	类型名	电源及信号源类型	应用场合
DC	固定直流源	直流电源、支流特性分析	PULSE	脉冲源	瞬态分析
AC	固定交流源	正弦稳态频率响应	PWL	分段线性源	瞬态分析
SIN	正弦信号源	瞬态分析、正弦稳态频率响应	SRC	简单源	可当作 AC、DC 或瞬态源

表 8-4　受　控　源

元器件描述关键词	受控源类型	元器件描述关键词	受控源类型
E	电压控制电压源	G	电压控制电流源
F	电流控制电流源	H	电流控制电压源

信号源的参数可在其属性中定义。例如，脉冲源的初始电压 U_1、脉冲电压 U_2、延迟时间 TD、上升时间 TR、下降时间 TF、脉冲宽度 PW、周期 PER 等，均可在其属性窗中赋值。

8.3　PSPICE6.3 集成环境

PSPICE6.3 版本含有两个集成环境：一个是通用的电路仿真分析环境 MicroSim Eval6.3；

另一个是可编程数字逻辑器件分析设计环境 MicroSim PLSyn6.3 Evaluation。这里只介绍通用的电路仿真分析环境 MicroSim Eval 6.3。该环境主要包括 7 个程序项，各程序项的主要功能如表 8-5 所示。

表 8-5 程序项的主要功能

程 序 项	主 要 功 能 和 作 用
Schematics	PSPICE 的主程序项。电路仿真的全过程均可在此项中完成且在此项菜单中可以调用其他任何一个程序项。主要功能包括：绘制编辑原理图，确定和修改元器件模型参数，分析类型设置，调用 PSPICE 分析电路，调用 Probe 显示打印分析结果等
PSPICE	PSPICE 的分析程序。完成对电路的仿真分析，以文本方式或扫描波形方式输出结果，并存入扩展名为 out（文本结果）和 dat（波形数据）的磁盘文件中
Probe	输出波形的后处理程序（也称探针显示器）。可以处理、显示、打印电路各节点和支路的多种波形（频域、时域、FFT 频谱等）
Stimulus Editor	信号编辑器，用于编辑和修改各种信号源
Parts	模型参数提取程序。Parts 程序可以根据产品手册所给出的电特性参数提取用于 PSPICE 分析的器件模型参数。器件模型包括：二极管、BJT、JFET、MOSFET、砷化镓场效应晶体管、运算放大器和电压比较器等
Pspice Optimizer	电路设计优化程序
MicroSim PCBoards	印制电路板版图编辑

8.3.1 PSPICE 的主程序项 Schematics

选择程序项 Schematics 进入主程序窗口，如图 8-2 所示。窗口顶部第一行为窗口标题信息，显示当前程序项名称和所编辑的文件名称；第二行为主菜单栏，Schematics 的所有操作都可通过选择菜单中相应的栏目来完成；第三行为图标工具栏，每个图标代表菜单中一项最常用的操作，点中图标即可完成相应的操作，提高了操作效率，屏幕中间主要区域为原理图编辑区，也就是原理图页面，用户可以设置页面大小；窗口底部是辅助信息提示栏，显示当前光标位置、操作功能提示和操作命令。通过操作功能提示栏，用户可得知每一菜单项的功能。由于篇幅所限，这里不再列出各菜单项的功能。

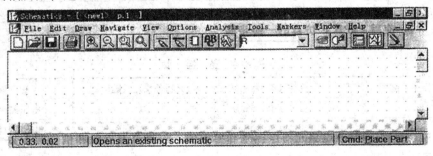

图 8-2 Schematics 主程序窗口

分析功能可通过菜单项 Analysis Setup... 或相应的图标来设置。它们是

AC Sweep，交流分析设置。

DC Sweep，直流分析设置。包括对信号源、温度、模型参数和通用参数的扫描分析。

Monte Carlo/Worst Case，蒙特卡罗分析/最坏情况分析设置。

Bias Point Detail，静态工作点分析输出选择开关。

Digital Setup，数字电路分析选项设置。

Parametric，参数分析设置。分析参数变化对电路特性的影响。

Sensitivity，直流小信号灵敏度分析设置。

Temperature，环境温度设置。

Transfer Function，小信号传递函数数值分析设置。

Transient，瞬态分析设置。

菜单项 Analysis 是 Schematics 程序最主要的菜单项，分析功能的设置和仿真的执行均在该菜单中，读者对此应多加注意。

8.3.2　波形后处理程序 Probe

Probe 是 PSPICE 对分析结果进行波形处理、显示和打印的有效工具。PSPICE 的所有波形输出的结果都要用 Probe 程序来观察及输出。Probe 程序窗口结构与 Schematics 窗口基本相同。有三种方法启动 Probe 程序：1）在 Schematics 中，Analysis | Probe Setup | Auto-run Option 设置为 Automatically... 时，选择 Analysis | Simulate 进行仿真分析后会自动调用 Probe 程序；2）在 Schematics 中，选择 Analysis | Run Probe；3）在 Windows95 环境中直接选择 Probe 程序项。

Schematics、PSPICE 和 Probe 是 PSPICE6.3 中最常用的程序项，利用这几个程序可以完成一般的电路仿真分析。

8.3.3　使用 PSPICE 仿真的一般步骤

使用 PSPICE 对电子电路进行仿真分析的一般步骤如下：

1. 输入电路结构

选择 Draw | Get New Part... 或相应的图标，将元器件从库中调出放置在图形编辑页面上，再选择 Draw | Wire 或相应的图标画出电路连线。

2. 编辑修改电路元器件标号和参数值

包括直流电源和信号源参数。主要通过选择 Edit | Attributes... 或相应的图标来完成。有些参数要通过 Edit Model... 来修改。

3. 分析功能设置

根据不同的分析要求，选择 Analysis | Setup... 设置不同的分析功能。

4. 电路规则检查及生成电路网络表格

规则规定每个节点必须有一个到"地"的通路，每个元件至少有两个以上的连接点。该步在执行仿真时可自动完成。

5. 执行仿真

选择 Analysis | Simulate 或相应的图标，PSPICE 开始进行电路连接规则检查和建立网络表格文件，然后自动调用 PSPICE 程序项进行仿真分析，分析过程能自动报错。分析结果存入文本文件 *.out 和波形数据文件 *.dat 中。如果有波形输出，就自动调用波形后处理程序 Probe。

6. 仿真结果分析及输出

从输出的文本文件 *.out 和波形数据文件 *.dat（用 Probe 程序打开）中观察仿真结果，这些结果还可由打印机输出。

8.4　PSPICE 中的有关规定

8.4.1　数字

数字可以用整数，如 12，5；浮点数，如 2.3845，5.98601；整数或浮点数后面跟整数指数，如 6E − 14，3.743E + 3；也可在整数或浮点数后面跟比例因子，如 10.18k。

8.4.2　比例因子

为了使用方便，PSPICE 中规定了 10 种比例因子。它们用特殊符号表示不同的数量级。这 10 种比例因子为：

T = 1E + 12，G = 1E + 9，MEG = 1E + 6，K = 1E + 3，MIL = 25.4E − 6，M = 1E − 3，U = 1E − 6，N = 1E − 9，P = 1E − 12，F = 1E − 15。比例因子的符号还可以用小写字母表示，PSPICE6.3 不区分大小写。

8.4.3　单位

以工程单位米、千克和秒（MKS）为基本单位。由此得到的其他电学单位可省略。如 10，10V 表示同一电压数。1000Hz，1000，1E + 3，1k，1kHz 都表示同一个频率值。同样，Ω、A 等标准单位在描述时均可省略。

8.4.4　分隔符

在 PSPICE6.3 的有关编辑窗中输入多个参数值或表达式时，数值之间或表达式之间用逗号或空格分开，多个空格等效于一个空格。

8.4.5　表达式编写规则

PSPICE6.3 中可以用表达式定义元器件参数值。如电阻值为 {1k ∗ (1 + P ∗ Pcoeff/Pnom)}，给定 Pcoeff = −0.6，Pnom = 1.0，P 从 0 变到 5 时，可以分析电阻值按表达式的函数关系变化时电路的响应（Global Parameter 分析）。注意：参数值以变量或表达式出现时要用花括号 " {} " 括起来。

在波形后处理程序 Probe 中，各种变量允许经过简单数学运算后输出显示。如，在 Trace Add 编辑窗中送入 $(V(Q1:c) − V(Q1:e)) ∗ IC(Q1)$，可得到 BJT 的功耗曲线。可以使用的运算符号有：" + "、" − "、" ∗ "、" / "、" ( ) "。还可进行下列函数运算（字母大小写均可）：

ABS(x) $\qquad\qquad$ |x|

SGN(x) $\qquad\qquad$ 符号函数 $\begin{cases} +1; x > 0 \\ 0; x = 0 \\ -1; x < 0 \end{cases}$

SQRT(x) $\qquad\qquad$ $\sqrt{x}$

EXP(x) $\qquad\qquad$ e^x

LOG(x) $\qquad\qquad$ lnx

LOG10(x) $\qquad\qquad$ logx

DB(x) $\qquad\qquad$ 20lg|x|

PWR(x,y) $\qquad\qquad$ $|x|^y$

SIN(x) $\qquad\qquad$ sin x

COS(x) $\qquad\qquad$ cos x

TAN(x)	tan x
ATAN(x)	arctan x
D(x)	变量 x 关于水平轴变量的导数
S(x)	变量 x 在水平轴变化范围内的积分
AVG(x)	变量 x 在水平轴变化范围内的平均值
RMS(x)	变量 x 在水平轴变化范围内的均方根值
MIN(x)	x 的最小值
MAX(x)	x 的最大值

以上算式中的 x 可以是电路变量(节点电压、支路电压和电流),也可以是复合变量。如绝对值函数 ABS((V(Q1:c) – V(Q1:e)) * IC(Q1))中,x 是由表达式(V(Q1:c) – V(Q1:e)) * IC(Q1)构成的复合变量。

如果对单变量求导数和积分,下面的形式是相同的:

D(V(Q1:C))和 DV(Q1:c),S(IC(Q3))和 SIC(Q3)

另外,如果波形数据文件 *. dat 中包含多次分析结果,则可用 V(x)@ n 只显示第 n 条电压曲线。用 V(x)@ 2 – V(x)@ l 可以显示两条电压曲线的差值。

在交流分析时,可以在输出电压 V 或输出电流 I 后面增加一个附加项,如 VP(Q1:c) 表示 V(Q1:c) 的相位量。附加项含义如表 8-6 所示。(附加项大小写均可)

表 8-6 附加项含义

附加项	含 义	附加项	含 义
(不加)	幅值量	G	群廷迟量(d PHASE/dF),即相位对频率的偏导数
M	幅值量	R	实部
DB	幅值分贝数,等同于 DB(x)	I	虚部
P	相位量		

8.5 PSPICE 应用举例

在应用 PSPICE 进行电路分析时,首先要对电路图中的节点编号,节点的编号可以用任意的正整数。0 必须编入,且作为参考节点。

例 8-2 图 8-3 的线性电路中,已知 $R_1 = R_2 = 1\text{k}\Omega$,$R_3 = 1\text{M}\Omega$,$R_4 = 100\Omega$,$R_5 = 1\text{k}\Omega$,$C_1 = 1.414\mu\text{F}$,$C_2 = 0.707\mu\text{F}$,VCVS 增益 $A = 5 \times 10^5$。输入正弦电压 u_i 的幅值为 1V,频率可变。要求在频率 1Hz ~ 10kHz 范围内,按每个数量级取 20 个频率点,绘制输出电压 u_o 的幅频特性。

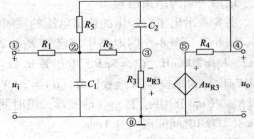

图 8-3 例 8-2 电路

解 输入文件:

EXl

VIN 1 0 AC 1

```
R1 1 2 1K
R2 2 3 1K
R3 3 0 1MEG
R4 4 5 100
R5 2 4 1K
C1 2 0 1.414U
C2 3 4 0.707U
E1 5 0 0 3 500K
·AC DEC 20 1 10K
·PLOT AC VM(4)
·PROBE
·END
```

输入描述语言说明如下：

第 1 句是标题说明（可以由任意字符构成）。

第 2 句为独立电压源的说明，指出电源的名称，"1"，"0" 表示其正极和负极连接的节点编号，"AC" 表示 "交流"，"1" 表示电压的幅值为 1V（正弦量的大小都用幅值，不用有效值）。

第 3~7 句为电阻的说明，给出了电阻的名称，连接的始节点和终节点的编号和电阻值（单位为 Ω）。

第 8、9 句为电容的说明，给出了电容的名称，连接的始节点和终节点的编号和电容值（单位为 F）。

第 10 句为 VCVS 的说明，受控电压源的正极和负极连接的两个节点编号，控制电压的正极和负极连接的两个节点编号，控制系数 A 值。

第 11 句为 AC 频率范围的说明，"DEC" 表示按数量级变化，"20" 表示在每一数量级内取 20 点，最后 2 个数字表示起始频率和终止频率。

第 12 句为曲线打印语句，AC 表示分析类型，VM 表示输出为电压幅值，括号内的 "4" 表示该电压是节点 4 的节点电压（即要求的输出电压）。

第 13 句是探针显示语句。

最后一句为结束语句。

图 8-4 示出了打印出的输出电压的幅频特性曲线。

例 8-3 图 8-5 的电路中，已知 $R_1 = 20\text{k}\Omega$，$R_2 = 30\Omega$，$L_1 = 200\text{mH}$，$C_1 = 5\mu\text{F}$，电压源 $u_S(t) = 5\varepsilon(t)\text{V}$，其中 $\varepsilon(t)$ 为单位阶跃函数，$u_{C1}(0) = 20\text{ V}$，$i_{L1}(0) = 0.2\text{A}$。求 $u_{C1}(t)$ 并绘制 $u_{C1}(t)$ 波形，设时间区间为 0~50ms，打印时间间隔为 0.1ms。

解 输入文件为
```
EX2
VS 1 0 5
R1 2 3 20K
```

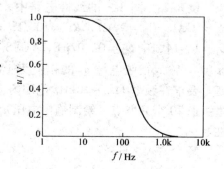

图 8-4 输出电压的幅频特性

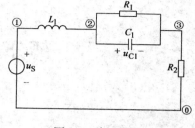

R2 3 0 30
L1 1 2 200M IC = 0. 2
C1 2 3 5U IC = 20
    · TRAN 0. 1M 50M UIC
    · PLOT TRAN V(2,3)
    · PROBE
    · END

图 8-5 例 8-3 图

输入描述语言说明如下：

第 1 句为标题说明。

第 2 句为电压源的说明，指出电源的名称（阶跃函数的说明在第 7 句），它的正极和负极连接的节点编号和电压值。

第 3、4 句为电阻的说明，指出电阻的名称，连接的始节点和终节点编号和电阻值。

第 5 句为电感的说明，指出电感的名称，连接的始节点和终节点编号，电感值，电感电流的初始值（用"IC"表示）。

第 6 句为电容的说明，指出电容的名称，连接的始节点和终节点编号，电容值，电容电压的初始值。

第 7 句 TRAN 定义瞬态分析，打印的时间间隔（0. 1M 表示 0. 1ms），打印的终止时间（50M 表示 50ms），"UIC"表示使用者自己规定初始条件来进行瞬态分析，也规定了节点电压的初始值。所以第 2 句本来是直流电压源的说明，不过此句用了"UIC"，表示此电压为阶跃电压。

第 8 句为曲线打印语句，TRAN 表示分析类型，V(2，3) 表示节点②、③之间的电压，即题中要求的电容电压。

第 9 句是探针显示语句。

最后一句为结束语句。

图 8-6 示出了打印出的电容电压 $u_C(t)$ 的变化曲线。

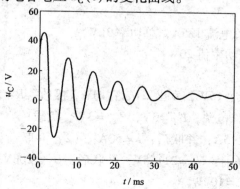

图 8-6 $u_C(t)$ 的变化曲线

部分习题参考答案

第 1 章

1-1 $U_{ab} = 10V$

1-2 $U_2 = 6V$；电压表读数 5V

1-3   （1）不是   （2）$I_2 = 3A$、$U_2 = 12V$；$I_2 = 2A$、$U_2 = 8V$ （3）均无影响。

1-4 $U = 2V$；$I = 1A$

1-5 $U_S = 10V$；$R_L = 4.5\Omega$

1-6 $U_a = 10V$，$U_b = 20V$，$U_c = 0V$

1-7   1）$U_b = -9V$，$U_c = -6V$ 2）$U_a = 9V$，$U_c = 3V$ 3）$U_a = 6V$，$U_b = -3V$

1-8   闭合：$U_a = 12V$，$U_b = -7V$，$U_c = 0V$；断开：$U_a = 12V$，$U_b = 12V$，$U_c = 19V$

1-9 $U_a = 5V$

1-10 $U_a = 8V$、$U_b = 8V$；无影响

1-11 $I_3 = 0.31\mu A$，$I_4 = 9.30\mu A$，$I_6 = 9.60\mu A$

1-12 $I_4 = -1.8A$

1-13 $R = 3\Omega$

1-14 $U_S = 12V$

1-17 $U_S = -6V$，$R_0 = 2\Omega$

1-18 $U = 2V$

1-19 $U = 8V$

1-20   （4）

1-21   每个灯电流 2.5A，总电流 125A，总功率 3kW

1-22   电阻值 3.7kΩ，电阻功率值 20W

1-23   左图电路

1-24 U_{S1}：15W，发出；I_S：15W，发出；U_{S2}：10W，吸收；R：20W，吸收

1-25 $U_1 = 8V$，$P_{U_1} = 40W$，电源；$U_2 = 3V$，$P_{U_2} = 3W$，负载

1-26   （1）并联前：$I = 21.15A$，并联后：$I = 50A$；（2）并联前：$U_1 = 215.7V$，并联后：$U_1 = 210V$；并联前：$U_2 = 211.5V$，并联后：$U_2 = 200V$；（3）并联前：$P = 4.47kW$，并联后：$P = 10kW$。

当负载增大时：负载电阻减小，线路中电流增大，负载功率增大，电源端电压减小。

1-27   （1）$U_S = 220V$；（2）闭合前：电源供出电流 0.27A，各灯通过电流 0.27A；闭合后：电源供出电流 0.73A，$I_1 = 0.27A$，$I_2 = 0.46A$；I_1 未被分去；（3）60W 的灯电阻大；（4）烧毁电源，100 灯丝不会烧断；（5）不会烧坏

第 2 章

2-1　（1）$I_1 = 1.6A$，$I_2 = 0.8A$，$I_3 = 0.4A$，$I_4 = 0.8A$；（2）$P_{3\Omega} = 1.92W$；
　　　（3）$P_{4V} = 6.4W$

2-2　$V_a = 1V$

2-3　$I_1 = 2A$，$I_2 = 0.5A$，$I_3 = 1.5A$

2-5　$I_1 = -1A$，$I_2 = 1A$，$I_3 = 5A$，$I_4 = -3A$

2-6　图 a：（1）$I_a = -1.6A$，$I_b = -1.4A$；（2）$I_1 = 0.6A$，$I_2 = 2A$，$I_3 = -1.4A$
　　　图 b：（1）$I_a = 0.09A$，$I_b = -0.36A$；（2）$I_1 = 0.09A$，$I_2 = -0.8A$，$I_3 = 0.36A$

2-7　（1）$I_a = -1.55A$，$I_b = -0.81A$；（2）$P_{2\Omega} = 1.06W$

2-8　$I_3 = 0.6A$

2-10　（1）$V_a = -1V$，$V_b = 3V$；（2）$U_{ab} = -4V$；3）$P_{1\Omega} = 1W$，$P_{2\Omega} = 8W$，$P_{3\Omega} = 3W$，$P_{3A左} = -3W$，$P_{3A右} = -9W$

2-11　（1）$V_a = -2V$，$V_b = 2.4V$；（2）$I = -2.2A$

2-12　（1）$V_a = 0.5V$，$V_b = 1.5V$；（2）$-1V$；（3）$I = -1.5A$

2-13　（1）$V_a = 2V$，$V_b = -2V$；（2）$P_{1V} = 1W$，取用

2-14　$U = 3.3V$

2-15　$U_{ab} = 5V$

2-16　$U = -10V$，$P_{5A} = -175W$

2-17　（1）$15A$，$I_2 = 10A$，$I_3 = 25A$；（2）$I_1 = 11A$，$I_2 = 16A$，$I_3 = 27A$

2-19　$U_{ab} = 1V$

2-20　$I = 0.5A$

2-21　$I = -1A$

2-22　戴维南等效电源参数为：图 a：$U_S = 0.2V$，$R_0 = 0.6\Omega$；图 b：$U_S = -1.33V$，$R_0 = 0.67\Omega$

2-23　$I = 0.1A$

2-24　$I_1 = 1.6A$

2-25　$U_S = 18V$，$R_0 = 1\Omega$

2-26　（1）$I = 1.8A$；（2）$I = 0.9A$

2-27　（1）$U_S = 0V$，$I_S = 0A$；（2）$I_S = 1.09A$

2-28　图 a：$I_S = 2.7A$，$R_0 = 120\Omega$；图 b：$I_S = -3.8mA$，$R_0 = 1933\Omega$

2-29　（1）$U = 1.71V$；（2）$P_{1A} = -1.71W$

2-30　（1）$I = 2A$；（2）理想电压源取用功率 $3.75W$，理想电流源发出功率 $95W$

2-31　$I_5 = 0.33A$

2-32　$I = 2mA$

2-33　$I_3 = 2A$

第 3 章

3-1　初始值：$i(0_+) = 0.2A$，$i_L(0_+) = 0A$，$i_C(0_+) = 0.2A$，$u_C(0_+) = 0V$

稳态值：$i(\infty) = 0.2\mathrm{A}$，$i_\mathrm{L}(\infty) = 0.2\mathrm{A}$，$i_\mathrm{C}(\infty) = 0\mathrm{A}$，$u_\mathrm{C}(\infty) = 0\mathrm{V}$

3-2　$i_\mathrm{C}(0_+) = \dfrac{R_1}{R_2(R_1 + R_3)}U_\mathrm{S}$；$i(0_+) = \dfrac{R_1 + R_2}{R_2(R_1 + R_3)}U_\mathrm{S}$；$u_\mathrm{L}(0_+) = \dfrac{R_1}{R_1 + R_3}U_\mathrm{S}$

3-3　开关闭合瞬间：$i_{\mathrm{L}1}(0_+) = i_{\mathrm{L}2}(0_+) = 0\mathrm{A}$；$u_{\mathrm{L}1}(0_+) = u_{\mathrm{L}2}(0_+) = 8\mathrm{V}$，

$i_{\mathrm{C}1}(0_+) = i_{\mathrm{C}2}(0_+) = 1\mathrm{A}$，$u_{\mathrm{C}1}(0_+) = u_{\mathrm{C}2}(0_+) = 0\mathrm{V}$，

$i_{\mathrm{R}1}(0_+) = i_{\mathrm{R}2}(0_+) = 1\mathrm{A}$，$u_{\mathrm{R}1}(0_+) = 2\mathrm{V}$，$u_{\mathrm{R}2}(0_+) = 8\mathrm{V}$

电路达到稳态时：$i_{\mathrm{L}1}(\infty) = i_{\mathrm{L}2}(\infty) = 1\mathrm{A}$，$u_{\mathrm{L}1}(\infty) = u_{\mathrm{L}2}(\infty) = 0\mathrm{V}$

$i_{\mathrm{C}1}(\infty) = i_{\mathrm{C}2}(\infty) = 0\mathrm{V}$，$u_{\mathrm{C}1}(\infty) = u_{\mathrm{C}2}(\infty) = 8\mathrm{V}$

$i_{\mathrm{R}1}(\infty) = i_{\mathrm{R}2}(\infty) = 1\mathrm{A}$，$u_{\mathrm{R}1}(\infty) = 2\mathrm{V}$，$u_{\mathrm{R}2}(\infty) = 8\mathrm{V}$

3-4　a) $i(0_+) = 1.5\mathrm{A}$，$i(\infty) = 3\mathrm{A}$；b) $i(0_+) = 0\mathrm{A}$，$i(\infty) = 1.5\mathrm{A}$；

c) $i(0_+) = i_{\mathrm{L}1}(0_+) = 6\mathrm{A}$，$i(\infty) = 0\mathrm{A}$；d) $i(0_+) = 0.75\mathrm{A}$，$i(\infty) = 1\mathrm{A}$

3-6　$u_\mathrm{C} = 20(1 - \mathrm{e}^{-25t})\mathrm{V}$

3-7　$u_\mathrm{C} = 100\mathrm{e}^{-2.5}\mathrm{V}$，$i = 0.01\mathrm{e}^{-2.5}\mathrm{A}$

3-8　$u_\mathrm{C}(t) = (18 + 36\mathrm{e}^{-250t})\mathrm{V}$

3-9　$u_\mathrm{C}(t) = U_\mathrm{S}\mathrm{e}^{-\frac{t}{\tau}}$，$i(t) = \dfrac{U_\mathrm{S}}{R_1} + \dfrac{U_\mathrm{S}}{R_2}\mathrm{e}^{-\frac{t}{\tau}}$，$\tau = R_2 C$

3-10　(1) $u_\mathrm{C}(t) = (1 + 0.5\mathrm{e}^{-2.4t})\mathrm{V}$；(2) $V_\mathrm{a} = -(1 + 0.5\mathrm{e}^{-2.4t})\mathrm{V}$，$V_\mathrm{b} = 0$

3-11　$i(t) = (10 - 7.2\mathrm{e}^{-200t})\mathrm{mA}$，$i_1(t) = 7.2\mathrm{e}^{-200t}\mathrm{mA}$，$u_{ab}(t) = (-20 + 21.6\mathrm{e}^{-200t})\mathrm{V}$

3-12　$i_3(t) = (1 - 0.25\mathrm{e}^{-500t})\mathrm{mA}$，$u_\mathrm{C}(t) = (2 - \mathrm{e}^{-500t})\mathrm{V}$

3-13　$i(t) = 2\mathrm{e}^{-5\times10^4 t}\mathrm{A}$

3-14　$C = 12.4\mu\mathrm{F}$

3-15　$u_\mathrm{C}(\tau_+) = 3.68\mathrm{V}$，$u_\mathrm{C}(0.02_+) = 9.69\mathrm{V}$，$u_\mathrm{C}(t) = 9.69\mathrm{e}^{-100(t-0.02)}\mathrm{V}$

3-16　$u_{ab}(t) = 3\mathrm{e}^{-83.3(t-0.06)}\mathrm{V}$

3-18　$t \approx 8.66 \times 10^{-4}\mathrm{s}$

3-19　$16.57 \sim 19.96\mathrm{ms}$

3-20　$i(t) = (2 - 3\mathrm{e}^{-2.5t})\mathrm{A}$，$u_\mathrm{L}(t) = 15\mathrm{e}^{-2.5t}\mathrm{V}$

3-21　$u(t) = (8 + 2.94\mathrm{e}^{-833.33(t-0.001)})\mathrm{V}$

3-22　(1) $i_1(t) = i_2(t) = (2 - 2\mathrm{e}^{-100t})\mathrm{A}$；(2) $i_1(t) = (3 - \mathrm{e}^{-200t})\mathrm{A}$，$i_2(t) = 2\mathrm{e}^{-50t}\mathrm{A}$

3-23　$i_\mathrm{L}(t) = (1.2 - 2.4\mathrm{e}^{-0.56t})\mathrm{A}$，$i(t) = (1.8 - 1.6\mathrm{e}^{-0.56t})\mathrm{A}$

3-24　$i_\mathrm{L}(t) = (5 - 3\mathrm{e}^{-2t})\mathrm{A}$，$i_1(t) = (2 - \mathrm{e}^{-2t})\mathrm{A}$，$i_2(t) = (3 - 2\mathrm{e}^{-2t})\mathrm{A}$

第 4 章

4-1　(1) $T = 0.02\mathrm{s}$，$f = 50\mathrm{Hz}$，$\varphi = 30°$；(2) $T = 2\mathrm{s}$，$f = 0.5\mathrm{Hz}$，$\varphi = 150°$

4-2　(1) $\varphi = 60°$；(2) 角频率不同，比较无意义；(3) $\varphi = 75°$

4-3　三角函数式：$u(t) = 220\sqrt{2}\sin(\omega t + 30°)\mathrm{V}$，$i(t) = 5\sqrt{2}\sin(\omega t - 143°)\mathrm{A}$

正弦波形及相量图略

4-4　(1) $\dot{I} = 5\angle 90°\mathrm{A}$；(2) $\dot{U} = 125\angle 45°\mathrm{V}$；(3) $\dot{I} = 5\sqrt{2}\angle 120°\mathrm{A}$

4-5　　$u = 144\sin(\omega t - 26.3°)\,\text{V}$

4-6　　$i = 10^{-3}\sqrt{2}\sin(10^6 t - 60°)\,\text{A}$

4-7　　$i = 0.5\sqrt{2}\sin(\omega t + 120°)\,\text{A} = 0.707\sin(10^6 t + 120°)\,\text{A}$

4-8　　读数为 13A

4-9　　$P = 125\sqrt{2}\,\text{W}$，$Q = -125\sqrt{2}\,\text{Var}$，$\cos\varphi = 0.707$

4-10　　电流表读数 10A，电压表读数 141.4V

4-11　　$\dot{I} = 27.6 \times 10^{-3}\underline{/-\arctan 6.8}\,\text{A}$，$\cos\varphi = 0.15$

4-12　　Z 是感性的，$R = 35.35\,\Omega$，$X = 60.35\,\Omega$

4-13　　（a）$\dot{I} = \sqrt{2}\underline{/45°}\,\text{A}$；（b）$\dot{I} = 40\underline{/-60°}\,\text{A}$

4-14　　$\dot{I}_3 = 31.3\underline{/-46.1°}\,\text{A}$

4-16　　$\dot{U}_{ab} = 3.43\underline{/-31°}\,\text{V}$

4-17　　$\dot{I}_L = (-1-j)\,\text{A}$

4-14　　$\omega_0 = 10000\,\text{rad/s}$，$Q = 10$

4-19　　$\omega_0 = 10^7\,\text{rad/s}$，$I_0 = 0.1\,\text{A}$，$U_{L0} = 100\,\text{V}$，$U_{C0} = 100\,\text{V}$

4-20　　$Q = 79.2$，$C = 2.247 \times 10^{-10}\,\text{F}$

4-21　　$R = 15.7\,\Omega$，$L = 0.1\,\text{H}$

4-23　　（1）$R = 166.7\,\Omega$，$L = 0.105\,\text{H}$，$C = 0.24\,\mu\text{F}$；（2）$U_C = 39.8\,\text{V}$；（3）$3.8 \times 10^{-4}\,\text{J}$

4-24　　$I = 0.303\,\text{A}$，$R = 435.7\,\Omega$，$C = 2.24\,\mu\text{F}$

4-25　　$\dot{I} = 75.6\underline{/-2.1°}\,\text{A}$，$46\,\text{kW} \cdot \text{h}$

4-26　　（1）未超过；（2）$C = 369.5\,\mu\text{F}$；（3）121 盏

第 5 章

5-2　　$u_B = 311\sin(314t - 90°)\,\text{V}$，$u_C = 311\sin(314t + 150°)\,\text{V}$；

　　　　$\dot{U}_A = 220\underline{/30°}\,\text{V}$，$\dot{U}_B = 220\underline{/-90°}\,\text{V}$，$\dot{U}_C = 220\underline{/150°}\,\text{V}$

5-3　　$\dot{U}_A = 220\underline{/0°}\,\text{V}$，$\dot{U}_B = 220\underline{/-120°}\,\text{V}$，$\dot{U}_C = 220\underline{/120°}\,\text{V}$；

　　　　$\dot{I}_A = 22\underline{/-36.87°}\,\text{A}$，$\dot{I}_B = 22\underline{/-156.87°}\,\text{A}$，$\dot{I}_C = 22\underline{/83.13°}\,\text{A}$；

　　　　线电流与相电流相等

5-4　　$\dot{U}_A = 220\underline{/0°}\,\text{V}$，$\dot{U}_B = 220\underline{/-120°}\,\text{V}$，$\dot{U}_C = 220\underline{/120°}\,\text{V}$；

　　　　$\dot{I}_A = 5.5\underline{/-25°}\,\text{A}$，$\dot{I}_B = 5.5\underline{/-145°}\,\text{A}$，$\dot{I}_C = 5.5\underline{/95°}\,\text{A}$

5-5　　$\dot{I}_{AB} = 14.1\underline{/-30°}\,\text{A}$，$\dot{I}_{BC} = 14.1\underline{/-150°}\,\text{A}$，$\dot{I}_{CA} = 14.1\underline{/90°}\,\text{A}$；

　　　　$\dot{I}_A = 24.4\underline{/-60°}\,\text{A}$，$\dot{I}_B = 24.4\underline{/-180°}\,\text{A}$，$\dot{I}_C = 24.4\underline{/60°}\,\text{A}$

5-6　　$I_l = 136.4\,\text{A}$，$Z_A = Z_B = Z_C = 1.613\,\Omega$，$R_A = R_B = R_C = 1.29\,\Omega$，

$X_A = X_B = X_C = 0.968\Omega$, $S = 89.8\text{kVA}$

5-8 (1) $\dot{U}_A = 220\underline{/0°}\text{V}$, $\dot{U}_B = 220\underline{/-120°}\text{V}$, $\dot{U}_C = 220\underline{/120°}\text{V}$, $\dot{I}_A = 20\underline{/0°}\text{A}$, $\dot{I}_B = 10\underline{/-120°}\text{A}$, $\dot{I}_C = 10\underline{/120°}\text{A}$, 中性线电流 $\dot{I}_N = 10\underline{/0°}\text{A}$;

(2) $\dot{U}_A = 165\underline{/0°}\text{V}$, $\dot{U}_B = (-165 - \text{j}190.5)\text{V}$, $\dot{U}_C = (-165 + \text{j}190.5)\text{V}$, 中性点电压 $\dot{U}_{N'N} = 55\underline{/0°}\text{V}$

(3) $\dot{U}_A = 0$, $\dot{U}_B = (-330 - \text{j}190.5)\text{V}$, $\dot{U}_C = (-330 + \text{j}190.5)\text{V}$, $\dot{I}_A = 30\text{A}$, $\dot{I}_B = (-15 - \text{j}8.66)\text{A}$, $\dot{I}_C = (-15 + \text{j}8.66)\text{A}$,

(4) $\dot{U}_A = (110 + \text{j}63.5)\text{V}$, $\dot{U}_B = (-220 - \text{j}127)\text{V}$, $\dot{I}_A = (10 + \text{j}5.77)\text{A}$, $\dot{I}_B = (-10 - \text{j}5.77)\text{A}$

(5) 若在（3）中有中性线，则 $\dot{U}_A = 0$, $\dot{U}_B = 220\underline{/-120°}\text{V}$, $\dot{U}_C = 220\underline{/-120°}\text{V}$, $\dot{I}_A = 0$, $\dot{I}_B = 10\underline{/-120°}\text{A}$, $\dot{I}_C = 10\underline{/120°}\text{A}$, 若在（4）中有中性线，则 $\dot{U}_A = 220\underline{/0°}\text{V}$, $\dot{U}_B = 220\underline{/-120°}\text{V}$, $\dot{I}_A = 20\underline{/0°}\text{A}$, $\dot{I}_B = 10\underline{/-120°}\text{A}$

5-9 $\dot{U} = 570\underline{/-60°}\text{V}$

5-10 $\dot{I}_A = 39.32\underline{/0°}\text{A}$, $\dot{I}_B = 39.32\underline{/-120°}\text{A}$, $\dot{I}_C = 39.32\underline{/120°}\text{A}$

5-11 较亮的一相为 B 相，较暗的一相为 C 相

5-12 $I_p = 11.55\text{A}$, $I_l = 20\text{A}$

5-13 $C_\Delta = 92\mu\text{F}$; $C_Y = 274\mu\text{F}$; 采用三角形联结

5-14 (1) Z_1 是三角形联结；

(2) $\dot{I}_{AB} = 19\underline{/0°}\text{A}$, $\dot{I}_{A1} = 32.9\underline{/-30°}\text{A}$, $\dot{I}_{A2} = 22\underline{/36.9°}\text{A}$, $\dot{I}_A = 46.2\underline{/-4.02°}\text{A}$;

(3) $P = 22.6\text{kW}$, $Q = 7.92\text{kvar}$, $S = 24\text{kVA}$, $\cos\varphi = 0.94$

5-15 (1) $I_l = 22\text{A}$, $P = 11.58\text{kW}$, $Q = 8.69\text{kvar}$, $\cos\varphi = 0.8$;

(2) $C = 46.5\mu\text{F}$, $I'_l = 18\text{A}$;

(3) $C' = 138.8\mu\text{F}$

5-16 (1) $I_p = 19\text{A}$, $I_l = 33\text{A}$; (2) $I'_l = 30.55\text{A}$, $\cos\varphi = 0.95$

5-17 $P = 17.78\text{MW}$, $Q = 13.34\text{Mvar}$, $S = 22.23\text{MVA}$

5-18 $Z = 36.1\underline{/34.9°}\Omega$

5-19 $\dot{I}_{AB} = 31.3\underline{/-45°}\text{A}$, $\dot{I}_{BC} = 19.7\underline{/-183.4°}\text{A}$, $\dot{I}_{CA} = 19.7\underline{/183.4°}\text{A}$; $\dot{I}_A = 46.6\underline{/26.6°}\text{A}$, $\dot{I}_B = 47.7\underline{/151°}\text{A}$, $\dot{I}_C = 2.34\underline{/-90°}\text{A}$

5-20 $P = 20.21\text{kW}$, $Q = 3.29\text{kvar}$, $S = 20.47\text{kVA}$, $I = 31.1\text{A}$

5-21 $L \approx 55\text{mH}$, $C \approx 184\mu\text{F}$

5-22 (1) $R = 15\Omega$, $X_L = 16.1\Omega$;

（2）$I_A = I_B = 10A$，$I_C = 17.3A$，$P = 3000W$；

（3）$I_A = 0$，$I_B = I_C = 15A$，$P = 2250W$

第 6 章

6-2　$U = 99.9V$

6-3　$\Delta P_{Fe} = 63W$，$\cos\varphi = 0.29$

6-4　$\Delta P_{Cu} = 12.5W$，$\Delta P_{Fe} = 337.5W$

6-5　（1）$\dfrac{N_1}{N_2} = \dfrac{220}{6}$；（2）$I_1 = 0.016A$

6-6　$n = 166$，$I_{1N} = 3.03A$，$I_{2N} = 45.45A$

6-7　（1）$K = 26$；　（2）$I_{1N} = 8.3A$，$216.7A$；　（3）$P = 40.5kW$，$S = 47.7kVA$，$Q = 2.53kvar$

6-8　56 匝

6-9　（1）$N_1 = 1125$，$N_2 = 45$；（2）$K = 25$；（3）$I_{1N} = 10.4A$，$I_{2N} = 260A$

6-11　$\eta = 83.33\%$，$\Delta P = 22W$

6-12　$\dfrac{N_2}{N_3} = 0.51$

6-13　$I_1 = 0.27A$，$N_2 = 90$ 匝，$N_3 = 30$ 匝

6-14　$\dot{U}_S = 15\underline{/0°}V$，$R_0 = 6.875\Omega$

6-15　（1）（a）1500r/min，（b）1500r/min，（c）1500r/min

（2）（a）1500r/min，（b）500r/min，（c）30r/min

（3）（a）1500r/min，（b）1500r/min，（c）1500r/min

（4）（a）0，（b）0，（c）0

6-16　（1）$E_{20} = 20V$，$I_{20} = 242.5A$，$\cos\varphi_{20} = 0.243$；

　　　（2）$E_2 = 1V$，$I_2 = 49A$，$\cos\varphi_2 = 0.98$；

6-17　（1）$n_0 - n = 30r/min$；（2）$T_N = 194.9N \cdot m$；（3）$\cos\varphi = 0.88$

6-18　$s_N = 0.04$，$I_N = 11.6A$，$T_N = 36.5N \cdot m$，$I_{st} = 81.2A$，$T_{st} = 80.3N \cdot m$，$T_{max} = 80.3N \cdot m$

6-19　$\lambda = 2.2$

6-20　（1）$T_N = 45.2N \cdot m$，$T_{max} = 72.4N \cdot m$；（2）不能

6-21　（1）$I_N = 34.4A$；（2）$I_{st} = 74.5A$

6-22　（1）$K = 1.19$；（2）电动机起动电流 238.2A，线路起动电流 384.2A

参 考 文 献

[1] 秦曾煌. 电工学·电工技术（上册）[M]. 7 版. 北京：高等教育出版社，2009.

[2] 邱关源. 电路 [M]. 5 版. 北京：高等教育出版社，2011.

[3] 唐介. 电工学（少学时）[M]. 3 版. 北京：高等教育出版社，2009.

[4] 秦曾煌. 电工学简明教程 [M]. 2 版. 北京：高等教育出版社，2007.

[5] 陈离，秦清俊. 电路与电机技术 [M]. 北京：机械工业出版社，1994.

[6] 罗映红，陶彩霞. 电工技术（高等学校分层教学 A）[M]. 北京：中国电力出版社，2011.

[7] 姜三勇. 电工学学习辅导与习题解答（上册）[M]. 7 版. 北京：高等教育出版社，2011.

[8] 唐介. 电机与拖动 [M]. 2 版. 北京：高等教育出版社，2007.

[9] 汤蕴璆. 电机学 [M]. 4 版. 北京：机械工业出版社，2011.

[10] 王兆义. 可编程序控制器 [M]. 北京：机械工业出版社，1994.

[11] 漆汉宏. PLC 电气控制技术 [M]. 2 版. 北京：机械工业出版社，2013.

[12] 何福民. 电路的计算机辅助分析与设计 [M]. 北京：冶金工业出版社，1994.